rowohlt
BERLIN

Kathrin Passig / Aleks Scholz / Kai Schreiber

Das neue Lexikon des Unwissens

Worauf es bisher keine Antwort gibt

Rowohlt · Berlin

1. Auflage September 2011

Satz aus der Swift, PostScript (InDesign)
bei Pinkuin Satz und Datentechnik, Berlin
Druck und Bindung CPI – Clausen & Bosse, Leck
Printed in Germany
ISBN 978 3 87134 698 9

Inhalt

Vorwort

Most ignorance is vincible ignorance.
We don't know because we don't want to know.

Aldous Huxley, «Beliefs», 1958

«Das meiste Unwissen», so schreibt Aldous Huxley, «ist besiegbar.» Wir werden geboren als hilflose Bündel, die keines der Phänomene, die sie umgeben, erklären können. Die Bündel reagieren mit Hilfe eines komplexen Apparates aus Instinkten und Reflexen, der über mehrere Milliarden Jahre in biologischen Organismen entstanden ist, so wie ein Igel sich zusammenrollt, wenn Gefahr droht. Die nächsten 15 bis 30 Jahre verbringen wir damit, uns zusätzlich zu diesem Igelwissen abstrakte Kenntnisse über die Welt anzueignen. Dabei bewegen wir uns in den Fußstapfen vieler anderer vor uns, die mühevoll herausgefunden haben, wie die Dinge zusammenhängen, und ihr Wissen irgendwo für uns hinterlassen haben, zum Beispiel in Form von Symbolen auf Steinplatten, als dicke Bücher oder im Internet.

Wie weit man dabei geht, bleibt jedem selbst überlassen. Viele geben auf, bevor die Grenzen des menschlichen Wissens in Sicht kommen. Für das, was danach an Unwissen übrig bleibt, ist jeder selbst verantwortlich, oder, um Huxleys Feststellung umzudrehen: Wir wissen nur das, was wir wissen wollen. Den Weg zur Steinplatte oder zum Internet kann man niemandem ersparen. Ein paar von uns erreichen irgendwann den Punkt, an dem keine Steinplatte der Welt mehr weiterhelfen kann, den Punkt, an dem aus privaten Wissenslücken echtes Unwissen wird: die Sorte Fragen, bei der selbst Experten mit den Achseln zucken und «Wissen wir nicht» sagen. Um diese Fragen wird es in diesem Buch gehen.

Auf eine Art gilt Huxleys Ansage auch bei diesen Problemen.

Es gibt immer einen großen Sack voll ungelöster Fragen. Welche wir davon in Angriff nehmen und wie wir mit ihnen umgehen, hat damit zu tun, was wir (alle zusammen) herausfinden wollen, und das wiederum wird von vielen unwägbaren Faktoren bestimmt: von den persönlichen Vorlieben der Forscher und ihrer Geldgeber, den intellektuellen Fähigkeiten der Wissenschaftler, aktuellen Trends, gesellschaftlichen Umständen, technischen Entwicklungen und nicht zuletzt von dem, was die Vorgänger uns an Wissen beziehungsweise Unwissen hinterlassen haben.

Die Handhabung von Unwissen

Taucht ein bisher unbekanntes Phänomen vor einem auf, hat der Wissenschaftler mehrere Möglichkeiten, damit umzugehen. Der Philosoph Godehard Brüntrup beschreibt fünf Strategien:

Steht die Forschung erst am Anfang, kann man einfach abstreiten, dass das Phänomen existiert. Eine beliebte Strategie, beispielsweise bei den Themen «Kugelblitz» und «Weibliche Ejakulation» im «Lexikon des Unwissens» oder → Hot Hand in diesem Buch. Mal wird man damit am Ende recht behalten (den Äther, den Animalischen Magnetismus und das Ungeheuer von Loch Ness gibt es nach heutigem Wissensstand wirklich nicht), mal steht man dumm da, etwa wenn sich – wie im 19. Jahrhundert – herausstellt, dass es sehr wohl Steine gibt, die unter Blitz und Donner aus dem Weltall auf die Erde herabfallen.

Zweitens kann man sich auf den Standpunkt stellen, dass das Phänomen zwar existiert, aber egal ist. Diese Strategie spielt im Kapitel → Megacryometeore eine Rolle: Es gibt zu viele Zeitungsfotos von Eisbrocken in Vorgärten, als dass man das Thema leugnen könnte, aber wenn dieses Eis einfach von Flugzeugen abfällt, handelt es sich nur um ein wissenschaftlich nicht besonders interessantes Kuriosum.

Eine dritte Möglichkeit: Man behauptet, das Phänomen sei real und wichtig, lasse sich aber mit den vorhandenen Theorien erklären. Im Zusammenhang mit dem Thema →Übergewicht wäre das etwa folgende Haltung: Es gibt tatsächlich eine Übergewichtsepidemie, die nicht nur durch wirtschaftliche Interessen, Leichtgläubigkeit und schlampige Statistik zustande kommt, und diese Übergewichtsepidemie gefährdet unsere Gesundheit und die Kalkulation der Krankenkassen. Aber es handelt sich dabei um individuelles Versagen, die Leute fressen halt einfach zu viel, und wenn sie sich gleich ab morgen diszipliniert und korrekt ernähren, kommt alles wieder in Ordnung.

Die vierte Strategie besteht darin, genau das Gegenteil zu behaupten: Das Phänomen lasse sich ohne wissenschaftlichen Paradigmenwechsel nicht zufriedenstellend erklären. Dieser Ansatz erzeugt viel Unbehagen und schlechte Laune. Die vorhandenen Theorien werden deshalb noch nicht verworfen; oft nennt man das Phänomen eine «Anomalie» oder ein «Paradoxon» und wartet ansonsten erst mal ab, bis jemand mit einer guten Idee kommt. Das Thema →Dunkle Energie, die rätselhafte Beschleunigung der Expansion des Universums, wird zum Beispiel häufig so behandelt. Ein mysteriös klingender Name ist schon mal gefunden, aber bisher fehlt das Genie, das die richtige Lösung an die Tafel schreibt.

Die fünfte Strategie ist besonders kostengünstig, denn ihr zufolge ist das beobachtete Phänomen für den menschlichen Geist prinzipiell unergründbar. Diese Vorgehensweise ist bei den optimistischen Naturwissenschaftlern unbeliebt, bei Philosophen dagegen findet man sie häufiger, zum Beispiel bei Themen wie →Qualia oder →Wissen.

Viele Unwissensfragen bleiben lange in einem dieser Stadien stecken. Für diese Haltbarkeit von Problemen gibt es ganz unterschiedliche Gründe, soziologische, ökonomische, und hin und wieder ist es wohl einfach nur Zufall. Manche Themen sind untererforscht, weil sie als albern gelten, wobei sich der Grad der Albernheit im Laufe der Zeit ändern kann. 2005 erschien das Buch «Freakonomics», das unter anderem von den wirtschaftlichen Feinheiten des Drogenhandels, der legalen Abtreibung und der Wahl von Kindernamen handelte. Seit es über vier Millionen Käufer fand, gilt im Bereich der Wirtschaftswissenschaften praktisch keine Frage mehr als erforschungsunwürdig. Auch die ansonsten vernachlässigte Sexualforschung hat wenigstens in einigen Teilbereichen durch die Erfindung von Viagra Auftrieb erfahren. Ein Forschungsgebiet, in dem sich Milliarden durch Patente verdienen lassen, bleibt nicht lange albern. Und die Glücksforschung, die in ihren Anfangszeiten als frivoler Forscherspaß galt, hat sich so weit durchgesetzt, dass mittlerweile mehrere Länder an der Einführung eines «Bruttonationalglücks» arbeiten. Noch lachen wir über James Wards vor kurzem erstmalig ausgerichtete Konferenz «Boring 2010», aber wer weiß, welche Summen in fünfzig Jahren für Langeweileforschung ausgeschrieben werden.

Was ist neu am «Neuen Lexikon des Unwissens»?

Dieses Buch ist der Nachfolgeband zum «Lexikon des Unwissens», das im Jahr 2007 erschien. «Das Unwissen, mit dem wir uns hier beschäftigen», schrieben wir damals im Vorwort, «muss drei Kriterien erfüllen: Es darf keine vorherrschende, von großen Teilen der Fachwelt akzeptierte Lösung des Problems geben, die nur noch in Detailfragen Nacharbeit erfordert. Das Problem muss aber zumindest so gründlich bearbeitet sein, dass es entlang seiner Ränder klar beschreibbar ist. Und es sollte sich um ein grundsätzlich lösbares Problem handeln. Viele offene Fragen aus der Geschichte etwa werden wir – wenn nicht doch noch jemand eine Zeitmaschine erfindet – nicht mehr beantworten können.»

Das letzte Kriterium, die grundsätzliche Lösbarkeit, haben wir für dieses Buch schweren Herzens aufgegeben. Es gibt zwar auch dieses Mal jede Menge Kapitel, an die man eines Tages ein sauberes Häkchen wird machen können, dazu gehören vermutlich →Außerirdisches Leben, →Megacryometeore, →Tiefseelaute und der →Zitteraal. Aber es wäre ein Fehler, sich auf solche Themen zu beschränken. Zum einen, weil viele andere interessante Probleme so unscharf umrissen sind, dass man über ihre Lösbarkeit diskutieren kann. Konzepte wie →Wissenschaft und →Krieg zum Beispiel würde man gern verstehen, aber sie sind derart glitschig, dass sie einem immer wieder aus der Hand rutschen, wie ein Stück Seife in der Badewanne. Zum anderen lässt sich darüber streiten, ob und auf welche Art wir überhaupt jemals irgendetwas über Megacryometeore, Tiefseelaute, Zitteraale und alles andere herausfinden können. Ob diese Frage, die im Kapitel →Wissen diskutiert wird, grundsätzlich beantwortet werden kann, ist, man ahnt es, ebenso umstritten.

Abgesehen von dem neuen Sortiment an Themen wird man in diesem Buch mehr über Formen und Entstehung von Unwissen erfahren. Wer das «Lexikon des Unwissens» bereits besitzt, bekommt also nicht einfach nur 30 weitere Kapitel derselben Bauart, sondern quasi ein Unwissenslexikon für Fortgeschrittene. Wer es nicht besitzt und sich bei der Lektüre des vorliegenden Buchs nach eindeutig zu klärenden Fragen, nach Tausendfüßlerinvasionen, schnurrenden Katzen und sich einemsenden Igeln sehnt, dem sei der Vorgängerband empfohlen.

Die Suche nach Unwissen

Wahrscheinlich wird es kein drittes «Lexikon des jetzt noch größeren Unwissens» geben. Das bedeutet, dass die über 200 offenen Fragen, die es auch diesmal wieder nicht ins Buch geschafft haben, endgültig in unseren Archiven digitalen Staub ansetzen werden. Selbst aus der Liste der Themen, über die wir unbedingt schreiben wollten, sind einige auf der Strecke geblieben: Altern, Vogelflug, Altruismus und Pubertät («bloß nicht noch mehr Themen mit Evolution!»), Bewusstsein (zu viel Arbeit) und die Frage, warum Menschen ihre Babys bevorzugt auf der linken Seite halten (kein Platz mehr im Buch).

Wer sich nach diesem Band immer noch für neues Unwissen interessiert, der wird selbständig weitersuchen müssen. Eine gute Quelle sind die Schlagzeilen der Wissenschaftsseiten in Zeitungen und Magazinen, und zwar paradoxerweise meist genau die, die verkünden, ein Problem sei endlich gelöst. Wissenschaft ist ein langwieriger Prozess. Es kommt selten vor, dass mit einer einzigen Studie ein hartes Problem abschließend und zur allgemeinen Zufriedenheit gelöst wird. Stattdessen handeln die meisten Artikel mit solchen Überschriften von einer neuen möglichen Erklärung für ein rätselhaftes Phänomen. Man wird dann nachsehen müssen, was andere Leute zu dieser Erklärung sagen und ob es alternative Erklärungen gibt, die vielleicht genauso plausibel sind.

Ein anderer Startpunkt ist die englischsprachige Wikipedia, die für viele Fachbereiche lange Listen von ungelösten Problemen bereithält, zum Beispiel für die Physik, Mathematik, Neurowissenschaft und Biologie. Aber Vorsicht, manche offenen Fragen halten sich lange im öffentlichen Bewusstsein, obwohl sie in Fachkreisen längst als gelöst gelten. In der Wikipedialiste der ungeklärten Probleme in der Astronomie taucht zum Beispiel das «Hipparcos-Paradoxon» auf, bei dem es darum geht, wie weit der Sternhaufen Plejaden entfernt ist. Das Problem gilt mittlerweile als gelöst, der Satellit «Hipparcos» hatte sich bei der fraglichen Messung vertan. Die Lektion: Man darf Unwissen genauso wenig unkritisch hinnehmen wie Wissen.

Und schließlich ist kurz vor der Fertigstellung dieses Buches eine neue Fachzeitschrift zum Thema entstanden, das «Journal of Unsolved Questions» (junq.info). Das von Doktoranden der Graduiertenschule «Materials Science» an der Johannes-Gutenberg-Universität Mainz gegründete Wissenschaftsmagazin «veröffentlicht Forschungsprojekte, deren Aufbau nicht aufgegangen ist, deren Daten keine oder keine eindeutigen Schlüsse zulassen oder auch unvollendete Untersuchungen, die mehr Fragen aufwerfen als beantworten». Ein paar Jahre dauert es sicher noch bis zur Einrichtung von Unwissenslehrstühlen, aber die Forschung kommt voran.

Recherche und Fehlerkorrektur

Wenn jemand vor zwanzig Jahren auf die Idee gekommen wäre, dieses Buch zu schreiben, dann hätte ihn die Recherche grob geschätzt hundertmal so viel Mühe gekostet wie uns. Zunächst hätte der hypothetische Autor viel Zeit in Bibliotheken verbringen müssen. Ohne Internet wäre es viel Arbeit gewesen, die für das jeweilige Thema relevanten Bücher und Übersichtsartikel zu finden. Mit großer Wahrscheinlichkeit hätte nicht jede Bibliothek alle relevanten Texte vorrätig gehabt; als Nächstes hätte man also die Fernleihe bemühen müssen. Dann warten, bis die gewünschten Texte per Post eintreffen, und dann zurück in die Bibliothek. Realistisch gesehen hätte man sich bei jedem Thema auf zwei, drei Publikationen beschränkt und sich Sorgen gemacht, ob nicht zufällig in, sagen wir, Australien gerade die entscheidende Veröffentlichung zum Thema erschienen ist, die den gesamten Text über den Haufen wirft. Die Recherche wäre also nicht nur mühselig gewesen, sondern mit hoher Wahrscheinlichkeit auch lückenhaft.

Natürlich könnten auch wir wichtige Publikationen übersehen haben, und natürlich machen auch wir uns Sorgen über Australien. Aber verglichen mit dem hypothetischen Autor in internetlosen Zeiten ist es jetzt deutlich einfacher, sich einen einigermaßen ausgewogenen Überblick zu einem Thema zu verschaffen. Es ist schwer verständlich, warum das Internet, wenn es um die Recherche zu Sachthemen geht, immer noch als unzuverlässig gilt, vor allem im Vergleich zu gedrucktem Papier. In Wahrheit ist das Internet für Sachbuchautoren erfunden worden. Das hat zwei Gründe: Zunächst gibt es mächtige Suchmaschinen, die deutlich mehr können als die Zettelkataloge der Bibliotheken. Dazu gehört unter anderem Google mit dem für unsere Zwecke hilfreichen Suchwerkzeug «Google Scholar» für wissenschaftliche Literatur. Außerdem gibt es in diversen Fachbereichen Spezialsuchmaschinen, für die Astronomie zum Beispiel das «Astrophysics Data System», das vom Center for Astrophysics an der Universität Harvard betrieben wird. Solche Systeme kennen alle Publikationen in wissenschaftlichen Fachzeitschriften und erlauben unter anderem eine Volltextsuche nach bestimmten Begriffen.

Wenn man dank dieser Suchmaschinen ungefähr weiß, was man braucht, macht sich der zweite Vorteil des Internets bemerkbar: Ein Großteil der wissenschaftlichen Literatur, zumindest aus den letzten Jahrzehnten, liegt ebenfalls im Netz. Vieles davon ist frei zugänglich, zum Beispiel auf dem Archivserver arxiv.org, oder wurde von den Autoren selbst ins Internet gestellt. Der Rest ist zwar leider nicht kostenlos, aber immerhin schnell zu bekommen.

Und noch ein Vorteil: Wenn man nicht mehr weiterweiß, dauert es oft nur wenige Stunden oder Tage, bis der Experte, den man per E-Mail befragt hat, weiterhilft. Weil es heute so viel einfacher ist, ein «Lexikon des Unwissens» zu schreiben, hoffen wir, dass es dadurch auch besser ist als seine hypothetischen Vorgängerversionen. Einen Wettbewerb gegen nicht existierende Bücher zu gewinnen – wie schwer kann das schon sein.

Recherchetechniken sind aber nur dann von Nutzen, wenn

man sie auch einsetzt. Was wir im Vorwort zum «Lexikon des Unwissens» vermuteten, hat sich bewahrheitet: Das Buch enthielt mindestens 21 Fehler, die wir unter lexikondesunwissens.de zusammen mit ihren Entdeckern aufgelistet haben. Mit Hilfe dieser Sammlung können wir empirische Ursachenforschung betreiben. Die Fehler beruhen nämlich allesamt auf unserem Versäumnis, überhaupt *irgendwo* nachzuschlagen. Man hätte sie durch Google ebenso gut vermeiden können wie durch ein Papierlexikon – wenn man denn hineingesehen hätte. Wahrscheinlich ist die Wahl der falschen Recherchetechnik ein zwölftrangiges Problem gemessen an der Überzeugung, man wisse schon Bescheid und brauche nirgends nachzuschlagen. Mit einer Einschränkung: Das gilt nur für konkrete Faktenfehler. Vielleicht ist das Buch voller schiefer Einordnungen und falsch verstandener Konzepte, über die uns niemand informiert hat, weil das mehr Arbeit verursachen würde als ein einfacher Schreibfehlerhinweis. Vielleicht seufzen die paar Fachleute, denen solche Fehler auffallen, nur still und resigniert und schreiben keine Mails an die Autoren.

Garantiert enthält auch dieses Buch brandneue Qualitätsfehler. Die →Erdbebenvorhersage weiß, dass es in einem bestimmten Gebiet zu Erdstößen kommen wird, sie kann nur nicht genau sagen, wann. Ähnlich verhält es sich mit den Fehlern in diesem Buch: Wir wissen, *dass* sie da sind, wir wissen nur noch nicht, wo. Wenn Sie einen davon entdecken, sehen Sie bitte unter lexikondesunwissens.de nach, ob der Fehler dort bereits aufgelistet ist. Wenn nicht, könnten Sie uns unter korrektur@lexikondesunwissens.de darauf aufmerksam machen. Wir werden uns zwar nicht freuen und Sie unter uns womöglich als Erbsenzähler und Oberstudienrat bezeichnen, aber insgeheim wissen wir, dass Sie recht haben. Wir werden uns einen halben Tag lang schämen und vielleicht in Zukunft gründlicher nachdenken, bevor wir Behauptungen in die Welt setzen. Falls Sie beklagen, dass Ihre Lieblingstheorie zu einem unserer Themen fehlt, können wir allerdings keine Reue versprechen. In fast allen Kapiteln fehlen wesentliche Theorien, teils aus Platzgründen, teils, weil sie uns nicht besonders interessant schienen oder einfach zu kompliziert waren.

Ein Wort der Warnung

Dieses Buch appelliert an Ihre niederen Triebe als Wissenschaftskonsument. Unerklärliche oder wenigstens unerklärte Fakten sind aufregender als geklärte. Kontroversen sorgen für die besseren Geschichten, und Halbwissen auf einem entlegenen Gebiet gibt als Gesprächsthema mehr her als solide Kenntnisse über ein vor hundert Jahren geklärtes Problem. Die eigentlichen Geschäfte der Wissenschaft finden aber nicht in den Schlagzeilen statt. Sobald sich ein Sachverhalt zu solidem Wissen verdichtet, lässt das journalistische Interesse nach. Was auf den Wissensseiten der Zeitungen, in Wissenschaftsblogs und in diesem Buch steht, zeichnet sich, gerade weil es neu und umstritten ist, durch seine dürftige Faktenlage aus und wird sich mit ziemlich hoher Wahrscheinlichkeit schon bald als falsch erweisen.

Falls Sie also nach der Hälfte des Buchs das Gefühl haben, Ihr Blick für das Unwissen zwischen den Zeilen wissenschaftlicher Nachrichten sei jetzt hinreichend geschärft, dann legen Sie es bitte zur Seite und schlagen stattdessen, sagen wir, ein Mathematikbuch für die siebte Klasse oder den Wikipediaeintrag über Granit auf. Was darin steht, wird Ihnen – wie jedem normalen Erwachsenen – ebenso neu sein wie Nachrichten von der vordersten Front des wissenschaftlichen Fortschritts. Aber es ist mit relativ hoher Wahrscheinlichkeit (siehe →Wissen) auch noch richtig.

Außerirdisches Leben

Wenn die Beschaffenheit eines Himmelskörpers der Bevölkerung natürliche Hindernisse entgegen setzet: so wird er unbewohnt seyn, obgleich es an und vor sich schöner wäre, daß er Einwohner hätte.

Immanuel Kant, «Allgemeine Naturgeschichte und Theorie des Himmels», 1755

Wenn auf der Erde irgendwas Seltsames auftaucht, dauert es geschätzte drei Minuten, bis jemand auf die Idee kommt, dass Außerirdische im Spiel sind. Außerirdische haben Stonehenge gebaut, sie erzeugen kuriose Leuchterscheinungen am Himmel, sie werfen mit komischen Dingen auf die Erde, haben Hitler und Elvis verschleppt und werden sich zudem für den Untergang der Menschheit zu verantworten haben (hinterher).

Warum wir Außerirdische immer wieder so hart rannehmen, ist klar: Sie bieten deshalb eine so gute Erklärung für alles, was man nicht erklären kann, weil wir nichts über sie wissen. Wir verwenden sie als Unwissensstrohmann und setzen sie überall dort ein, wo es nicht weitergeht – die große vereinheitlichende Erklärung für diese ganzen kleinen dreckigen Details, an denen in Wissenschaftlerhirnen zurzeit gearbeitet wird. Dabei verliert man manchmal aus den Augen, dass eine nicht unbeträchtliche Anzahl von Wissenschaftlerhirnen sich unmittelbar mit der Suche nach außerirdischem Leben befasst. Mit bemerkenswerten Fortschritten – ein Lexikoneintrag über extraterrestrisches Leben sollte eigentlich nur als Loseblattsammlung (oder im Internet) veröffentlicht werden, damit man wöchentlich Updates vornehmen kann.

Leider ist es hier nicht mit einer einzigen schlauen Idee getan. Am einfachsten wäre es vermutlich, wenn morgen ein paar Aliens bei uns landen würden. Vorteilhaft natürlich, wenn sie ein wenig so sind wie wir, damit wir sie erkennen können, aber nicht exakt so wie wir, damit wir sie von uns unterscheiden können. So eine Invasion aus dem All passiert zwar in schöner Regelmäßigkeit, aber nur in Kontexten, die im wissenschaftlichen Diskurs eher wenig geschätzt werden, zum Beispiel in Kinofilmen oder Verschwörungstheorien.

Notgedrungen machen wir uns selbst auf die Suche nach Spuren von Leben im All, das nicht auf der Erde entstanden ist. Weil alles im Weltall weit weg ist und alles weit Entfernte kriminell klein erscheint, suchen wir die meiste Zeit nicht nach konkreten Lebewesen, denn die sind für uns unsichtbar. Es sei denn, die Lebewesen sind so groß wie Galaxien (oder sie *sind* Galaxien). Stattdessen suchen wir nach den Rahmenbedingungen für die Entstehung von Leben, nach Orten, die die richtige Temperatur oder die richtigen chemischen Elemente haben. Wer bei dem Wort «richtig» im letzten Satz schlucken musste, hat vollkommen recht.

Es ist nämlich so: Wir müssen uns erst einmal darauf einigen, wonach wir eigentlich Ausschau halten. Man kann keine Pilze suchen, ohne eine Idee davon zu haben, was Pilze sind und was sie vom Rest das Waldes unterscheidet. Genauso wenig kann man Leben suchen, ohne eine Vorstellung davon zu haben, was belebte Materie von unbelebter unterscheidet. Würden wir ein Megalebewesen von der Größe einer Galaxie noch als solches erkennen? Was ist mit Leben, das aus unerfindlichen Gründen im Innern von Sternen stattfindet, wo die Temperatur mehrere Millionen Grad Celsius beträgt? Oder im Innern eines Pulsars (einer schnell rotierenden Sternenleiche), wo der Druck so groß ist, dass Atome zerquetscht werden?

Fragen, auf die wir keine endgültigen Antworten wissen. Zum Glück ist die Wissenschaft nicht dazu da, endgültige Antworten zu geben. Fürs Erste reicht es aus, sich plausible Argumente auszudenken, warum Leben so und so sein muss und eben nicht ganz anders. Diese Argumente sind unter Astrobiologen – Wissenschaftler, die sich mit Leben im Universum befassen – hart umkämpft. Definieren klingt einfach, man beschließt etwas, und so ist es dann eben, aber damit eine Definition brauchbar ist, muss sie die Phänomene, die sie zu definieren versucht, einigermaßen treffend beschreiben. Mit anderen Worten: Es geht nicht darum, diktatorisch festzulegen, was Leben ist, sondern es zu verstehen.

Eine beliebte Art, Leben zu definieren, ist folgende: Man sieht sich an, welche gemeinsamen Eigenschaften alle Lebewesen auf der Erde aufweisen, und baut daraus eine Checkliste zusammen. Wenn man dann irgendwas Lebensähnliches im Universum findet, muss man einfach nur diese Liste abarbeiten: Fortpflanzung (check), Stoffwechsel (check), Anpassung (check), Organisation (check) usw. Es ist ziemlich klar, dass so eine Kriterienliste, wenn sie nur lang genug ist, ganz gut funktioniert, um ein Ding als Lebewesen zu identifizieren. Man muss sich allerdings fragen, ob wirklich alle diese Kriterien notwendig sind. Man kann sich leicht Wesen ausdenken, die eindeutig leben, aber zumindest eines der Kriterien nicht erfüllen, zum Beispiel wenn man fürs Fernsehen arbeitet. Das Rauchmonster aus der amerikanischen Fernsehserie «Lost» manifestiert sich als schwarzer, dichter Nebel, der unter anderem die Fähigkeit hat, die Gestalt von verstorbenen Menschen anzunehmen. Aber fortzupflanzen scheint es sich nicht, und von Stoffwechsel ist auch nichts bekannt.

Ein Komitee der amerikanischen Raumfahrtbehörde NASA hat sich in den 1990ern probeweise auf eine Definition anderer Art festgelegt: Leben ist ein «selbsterhaltendes chemisches System, das zu Darwin'scher Evolution fähig ist». Das ist viel kürzer und klingt auch besser. Wer möchte nicht gern ein selbsterhaltendes chemisches System sein? Aber auch hier wieder dasselbe Problem: Irgendein Rauchmonster, das eventuell weder chemisch ist, noch Interesse an Evolution hat, könnte schon morgen erscheinen, und wir müssten die Definition wegwerfen.

Die Definition der NASA illustriert, dass Definieren immer auch Erklären heißt. Sie postuliert, dass Leben immer an Chemie gebunden ist und sich notwendigerweise durch Evolution entwickelt, nicht nur auf der Erde, sondern überall im Weltall. Die Astrobiologie nimmt wenig Rücksicht auf die Phantasien von Science-Fiction-Produkten, weil sie insgeheim nicht an die Existenz von Dingen wie dem Rauchmonster glaubt – eine Eigenschaft, die wir an Wissenschaftlern normalerweise schätzen: Wenn man an etwas nicht glaubt, dann gibt man auch keine Steuergelder aus, um danach zu suchen.

Besonders praktisch ist die Definition allerdings nicht, jedenfalls nicht für die ersten Schritte auf der Suche nach Leben. Die meisten ernsthaften Unternehmungen, die in irgendeiner Weise nach Leben im All suchen, beruhen implizit auf noch viel stärkeren Annahmen. Große Anstrengungen werden unternommen, um Planeten zu finden, die so ähnlich sind wie die Erde. Insbesondere sucht man nach Planeten in der sogenannten «habitablen Zone» – jene Bereiche im Planetensystem, in denen Wasser flüssig ist und nicht gefroren oder gasförmig. Das Vorhandensein von flüssigem Wasser wird als eine wesentliche Voraussetzung von Leben angesehen. Ob das wirklich so ist, wissen wir nicht hundertprozentig, aber es ist eine vernünftige Annahme. Zum einen steht zweifelsfrei fest, dass es auf Planeten mit flüssigem Wasser Leben geben kann, zum anderen verfügt Wasser über einzigartige chemische Eigenschaften, die die Entwicklung von Leben unterstützen. Ein wenig mehr dazu steht im «Lexikon des Unwissens» im Kapitel «Wasser».

In den letzten Jahren hörte man einige Male, jetzt sei endlich ein «Zwilling» der Erde gefunden, und erst im Kleingedruckten las man dann, dass es sich doch eher um eine Stiefschwester handelte – entweder befindet sich die versprochene zweite Erde nicht in der habitablen Zone, oder sie ist in Wahrheit zehnmal größer oder überhaupt ein Messfehler. Was diese zwiespältigen Nachrichten in Wahrheit sagen wollen: Es geht voran. Wir mögen noch nicht ganz da sein, aber wir kommen der zweiten Erde näher.

Der nächste große Durchbruch beim Jagen nach Exoplaneten, wie man die Planeten nennt, die einen anderen Stern als unsere Sonne umkreisen, steht unmittelbar bevor. Im März 2009 schoss die NASA einen nach Johannes Kepler benannten Satelliten ins All, an Bord ein Teleskop, das drei Jahre lang mehr als 100 000 Sterne anstarren soll. «Kepler» sucht nach sogenannten Transits: Der Planet bedeckt einmal pro Umlauf einen kleinen Teil der Oberfläche des Sterns, um den er kreist – er bewegt sich aus unserer Sicht vor seinem Stern entlang. Diese «Verfinsterung» des Sterns, Transit genannt, lässt sich beobachten – der Stern leuchtet für ein paar Stunden ein klein wenig schwächer. Wenn man den Transit mehrfach in regelmäßigen Abständen sieht, hat man eventuell einen neuen Planeten entdeckt.

Mit der Transit-Methode wurden mittlerweile mehr als 100 Exoplaneten gefunden, von der Erdoberfläche aus. «Kepler» ist gerade dabei, diese Zahl drastisch nach oben zu treiben. Im Unterschied zu den bodenstationierten Transitteleskopen kann «Kepler» nicht nur sogenannte «Hot Jupiters» finden – Riesenplaneten, die sehr dicht an ihrem Mutterstern stehen –, sondern auch Planeten, deren Größe und Bahn der Erde ähnelt. Wenn «Kepler» im Jahr 2012 fertig ist mit seiner Arbeit und wenn alle seine Daten ausgewertet sind, werden wir wissen, wie oft es Planeten wie unseren in der Milchstraße gibt.

Aber schon jetzt ist klar, dass ein großer Anteil, eventuell mehr als die Hälfte der sonnenähnlichen Sterne, von Planeten umkreist werden, von denen wiederum ein beträchtlicher Anteil erdähnlich ist – vielleicht ein paar Prozent. Mit diesen Erkenntnissen bewaffnet, können wir versuchen, die Anzahl der Zivilisationen in der Milchstraße abzuschätzen. Ein Hilfsmittel für diese Übung ist die «Drake-Formel», benannt nach dem US-amerikanischen Astronomen Frank Drake, der die erfreulich einfache Gleichung im Jahr 1961 vorstellte. Drake zufolge berechnet sich die Anzahl der Zivilisationen in unserer Galaxie, mit denen Kommunikation möglich ist, als Produkt von sieben Faktoren: die Anzahl der Sterne, die pro Jahr entsteht; der Anteil der Sterne, die Planetensysteme haben; die Zahl der Planeten, die sich für die Entwicklung von Leben eignen (pro Stern mit Planetensystem); der Anteil dieser Planeten, der tatsächlich Leben entwickelt; der Anteil davon, der intelligentes Leben entwickelt; der Anteil, der Lebensformen hervorbringt, die mit uns kommunizieren können; und die durchschnittliche Lebensdauer dieser kommunikationsbereiten Zivilisationen.

Der erste Faktor verursacht am wenigsten Probleme. Aktuellen Schätzungen zufolge entstehen jedes Jahr in der Milchstraße etwa sieben neue Sterne. Je mehr Sterne entstehen, desto mehr Chancen auf gesprächsbereite Wesen im All. Die beiden nächsten Faktoren haben mit der Häufigkeit von Exoplaneten zu tun, die wir jetzt immerhin einigermaßen abschätzen können. Ab da wird die Drake-Formel zum Problem. Der Anteil der bewohnbaren Planeten, die tatsächlich auch Leben entwickeln, wurde von Drake in den 1960ern optimistisch mit 100 Prozent angesetzt. Schon in unserem eigenen Sonnensystem ist die Sache nicht ganz klar: Zwar gibt es auf dem Mars zurzeit kein flüssiges Wasser, aber in der Vergangenheit war das offenbar anders. Demnach liegt der Anteil der «habitablen» Planeten, die Leben entwickeln, nur bei 50 Prozent – jedenfalls solange wir keine Spuren von Leben auf dem Mars entdecken.

Man müsste wissen, ob Leben wie ein Kuchen funktioniert: Wenn man alle Zutaten korrekt zusammenrührt und die richtige Temperatur am Ofen einstellt, kommt dann immer das Gleiche heraus? Beim Kuchenbacken ist das aus zwei Gründen leichter vorherzusagen: Zum einen haben es schon mehrere Leute ausprobiert. Leben kennen wir jedoch nur einmal. Zum anderen verstehen wir die Prozesse, die aus Zutaten einen Kuchen machen, ganz gut. Beim Leben gibt es an der Stelle, wo die ersten Organismen aus der Ursuppe steigen, noch viele offene Fragen, die zum Teil im «Lexikon des Unwissens» besprochen werden.

Es wird nicht einfach sein, direkte Hinweise auf die Existenz von Leben auf Exoplaneten zu finden. Man könnte nachsehen, ob diese Planeten Atmosphären haben und ob diese Atmosphären über eine chemische Zusammensetzung verfügen, die man als Spuren von Leben interpretieren könnte, etwa einen hohen Sauerstoffanteil. Wiederum ist nicht klar, ob man mit so einer begrenzenden Annahme wirklich jedes Rauchmonster im Universum findet, aber es ist zumindest ein Ansatz. Atmosphärische Gase verschlucken Licht bei bestimmten Wellenlängen und hinterlassen daher einen spezifischen «Fußabdruck» im Licht des Planeten. Man muss also irgendwie Licht von den Planeten einfangen, was kompliziert ist, weil sie erstens sehr schwach leuchten und zweitens direkt neben einem sehr hellen Ding stehen, nämlich dem Stern. Es geht zum Beispiel so: Man misst das Licht des Sterns, wenn der Planet sich gerade aus unserer Sicht hinter dem Stern befindet. Dann misst man das Licht von Stern und Planet, wenn beide sichtbar sind. Jetzt subtrahiert man beide Messungen, und was übrig bleibt, ist das Licht vom Planeten, das man genauer untersuchen kann.

Zurück zu Drakes Formel. Die Faktoren 5 und 6 sind harte Brocken. Wie wahrscheinlich ist es, dass am Ende der langen und mühseligen Evolution ein intelligentes Lebewesen steht, das mit uns reden oder sonst wie kommunizieren kann? Drake schätzte im Jahr 1961, dass 1 Prozent aller Planeten mit Leben auch intelligente Lebensformen hervorbringen, von denen wiederum 1 Prozent in der Lage wären, mit uns zu kommunizieren, also weit genug entwickelt sind, um zum Beispiel Radiowellen ins All zu senden. Das heißt, von 10 000 Planeten, die sich für Leben eignen, entwickelt einer die Art Lebensform, mit der wir in Kontakt treten könnten. Andere Experten sehen die Erfolgsquote mehrere Zehnerpotenzen darüber oder darunter.

Der letzte Faktor in der Drake-Formel schließlich eignet sich weniger für exakte Wissenschaft, dafür umso besser für haltlose Behauptungen in Kneipenrunden: Wie lange überleben intelligente Zivilisationen? Wie lange wird es die Menschheit noch geben? Der Kosmologe Richard J. Gott berechnete im Jahr 1993, dass die Menschheit mit 95-prozentiger Wahrscheinlichkeit noch mindestens 5000, aber höchstens knapp 8 Millionen Jahre existieren wird. Sir Martin Rees, Hofastronom des englischen Königshauses, behauptet, dass die Menschheit nur mit einer Wahrscheinlichkeit von 50 Prozent das 21. Jahrhundert überleben wird. Allen diesen Vorhersagen ist gemein, dass sie sich nicht ordentlich überprüfen lassen, solange wir es nur mit einer einzigen Zivilisation zu tun haben.

Baut man alle Faktoren der Drake-Gleichung zusammen, könnte das Endergebnis – die Anzahl der kommunikationsbereiten Zivilisationen in der Milchstraße – irgendwo zwischen null und einer sehr großen Zahl liegen. Null ist schon mal falsch, so viel glauben Wissenschaftler nach eingehender Betrachtung des Lebens auf der Erde herausgefunden zu haben.

Vielleicht versucht man doch besser, gleich Kontakt aufzunehmen, ohne vorher herauszufinden, ob es überhaupt etwas zu kontaktieren gibt. Das ist die Grundidee des Unternehmens SETI – «Search for Extraterrestrial Intelligence». Das Prinzip ist einfach: Man belauscht das Weltall mit Hilfe von Radioteleskopen. Typischerweise stellt man die Teleskope auf Wellenlängen von 18 bis 21 Zentimetern ein, weil in diesem Bereich die Kontaminierung durch andere Strahlungsquellen gering ist. Zum Vergleich: Mikrowellenöfen emittieren bei etwa 12 Zentimetern und sehen auch ganz anders aus, als man sich Außerirdische vorstellt. Die Radioteleskope selbst sehen aus wie große Satellitenschüsseln; das größte der Welt steht im Dschungel in Puerto Rico, hat einen Durchmesser von 300 Metern und ist abgesehen von seinen SETI-Einsätzen bekannt geworden durch eine Szene im James-Bond-Film «Golden Eye», die mit der Zerstörung der Antenne endet.

Bisher blieben die Bemühungen erfolglos. Das vielleicht vielversprechendste Ergebnis ist das sogenannte «Wow-Signal», das der amerikanische SETI-Forscher Jerry R. Ehman im August 1977 fand. Irgendwo aus dem Sternbild Schütze erreichte ihn ein Signal, das im ersten Moment so aussah, als könnte es von außerirdischen intelligenten Wesen stammen. Aufgeregt schrieb Ehman mit rotem Stift «Wow!» an den Rand des Computerausdrucks vom Radioteleskop. Allerdings umsonst, weil alle weiteren Versuche, in dieser Himmelsgegend das Signal wiederzufinden, vergeblich blieben. Ehman selbst spekulierte später, es habe sich vermutlich um Strahlung von der Erde gehandelt, die von Weltraumschrott zurück zur Erde reflektiert wurde. Wieder nichts.

Während SETI-Aktivitäten in ihrem Charakter passiv sind und nur aus Lauschen bestehen, sind andere Bestrebungen darauf ausgerichtet, aktiv mit Aliens in Kontakt zu treten, indem wir selbst Botschaften ins All senden. So wurden den Raumsonden Pioneer 10, Pioneer 11 sowie Voyager 1 und 2 Botschaften mitgegeben – eine Art Flaschenpost fürs Weltall. Nach ihrer eigentlichen Mission, der Erkundung der äußeren Planeten, werden die Sonden das Sonnensystem verlassen. Schon nach circa 40 000 Jahren fliegen die Voyager-Sonden dann in der Nähe von fremden Sternen vorbei und werfen dort ihre Nachricht in den Briefkasten.

Schneller könnten Radiobotschaften zum Erfolg führen. Neben den ganzen Radio- und Fernsehprogrammen, die wir sowieso ganz ohne wissenschaftliche Absicht ständig ins All senden, wurden seit 1974 sieben Botschaften für Aliens abgeschickt. Der Inhalt der Nachrichten reicht von einfachem «Hallo» bis hin zu eher sonderbaren Begrüßungen. Unter anderem sendete eine russische Gruppe unter der Führung des Astronomen Aleksandr Leonidovich Zaitsev eine Sammlung von Musikstücken ins All, gespielt auf dem Theremin, auch Ätherwellengeige genannt, einem elektronischen Instrument, dessen Klang sich besonders gut zur Übertragung über große Entfernungen eignen soll.

Der Sinn und Zweck solcher Nachrichten ist umstritten. Kritiker wie der Science-Fiction-Autor David Brin wünschen sich eine Diskussion über die Vorgehensweise und die Inhalte der Botschaften, bevor irgendetwas ins All gesendet wird. Brins Hauptargument ist wiederum, dass wir so wenig über potenzielle Außerirdische wissen. Es könnte genauso gut sein, dass die anderen da draußen wenig friedfertig sind und wir sie mit unseren Nachrichten unnötig früh auf uns aufmerksam machen. Zaitsev nennt diese Vorwürfe ein «Darth-Vader-Szenario» und führt ins Feld, dass ein aggressiver, kriegsbereiter Darth Vader uns ohnehin von alleine finden würde. Die Entdeckung von Neuem sei immer mit Risiken verbunden, meint Zaitsev und vergleicht seine Unternehmungen mit denen von Kolumbus, der sich ins Ungewisse begab und dann seinerseits auf «Aliens» traf – die amerikanischen Indianer. Wobei Kolumbus sich im Nachhinein als eine Art Darth Vader herausstellte, der die Ausrottung der Aliens in Gang brachte, also vielleicht kein so gelungener Vergleich.

Am Ende bleibt nach all den Jahren nur ein einziges Resultat übrig: Bisher haben wir sie nicht gefunden. Wenn das Weltall voll ist mit Intelligenz, wovon die Optimisten unter den SETI-Forschern ausgehen, warum haben wir dann keinerlei Hinweise auf ihre Existenz? Für dieses Problem, das unter dem Namen Fermi-Paradoxon bekannt geworden ist, gibt es eine einfache Lösung: Die Optimisten haben unrecht. Es gibt gar keine Außerirdischen oder zumindest nur sehr wenige. Abgesehen davon kann man ihr Ausbleiben aber auch anders erklären. Einige der vorgeschlagenen Lösungen des Fermi-Paradoxons: 1. Wir haben einfach noch nicht lange genug gesucht. 2. Wir suchen mit der falschen Methode. 3. Die Größe des Weltalls verhindert eine erfolgreiche Kontaktaufnahme. 4. Außerirdische Wesen sind zu verschieden von uns, um mit uns zu kommunizieren. 5. Sie haben uns bereits gefunden, lassen uns aber in Ruhe, um unsere Entwicklung nicht zu stören, in etwa so, wie wir seltene Tierarten in Ruhe lassen sollten. 6. Sie sind in Wahrheit schon auf der Erde, geben sich aber nicht zu erkennen. 7. Die Außerirdischen sind technisch weit fortgeschritten und haben das Universum so umgebaut, dass es uns vorkommt, als seien wir allein. Zum Beispiel, indem sie unsere Gehirne geklaut haben – dazu mehr an anderer Stelle (→Wissen).

Benfords Gesetz

«Obvious» is the most dangerous word in mathematics.

Eric Temple Bell

Der Amerikaner Simon Newcomb (1835–1909) war hauptberuflich so etwas wie ein «Ausrechner», also das, was man heute Computer nennt. Im Unterschied zum Computer musste er sich selbst ausdenken, wie man am besten komplizierte Rechnungen durchführt. Ohne Computer ist natürlich fast jede Rechnung kompliziert. In diesen harten Zeiten waren ein wesentliches Hilfsmittel beim Rechnen die Logarithmentafeln – Bücher, die nichts enthielten außer langen Listen mit Logarithmen. Zur Erinnerung: Der Logarithmus einer Zahl X ist die Zahl, mit der man eine festgelegte Basis potenzieren muss, um X zu erhalten. Zum Beispiel ist 3 der Logarithmus von 8 zur Basis 2 (oder $\log_2 8 = 3$), denn man muss 2 hoch 3 nehmen, um 8 zu erhalten.

Logarithmen haben praktische Eigenschaften, die den Umgang mit großen Zahlen erleichtern, speziell wenn man mit ihnen Sachen anstellen will, die schwieriger sind als einfache Addition, etwa Multiplizieren, Dividieren, Potenzieren oder Wurzelziehen. Ein Beispiel: Der Logarithmus eines Produkts zweier Zahlen ist gleich der Summe der Logarithmen dieser Zahlen. Will man also zwei große Zahlen multiplizieren, so schlägt man ihre Logarithmen in einer Tabelle nach, addiert sie und sucht dann in einer anderen Tabelle, welche Zahl diese Summe als Logarithmus hat. Das Ergebnis ist das gesuchte Produkt.

Im Jahr 1881 fiel Newcomb an diesen Logarithmentafeln etwas Seltsames auf: Die ersten Seiten waren deutlich abgegriffener als der Rest. Bei jedem anderen Buch bedeutet das einfach, dass den Leuten das Buch nicht gefällt und sie es nach ein paar Seiten weglegen. Aber niemand «liest» Logarithmentabellen von vorne bis hinten, man schlägt sie dort auf, wo man sie braucht. Logarithmentafeln enthalten auf den ersten Seiten die Logarithmen für Zahlen mit 1 am Anfang und arbeiten sich dann zu den größeren Anfangsziffern durch. Wenn die ersten Seiten abgenutzt sind, die letzten aber nicht, dann schlagen die Benutzer der Tafeln Zahlen, die mit 1 anfangen, viel häufiger nach als solche, die mit 9 anfangen. Aus irgendeinem Grund fangen die meisten Zahlen, die da draußen frei rumlaufen, mit 1 an. Naiv würde man erwarten, dass alle neun Ziffern gleich häufig vorkommen, aber offenbar mag die Welt die 1 lieber als die 9. Was geht hier vor? Es handelt sich um eine dieser absurden Erkenntnisse, die man zunächst auf einen dummen Zufall schiebt und dann vergisst.

Bis 57 Jahre nach Newcomb ein amerikanischer Physiker namens Frank Benford dasselbe bemerkte, ebenfalls an Logarithmentafeln. Benford testete den Zusammenhang ausgiebig an mehr als 20 000 Zahlen, die er aus diversen Quellen zusammengesammelt hatte, unter anderem aus Baseball-Statistiken, mathematischen Tabellen, Postadressen und Zeitungsartikeln. Eine Mammutarbeit, denn in Zeiten ohne Internet war das Sammeln von Zahlen mühseliger als das Sammeln von Pilzen. Egal, wo Benford seine Daten fand, die 1 war immer die häufigste Anfangsziffer. Benford gab dem Problem seinen Namen, und jetzt wurden allmählich auch andere stutzig. Gerade noch rechtzeitig, denn ein paar Jahrzehnte später wurden elektronische Taschenrechner erfunden, und die Zeit der Logarithmentafeln ging ihrem Ende entgegen.

Newcomb und Benford liefern für die Häufigkeit von Anfangsziffern gleich eine mathematische Formel, die auch nicht ohne Logarithmus auskommt: $P(d) = \log(1 + 1/d)$. «P(d)» steht für «Probability(digit)», die Wahrscheinlichkeit, dass eine bestimmte Ziffer «d» am Anfang einer Zahl auftaucht; «log» ist in diesem Fall der Logarithmus zur Basis 10. Mit einem Taschenrechner kann man innerhalb weniger Sekunden ausrechnen, dass $P(1) = 0{,}301$ (also 30,1 Prozent) ergibt. Etwa 30 Prozent aller Zahlen fangen mit 1 an, etwa 18 Prozent mit 2 und nur knapp 5 Prozent mit 9. Mit Logarithmentafeln hätte diese Rechnung sicherlich ein wenig länger gedauert.

Zwei Dinge sind bei Benfords Gesetz erklärungsbedürftig: Warum folgen überhaupt viele Zahlengruppen dem Gesetz? Und welche Eigenschaften muss eine Gruppe aus Zahlen haben, um Benfords Gesetz zu genügen? Im Idealfall würde man gern vorhersagen können, ob eine gegebene Liste von Zahlen dem Gesetz genügt oder nicht, und zwar, bevor man die ersten Stellen abgezählt hat. Danach wäre es einfach.

Theodore «Ted» Hill, emeritierter Professor für Mathematik an der Georgia Tech University in Atlanta, ist ein langjähriger Freund von Benfords Gesetz. In seiner Online-Datenbank finden sich mehr als 600 Artikel zu diesem Thema. Oft liest man, es sei nichts Geheimnisvolles an Benfords Gesetz, der Zusammenhang sei vollkommen klar und jedes weitere Nachdenken über seinen Ursprung Zeitverschwendung. Ted Hill hält von solchen Aussagen nichts. Seine letzte Arbeit zum Thema, in Zusammenarbeit mit dem Österreicher Arno Berger geschrieben, heißt: «Benfords Gesetz schlägt zurück: keine einfache Erklärung in Sicht.»

Die zahlreichen Vermutungen über Benfords Gesetz fallen in drei unterschiedliche Gruppen. Zwei davon versuchen die Herkunft der Zahlenkolonnen zu simulieren. Die erste hat etwas mit Zählen zu tun. Wenn man von 1 bis 9999 zählt, dann haben genau 11 Prozent (ein Neuntel, weil keine Zahl mit 0 anfängt) der so erzeugten Zahlen eine 1 am Anfang. Zählt man weiter bis 19 999, so steigt der Anteil der mit 1 anfangenden Zahlen auf 55 Prozent. Macht man weiter bis 99 999, dann sinkt die Wahrscheinlichkeit, eine 1 am Anfang einer Zahl zu finden, wieder auf 11 Prozent. Je nach Obergrenze liegt die Häufigkeit für die Anfangsziffer 1 in einer Menge aus Zahlen, die man durch Zählen erzeugt, irgendwo zwischen 11 und 55 Prozent. Rechnet man genauer nach, kommt man im Mittel auf circa 30 Prozent, genau wie das Benford'sche Gesetz behauptet.

Ein paar der Zahlenkolonnen, die Benfords Gesetz folgen, entstammen tatsächlich einer Art Zählvorgang. In Benfords Liste finden sich zum Beispiel die Gewichte der Atome des Periodensystems. Ein kleiner Ausschnitt aus dieser Zahlenreihe:

10,81 (Bor), 12,01 (Kohlenstoff), 14,01 (Stickstoff), 16,00 (Sauerstoff), 19,00 (Fluor). Die Reihe überspringt ein paar Zahlen, aber ansonsten arbeitet sie sich gleichmäßig von kleinen zu großen Zahlen vor. Aber besonders viel kann diese Art Erklärung nicht, denn leider gibt es genug andere Benford'sche Zahlenansammlungen, die überhaupt nichts mit Zählen zu tun haben, die Flächen von Flüssen zum Beispiel.

Die zweite Gruppe der Erklärungen behauptet in etwa Folgendes: Vielleicht entstehen die meisten Zahlen durch Multiplikation von vielen anderen Zahlen. Hier ein einfacher Weg, diesen Vorgang zu simulieren: Wie schon erwähnt, ist das Multiplizieren von Zahlen genau dasselbe wie das Addieren ihrer Logarithmen. Das Addieren von ein paar willkürlich ausgewählten Zahlen erzeugt wiederum eine ziemlich willkürliche Zahl. Man nehme eine Dartscheibe, auf der eine Reihe von Zahlen abgedruckt ist, werfe einen Pfeil irgendwo auf diese Scheibe, ohne zu zielen, und man hat eine willkürliche Zahl erzeugt. Jetzt der entscheidende Punkt: Die Zufallszahl von der Dartscheibe wäre der Logarithmus der gewünschten Zahl, das heißt, man muss 10 mit dieser Zahl potenzieren, um zum Ergebnis zu kommen. Dieser Vorgang jedoch erzeugt in etwa 30 Prozent der Fälle eine Zahl, die mit 1 anfängt, eine Eigenschaft der Logarithmusfunktion. Ausprobieren ist in diesem Fall hilfreich. Die zehn Logarithmen 2,0, 2,1, 2,2 usw. bis 2,9 ergeben, wenn man 10 mit ihnen potenziert, vier Zahlen, die mit 1 anfangen, eine mit 2, zwei mit 3, eine mit 5, eine mit 6, eine mit 7. Wirft man nur lange genug auf die Dartscheibe mit Logarithmen, ergibt sich tatsächlich Benfords Gesetz.

Diese Art Erklärung ist plausibel und schwieriger zu verwerfen, aber sie ist trotzdem nicht ideal. Sie sagt einfach: «Wenn die Benford'schen Zahlenreihen so und so entstehen, dann müssen sie dem Gesetz folgen.» Ob eine bestimmte Zahlenreihe wirklich so entsteht, darüber weiß sie nichts. Außerdem liefert sie keine Handhabe, um unterscheiden zu können zwischen Zahlenansammlungen, die dem Gesetz folgen, und eben den anderen. Eine saubere Herleitung sieht jedenfalls anders aus.

Der dritte Ansatz, Benfords Gesetz zu erklären, fängt von hinten an. Anstatt zu fragen, wie die Zahlen, die ihm folgen, entstehen könnten, untersucht man das Gesetz selbst. Wenn so ein Gesetz wirklich irgendeinen universalen Charakter hat, dann sollte es nicht nur bei uns gelten, sondern auch bei → Außerirdischen, egal, welche Einheiten und welches Zahlensystem sie verwenden. Wenn Börsenkurse dem Benford'schen Gesetz folgen, dann sollten sie das tun, egal, ob man sie in Dollar oder Euro oder Arkturischen Peseten angibt, denn universale Gesetze wissen nichts von Wechselkursen. Und die Zahlenreihe sollte immer noch dem Gesetz folgen, wenn man sie zum Beispiel ins Binärsystem umwandelt, das nur die Ziffern 1 und 0 kennt, oder in ein Zahlensystem, das 28 verschiedene Ziffern hat und nicht nur 10.

Diese Matheaufgabe ist nicht einfach, aber wenigstens schon gelöst. Seit Ende der 1990er ist dank der Arbeit von Ted Hill und anderen eins klar: Wenn es ein Gesetz gibt, das die Häufigkeit der Ziffern in der ersten Stelle von Zahlen beschreibt, dann muss es das Benford'sche Gesetz sein, denn es ist das einzige, das nicht von der Wahl der Einheit und des Zahlensystems abhängt. Das ist zwar schön, klärt aber auch wieder nur einen Teil des Problems. Offenbar machen viele Vorgänge in der Welt, die Zahlen erzeugen, keinen Unterschied zwischen großen und kleinen Zahlen. Man kann einfach alle Zahlen mit einer Konstante multiplizieren, und die Welt läuft genauso weiter. Naturgesetzen ist es egal, ob man sie mit großen oder kleinen Zahlen füttert, oder im Mathematikerkauderwelsch: Sie sind «skaleninvariant». Das ist eine wichtige und nicht selbstverständliche Eigenschaft der Welt, aber warum das so ist, bleibt unklar.

Vielleicht ist es einfacher, die Mathematik erst mal wegzulassen, das Gesetz zu behandeln wie eine Laborratte und es gründlich in allen möglichen Situationen durchzutesten. Es ist einfach, sich Zahlenreihen auszudenken, die garantiert nichts mit Benfords Gesetz zu schaffen haben. Berliner Telefonnummern zum Beispiel – alle fangen mit der Vorwahl 030 an, keine einzige mit 1. Oder die Körpergewichte aller Deutschen, die älter als 18 sind, angegeben in →Kilogramm. Die meisten dürften mit 6, 7 oder 8 anfangen und nur wenige mit 2.

Genauso einfach ist es auch, Zahlenreihen zu generieren, die exakt Benfords Gesetz entsprechen. Zum Beispiel kann man die Dartscheiben-Erkenntnis zu Hilfe nehmen und Zufallszahlen miteinander multiplizieren. Multipliziert man eine Serie aus Zufallszahlen zwischen 0 und 1, dann erhält man schon nach 10 Iterationen eine Zahlenfolge, deren Ziffern dem Gesetz recht gut folgen.

Eine andere Variante, Benfordserien zu erzeugen, sind mathematische Reihen. Die Fibonacci-Zahlen zum Beispiel: Man fängt mit 0 und 1 an. Jede folgende Zahl berechnet man, indem man die beiden vorhergehenden zusammenzählt, also 0, 1, 1, 2, 3, 5, 8, 13, 21 und so weiter. Nach einer Weile erhält man einen perfekten Benford-Zahlensatz. Dasselbe gilt für die Serie 2, 4, 8, 16, 32 ..., die man erhält, wenn man eine Zahl immer wieder verdoppelt, und viele andere solcher einfachen Zahlenfolgen. Aber es gibt interessante Ausnahmen: Man beginne mit einem Wert X. Die weiteren Zahlen der Serie berechne man, indem man die vorhergehende Zahl mit sich selbst multipliziert und 1 dazuzählt. Die so entstehende Zahlenkolonne folgt Benfords Gesetz – für fast alle Werte von X. Zum Beispiel gibt es eine Wunderzahl X = 9,949623 ..., für die alle Zahlen der Serie mit 9 anfangen, keine einzige mit 1. Solche absurden Ausnahmen machen wenig Hoffnung auf eine allgemeine Regel, die alle Fälle abdeckt.

Noch undurchsichtiger wird die Sache, wenn man sich Datensätze ansieht, wie man sie in der freien Wildbahn findet, zum Beispiel, indem man sie aus willkürlichen Zeitungsartikeln abschreibt. Die Informatiker Paul Scott und Maria Fasli von der Universität Essex in England sahen sich im Jahr 2001 unter anderem die 20 Zahlenreihen an, von denen Benford sein Gesetz ableitete, also: $P(d) = \log(1 + 1/d)$. Ihre Schlussfolgerung: Nur drei von ihnen sind wirklich dicht an diesem Gesetz dran, acht weitere stimmen einigermaßen. Bei den restlichen ist die 1 zwar immer noch die häufigste Anfangsziffer, aber ansonsten sind sie weit davon entfernt, dem Gesetz vorschriftsmäßig zu folgen. Benford hat offenbar mit der Statistik geschludert.

Nach dieser ernüchternden Erkenntnis suchten sich Scott und Fasli ihre eigenen Daten zusammen, um Benfords Gesetz zu testen, was mit Hilfe des Internets angenehm leichtfällt. Sie untersuchten 230 Datensätze mit insgesamt mehr als einer halben Million Zahlen. Die meisten davon stimmen überhaupt nicht mit Benfords Gesetz überein. Von den 30, auf die das Gesetz einigermaßen zutrifft, stammen die meisten übrigens aus den Statistiken des Landwirtschaftsministeriums der USA. Obwohl es einfach ist, Zahlenkolonnen zu finden, in denen die 1 als erste Ziffer am häufigsten vorkommt, sind solche, die wirklich einigermaßen zuverlässig dem exakten Benford-Gesetz entsprechen, gar nicht so weit verbreitet.

Was kann man aus diesen verwirrenden Ergebnissen schließen? Scott und Fasli liefern ein paar einfache Regeln, denen alle Datensätze genügen, die Benfords Gesetz folgen: Sie sollten keine negativen Zahlen enthalten, und sie dürfen nicht nur einen kleinen Zahlenbereich abdecken wie die oben erwähnten Körpergewichte. Natürlich folgen nicht alle Zahlenreihen, die diese Kriterien erfüllen, dem Benford-Gesetz; eine Serie aus Zufallszahlen zwischen 0 und einer Million zum Beispiel hat mit Benford nichts zu tun. Scott und Fasli glauben, das sei nicht so schlimm: Benfords Gesetz sei wirklich nur ein seltsames Feature von bestimmten Datensammlungen, und es gebe keinen Bedarf für weitere Erklärungen. Auf der anderen Seite des Spektrums der Benford-Forscher stehen jedoch Leute wie die Chinesen Lijing Shao und Bo-Qiang Ma, Physiker von der Universität Peking, die 2010 in einer ordentlichen wissenschaftlichen Publikation meinten, das Benford-Gesetz sei womöglich eine tiefgründige Eigenschaft des Universums und verlange nach einer Erklärung.

Aber Benfords Gesetz kann noch mehr, als Angehörige diverser akademischer Disziplinen zu verwirren. Man kann es zum Beispiel einsetzen, um mathematische Modelle zu testen. Wenn man ein Modell hat, das Vorhersagen für, sagen wir, Börsenkurse ausspuckt, und wenn die echten Börsenkurse in der Vergangenheit Benfords Gesetz folgten, dann sollten die Vorhersagen für die Zukunft dies auch tun: «Benford in, Benford out», so die Faustregel. Mark J. Nigrini, heute Professor in New Jersey, zeigte in seiner Doktorarbeit im Jahr 1992, dass viele Zahlenansammlungen, die man in der Buchhaltung von Firmen findet, dem Gesetz genügen, und verwendete dies als Erster, um Betrügereien aufzudecken. Wenn Menschen sich Zahlen einfach so ausdenken, dann neigen sie nicht dazu, 30 Prozent davon mit einer 1 anfangen zu lassen. Findet man in einer Abrechnung Zahlen, die nicht Benfords Gesetz folgen, dann ist das nicht automatisch ein Betrugsfall, aber man sollte misstrauisch werden. Vermutlich gibt es mittlerweile eine neue Generation von Betrügern, die Nigrinis Arbeiten kennt und diesen Fehler nicht mehr macht.

Benford ist überall. Malcolm Sambridge, Geologe aus Canberra, fand kürzlich ein paar neue Fälle von Zahlen, die dem Gesetz folgen, unter anderem die Treibgasemissionen, nach Ländern aufgeschlüsselt, Messungen des Schwerefeldes der

Erde, die Rotationsraten von toten Riesensternen und die Ausschläge eines Seismographen während des Erdbebens, das den Tsunami Ende 2004 auslöste. Das letzte Beispiel ist interessant, denn vor dem Erdbeben zeigen die Daten des Seismographen keinerlei Ähnlichkeit mit Benfords Gesetz. Wenn man die Anfangsziffern der Zahlen von Seismographen nur gründlich ansieht, kann man Erdbeben erkennen, auch wenn sie gar keinen Ausschlag am Seismographen verursachen, entweder, weil sie zu schwach sind, oder weil sie gerade erst angefangen haben. Sambridge und seine Kollegen haben womöglich einen extrem empfindlichen Detektor zur → Erdbebenvorhersage erfunden.

Man soll eben nie sagen, Wissenschaft sei weltfremd. Nur 120 Jahre nachdem Newcomb über die Verschmutzung der Seiten in irgendwelchen Mathebüchern schrieb, eine Arbeit, die ihm heute vermutlich einen der Ig-Nobelpreise für besonders abwegige Forschung einbringen würde, verwendet jemand anders genau diese Studie, um Erdbeben vorherzusagen.

Braune Zwerge

It was a mistake. «Infrared dwarfs» would have been a much better name.

Kenneth Brecher

Wenn man tagsüber aus dem Fenster blickt, sieht man unter günstigen Umständen gleich zwei wichtige astronomische Objekte: zum einen die Sonne (bei gutem Wetter und wenn das Fenster in die richtige Himmelsrichtung zeigt) und außerdem ein paar kleine Teile der Erde (es sei denn, es ist neblig). Sonne und Erde gehören zu zwei sehr unterschiedlichen Klassen von

Objekten – die Sonne ist ein Stern, die Erde ein Planet. Wenn man nachts in den Himmel schaut, erkennt man, dass es noch viel mehr Sterne gibt und zumindest noch ein paar andere Planeten. Und einige Flugzeuge.

Was ist jetzt der große Unterschied zwischen Sternen und Planeten? Am Himmel sieht Jupiter (Planet) jedenfalls nicht so anders aus als Sirius (Stern). Sterne sind jedoch wesentlich größer und schwerer als Planeten – ein mittelgroßer Stern wie unsere Sonne wiegt tausendmal so viel wie Jupiter (der größte Planet in unserem Sonnensystem) und 300 000-mal so viel wie die Erde. Während zumindest manche Planeten einen festen Boden haben, sodass man auf ihnen herumlaufen kann, bestehen Sterne aus Gas (oder genauer gesagt aus Plasma, einem elektrisch geladenen Gas). Während Sterne oft ganz alleine durchs Weltall fliegen, umkreisen Planeten immer einen Stern. Das hat mit ihrer Entstehung zu tun: Sterne entstehen, grob gesagt, wenn eine Gaswolke aufgrund ihrer eigenen Schwerkraft kollabiert. Planeten bilden sich erst, wenn der Stern schon da ist, in einem scheibenförmigen Nebel, in den der junge Stern eingebettet ist.

Noch ein wichtiger Unterschied: Sterne sind in der Lage, über Millionen von Jahren Energie zu erzeugen und ins Weltall zu blasen. Sie funktionieren ein wenig wie eine Kerze; einmal angezündet, brennen sie lange mit derselben Helligkeit, bis irgendwann der Brennstoff alle ist. Planeten haben so einen Mechanismus nicht. Zu Beginn ihrer Existenz glühen sie noch ein wenig, aber dann werden sie schnell kalt und dunkel, wie die Heizdrähte in einem Toaster, den man gerade ausgeschaltet hat. Planeten wie Jupiter können wir nur sehen, weil sie Licht von der Sonne reflektieren.

Sterne sind zwar ein wenig so wie eine Kerze, aber nur im Prinzip. Sie verbrennen kein Wachs; stattdessen bauen sie zwei Wasserstoffatomkerne zu einem Heliumkern zusammen. Bei dieser Kernfusion wird Energie frei, die der Stern dann nur noch abstrahlen muss. Solche Prozesse sind leider recht aufwendig, man braucht ein großes Ding, das in der Lage ist, erhebliche Temperaturen und hohen Druck zu produzieren. Planeten jedenfalls können das nicht.

Sterne und Planeten könnte man für streng getrennte Phänomene halten. Abgesehen davon, dass die einen in der Nähe der anderen entstehen, gehen beide Arten von Himmelskörpern ihren Geschäften nach, ohne einander in die Quere zu kommen. Diese Einstellung geht so weit, dass es zwei Sorten Forscher gibt: die einen, die sich um Sterne kümmern (Astronomen), und andere, die mit Planeten zu tun haben (zum Beispiel Geologen oder allgemeiner Planetologen). Von den Astronomen kam in den 1950er und 1960er Jahren mehrfach der Vorschlag, es könnte Dinge geben, die, was ihr Gewicht angeht, *zwischen* Sternen und Planeten stehen. Genau wie Sterne erzeugen sie Energie durch Fusion von Wasserstoffatomen – aber nur ein bisschen, und auch nur, wenn sie ganz jung sind. Genau wie Planeten werden sie mit zunehmendem Alter schwächer und schwächer. Zuerst nannte man diese hypothetischen Zwischenobjekte «Schwarze Zwerge», ab den 1970ern bürgerte sich dann die Bezeichnung «Braune Zwerge» ein. «Zwerg», weil sie im Vergleich zu Sternen klein sind, und «braun», weil sie sehr lichtschwach sind – und weil die anderen Farben schon vergeben waren. Unsere Sonne zum Beispiel nennen Astronomen seltsamerweise einen «Gelben Zwerg».

Jahrzehntelang waren Braune Zwerge reine Theorie. Theoretische Objekte sind schön und gut, aber ausdenken kann man sich viel. Wirklich relevant wurden sie erst, als man sie nach langem erfolglosen Suchen am Himmel fand. Seit 1995 sind Hunderte Braune Zwerge identifiziert worden. Es gibt offenbar auch welche, die so klein sind, dass man sie mit Riesenplaneten verwechseln könnte – sie sind nur etwa zehnmal so schwer wie Jupiter. Im Unterschied zu Jupiter fliegen diese Objekte, die man seit ein paar Jahren manchmal «Planemos» nennt (kurz für «planetary-mass objects», also Objekte mit planetenähnlichen Massen), jedoch frei durchs All und umkreisen nicht etwa einen Stern. Sind das jetzt Planeten? Oder Sterne? Die Grenze zwischen den beiden Klassen ist endgültig eingerissen.

Ein Problem, das Astronomen mit Braunen Zwergen haben, ist ihre Entstehung. Wie sich herausstellte, ist es gar nicht so einfach zu erklären, wie es so etwas wie einen Braunen Zwerg geben kann. Zum einen könnte es sein, dass Braune Zwerge wie Sterne entstehen, aber aus irgendeinem Grund nicht genug Masse mitbekommen. Sie werden nicht groß genug, um die Kernfusion richtig in Gang zu bringen. Wenn ein Stern entsteht, sammelt er über ein paar Millionen Jahre Material aus seiner näheren Umgebung zusammen; Material, das wegen der Schwerkraft auf den heranwachsenden Stern herunterregnet. Diesen Prozess muss man aufhalten, um einen Braunen Zwerg heranzuzüchten.

Ideen gibt es dazu einige, und wahrscheinlich funktionieren auch manche. Unklar ist, welche davon in der Natur tatsächlich im Einsatz sind und welche zwar gut klingen, aber letztlich keine Rolle spielen. Eine Möglichkeit besteht darin, dass das kleine Ding in einem sehr frühen Stadium seiner Entstehung einen Fußtritt verabreicht bekommt und in eine Gegend geschossen wird, wo sich kein neues Baumaterial findet. Nun gibt es zwar keine Füße am Nachthimmel, aber immerhin die Schwerkraft. Sterne bilden sich meist nicht allein, sondern in Gruppen, die sich während der Entstehung konfus durcheinanderbewegen. Begegnen sich in so einer dichten Ansammlung zwei Objekte, dann kommt es vor, dass das kleinere durch die Schwerkraft des größeren beschleunigt und aus der Gruppe hinausbefördert wird.

Dieser Vorgang findet im Weltall ziemlich sicher statt, aber er hat ein paar ernsthafte Schwierigkeiten mit den Fakten, das heißt mit den Details, die Astronomen mit Hilfe von großen Teleskopen inzwischen herausgefunden haben. Einer der wesentlichen Punkte: Braune Zwerge entstehen nicht nur in der Nähe von Sternhaufen, sondern offenbar auch ganz auf sich gestellt. Es gibt ein paar Funde von jungen Braunen Zwergen, die sich weit weg von allen größeren Sternansammlungen aufhalten. Bei solchen Objekten funktioniert der Fußtrittmechanismus nicht, weil es nichts gibt, das den Tritt verabreichen könnte. Außerdem fand man mehrere Paare von Braunen Zwergen – zwei Braune Zwerge, die sich in großem Abstand umkreisen, so wie die Erde die Sonne umkreist. Wenn wirklich jeder Braune Zwerg am Anfang seiner Existenz mit einem größeren Stern praktisch kollidiert, sollte man erwarten, dass solche Paare auseinandergerissen werden.

Andere Forscher brauchen keine Fußtritte, sie rühren in ihren Modellen das Gas kräftig um, aus dem sich die Sterne bilden. Die so entstehende Turbulenz ist eine Eigenschaft, die in der (komplizierten) Theorie die Entstehung von Braunen Zwergen begünstigt. Andere lassen Braune Zwerge in der Nähe von sehr hellen Sternen entstehen. Die Strahlung des hellen Nachbarn pumpt Energie in die Wolke, die den zukünftigen Zwerg umgibt. Das Gas heizt sich auf, und seine Atome gehen kaputt. Die Reste verteilen sich über ein großes Volumen und fallen nicht mehr auf den Zwerg, der deshalb nicht zum Stern heranwächst. So könnte es auch gehen, jedenfalls wenn zufällig gerade ein heißer Stern in der Nähe ist.

Allen bisherigen Szenarien ist gemeinsam, dass sie Braune Zwerge als verhinderte Sterne betrachten. Man kann aber auch andersherum anfangen und sagen, es handele sich um verhinderte Planeten. Man baut den Braunen Zwerg so wie einen Planeten zusammen – in einem scheibenförmigen Nebel, der junge Sterne umgibt. Wenn der Zwerg fertig ist, braucht man wieder einen Fußtritt, um ihn aus der Scheibe rauszubefördern, nur diesmal wäre es ein Zusammenstoß mit einem Kollegen – einem anderen Braunen Zwerg oder einem Riesenplaneten –, der ihn in die freie Wildbahn katapultiert. Klingt gut, aber wenn das so wäre, dann müsste man, sieht man sich ganz junge Braune Zwerge an, immer auch eine Sonne in der Nähe finden, aus deren Scheibe der Zwerg hätte herausgeworfen werden können. Leider ist das nicht immer so.

In Wahrheit gibt es womöglich mehrere Varianten der Entstehung von Braunen Zwergen. Wenn wir heute ein paar Zwerge am Himmel sehen und sie sich ähneln, heißt das noch lange nicht, dass sie auch denselben Ursprung haben. Braune Zwerge verdeutlichen schön, dass Stern- und Planetenentstehung nicht zwei getrennte Prozesse sind, sondern zwei ineinander verwobene Handlungsstränge in einem großen, komplexen Geschehen. Die Natur verfügt über Mittel und Wege, die verschiedensten Objekte zusammenzubauen, sie kümmert sich nicht darum, wie wir diese Objekte am Ende nennen und in welchen Instituten wir sie untersuchen lassen. Sie kann Sterne herstellen, die hundertmal so schwer sind wie die Sonne, Braune Zwerge, und am anderen Ende der Skala Planeten von der Größe der Erde. Außerdem produziert sie noch viel kleinere Objekte, zum Beispiel Zwergwale, aber das ist ein anderes Thema.

Brüste

A curious aspect of the theory of evolution is that everybody thinks he understands it.

Jacques Monod, «On the Molecular Theory of Evolution», 1974

Die Frage, warum Frauen Brüste haben, ist eine von mehreren in diesem Buch, die sich als Konversationsthema nur wenig eignen. «Das ist doch klar», werden die meisten Gesprächspartner einwenden, wenn nicht gleich: «Das war nie Unwissen, du hast da nur was falsch verstanden.» Es ist offenbar leichter, Unwissen zu akzeptieren, wenn es sich am anderen Ende des Universums befindet (→ Space Roar) oder sich nur selten bemerkbar macht (→ Megacryometeore). Dass es Unwissen gibt, das wir täglich mit uns herumtragen oder an anderen Menschen betrachten, lässt die Welt ein wenig unaufgeräumt wirken.

Aber mit dieser Unaufgeräumtheit müssen wir uns vorerst arrangieren, denn noch gibt es keine eindeutige Antwort auf die Frage, warum Frauen in der Pubertät Brüste bekommen und sie ihr Leben lang behalten. Kein anderes Säugetier lässt sich dauerhafte Brüste wachsen. In der Stillzeit schwillt das Brustdrüsengewebe an, aber nach deren Ende schwillt es wieder ab. Auch Kühe sind da übrigens keine Ausnahme. Milchkühe sind auf möglichst hohe Milchproduktion und damit große Euter hin gezüchtet, und sie müssen regelmäßig Kälber gebären, damit die Milch nicht versiegt. Kühe, die kein Kalb säugen, haben kleine und unauffällige Euter.

Wer jetzt denkt «Na, Brüste gibt es eben, weil Männer sie attraktiv finden», der trägt das Problem damit nur in eine andere Abteilung. Warum finden Männer Brüste attraktiv? Es muss einen Zeitpunkt vor der Entstehung dauerhafter Brüste gegeben haben, zu dem geschwollenes Brustdrüsengewebe Männern signalisierte, dass hier ein Kind gestillt wird. In der Stillzeit ist die Fruchtbarkeit herabgesetzt, wer Brüste attraktiv fand, reduzierte damit also seine eigene Fortpflanzungswahrscheinlichkeit. Ein Interesse an Brüsten hat also Nachteile, genau wie der Besitz von Brüsten. Dauerhafte Brüste können die Bewegungsfreiheit einschränken und Rückenprobleme verursachen. Das in ihnen gespeicherte Fett ließe sich praktischer an anderen Stellen verstauen. Diesen Kosten muss auf beiden Seiten irgendein Nutzen gegenüberstehen. Was hat sich die Evolution dabei gedacht?

An dieser Stelle ein Wort der Warnung. Wahrscheinlich ist es nicht gut, zu oft angesichts von Brüsten, Elchgeweihen oder Badeschwämmen «Was hat sich die Evolution dabei wieder gedacht?» zu fragen, weil die Gefahr besteht, dass man irgendwann an seinen eigenen Scherz zu glauben beginnt. Denn die Evolution denkt sich überhaupt nichts bei ihrem Tun, sie lässt das Sinnlose genauso entstehen wie das Zweckmäßige, und es ist gar nicht so leicht, das eine vom anderen zu unterscheiden.

Wenn Forscher sich zu den evolutionären Ursachen für Brüste äußern, gehen sie fast immer davon aus, dass Brüste in die Kategorie des Zweckmäßigen gehören, also eine Anpassung darstellen. Eine Anpassung ist eine erbliche Eigenschaft, die durch natürliche Auslese zustande kommt, weil sie zumindest zum Zeitpunkt ihrer Entstehung direkt oder indirekt die Chancen ihres Inhabers auf erfolgreiche Fortpflanzung erhöht. Was das genau bedeutet und welche Eigenschaften von Lebewesen als Anpassungen eingestuft werden sollen, ist allerdings umstrittener, als man annehmen könnte.

Den Aufkleber «Anpassungsleistung» darf keineswegs alles tragen, was in den letzten paar Milliarden Jahren auf der Erde entstanden ist. Der Bauchnabel ist einfach nur ein Nebeneffekt der Nabelschnur, etwa wie ein Gussgrat an einem technischen Produkt, und die Evolution stellt ihn in einer nach innen und in einer nach außen gewölbten Variante her, ohne dass das nach bisherigem Wissensstand etwas zu bedeuten hätte. Es kann vorkommen, dass so eine technisch bedingte Eigenschaft sich später als praktisch erweist. So ist es beispielsweise ganz günstig, dass die Einzelteile des Schädels beim Säugling noch nicht fest miteinander verwachsen sind, denn dadurch passt er leichter durch den engen Geburtskanal. Die Evolution musste diese Schädelnähte aber nicht extra erfinden, es gibt sie schon bei Tieren, die einfach nur aus einem Ei zu schlüpfen brauchen. Andere Eigenschaften entwickeln sich als Anpassung und werden später umgenutzt. Ein mögliches Beispiel ist der Schlaf, der einer Theorie zufolge anfangs nur dazu diente, Lebewesen nachts vor Schaden zu bewahren, und erst später Zusatzfunktionen übernahm (→ Schlaf im «Lexikon des Unwissens»).

Es macht die Welt nicht einfacher, dass ein einzelnes Gen mehrere Eigenschaften beeinflussen kann und dass sich bestimmte Einzelheiten bei der Entwicklung von Lebewesen nicht ändern lassen, ohne andere gleich mit zu verstellen. Man kann eine Maus nicht einfach maßstabsgetreu auf Elefantenformat vergrößern. Sie wird schwerere Knochen bekommen, und ihr Stoffwechsel und ihr Herzschlag werden sich verlangsamen. In der Maus muss also außer der Angabe «Körpergröße» noch einiges andere umgebaut werden, und spätere Riesenmausforscher werden es schwer haben, herauszufinden, auf welchen dieser Faktoren die Evolution welche Art Druck ausgeübt hat.

Wenn man behaupten will, etwas sei eine evolutionäre Anpassung, genügt es also nicht, sich irgendeinen halbwegs plausiblen Zweck der Veränderung auszudenken. Ein paar Kriterien müssen erfüllt sein: Es muss erstens eine genetische Basis für das Phänomen geben, deren Einfluss auf den Fortpflanzungserfolg sich zweitens statistisch nachweisen lassen muss, drittens sollte es einen technischen Zusammenhang zwischen der

Eigenschaft und dem Fortpflanzungserfolg geben, und viertens wäre es gut, wenn sich dieser Zusammenhang experimentell nachweisen ließe. Dazu verändert man entweder die zu untersuchende Eigenschaft oder die Umweltbedingungen und sieht nach, ob sich die erwarteten Folgen auch wirklich einstellen. Im Tierversuch ist das noch relativ einfach, häufig kleben Forscher zu diesem Zweck beispielsweise bunte Federn an Vögel und untersuchen dann deren Paarungserfolg. Beim Menschen aber ist der Nachweis so schwierig, dass es bisher selten gelungen ist, menschliche Eigenschaften zweifelsfrei als Anpassungsleistung zu identifizieren.

Das hat weder Wissenschaftler noch Laien daran gehindert, zu jeder menschlichen Eigenschaft oder Verhaltensweise eine Theorie hervorzubringen, die das Beobachtete zur evolutionären Anpassung erklärt. Die meisten dieser Erklärungen handeln von Männern als Ernährern und Beschützern, von monogamen Paarbindungen, die durch Attraktivität der Frau einerseits und gute Versorgung durch den Mann andererseits gefestigt werden, und vom höheren Elternaufwand der Frau. Manches spricht allerdings dafür, dass diese Theorien weniger die Lage vor ein paar Millionen Jahren widerspiegeln als die gesellschaftlichen Zustände ihrer Entstehungszeit. Das ist jedenfalls die Interpretation der Paläoanthropologin Dean Falk, der zufolge viele soziobiologische Erklärungen des Geschlechterrollenverhaltens eher auf Wunschdenken als auf Wissenschaft fußen: Während Frauen in den 1970er und 80er Jahren sexuell und finanziell unabhängiger wurden, entstand ein erhöhter Bedarf nach beruhigenden Thesen. «Die Geschlechterrollen- und Familienverhältnisse der 1950er Jahre in England und den USA entsprechen exakt dem, was die Evolution vorgesehen hat», sagt diese tröstliche Wissenschaft sinngemäß, «und deshalb wird auch weiter alles so bleiben, die Emanzipation ist nur so eine Modewelle. Bring einfach genügend erjagte

Tiere nach Hause, dann verlässt deine Frau dich nicht für einen anderen.»

Aber natürlich rühren in der Theoriensuppe nicht nur Forscher, die sich insgeheim in die 1950er Jahre zurücksehnen. Einige Forscherinnen, die sich in den letzten Jahrzehnten in der Brustfrage zu Wort gemeldet haben, bringen ihrerseits keine rechte Begeisterung für Hypothesen auf, denen zufolge Brüste sich in erster Linie als Objekt männlicher Begierde entwickelt haben sollen. Wie alle Fragen, in denen es um Männer, Frauen und Evolution geht, ist das Thema hochpolitisch und unterliegt wechselnden Erklärungsmoden. Eventuell wird sich das Gestrüpp der Theorien erst lichten, wenn die Evolution neue, besser angepasste Evolutionsbiologen hervorgebracht hat.

Bei der Erklärung von Brüsten taucht häufig ein Sonderfall der Anpassung auf, nämlich die sexuelle Selektion, deren klassisches Beispiel der Pfauenschwanz darstellt. Die Kosten dieses nutzlosen und hinderlichen Körperteils werden aufgewogen durch die größere Bereitschaft weiblicher Pfauen, sich mit dem Inhaber eines so prächtigen Gefieders zu paaren. Es gibt in der Evolutionsbiologie so viele Pfauenschwanz-Theorien, weil Forscher reflexartig an sexuelle Selektion denken, wenn sich die Angehörigen eines Geschlechts auffällig für ein Merkmal des anderen Geschlechts interessieren und dieses Merkmal gleichzeitig eher unpraktisch erscheint. Welche Mechanismen hinter dem Phänomen der sexuellen Selektion stecken, ist allerdings auch bei den vergleichsweise einfach zu erforschenden Tieren ein Feld mit vielen konkurrierenden Hypothesen. Denkbar ist zum Beispiel, dass die Pfauenweibchen einfach nur den Beweis sehen wollen, dass das Männchen trotz eines absurd unpraktischen Körperteils durchs Leben kommt, ohne sofort von Fressfeinden verzehrt zu werden. Statt ein schönes Gefieder zu entwickeln, könnte sich der männliche Pfau also theoretisch auch einen Autoreifen ans Bein binden. Anderen Modellen zufolge bringt der Pfau einen besonders prächtigen Schweif nur dann hervor, wenn er gesund ist; die Weibchen lesen also aus dem Gefieder den Gesundheitszustand des Männchens ab.

Analog vermuten manche Forscher, dass Männer ein Interesse an der weiblichen Oberweite entwickelt haben, weil Brüste etwas Wissenswertes signalisieren. Männer könnten große Brüste beispielsweise attraktiv finden, weil sie ihnen eine gesicherte Ernährung ihrer zukünftigen Kinder versprechen. Dieses Argument krankt daran, dass die Größe der Brüste nichts mit ihrer Funktionsfähigkeit zu tun hat. Vor dem Beginn der Stillzeit bestehen sie überwiegend aus Fett. In den ersten Monaten des Stillens nimmt das Fettgewebe in der Brust ab und das Drüsengewebe zu, bis nach etwa sechs Monaten ein optimales Verhältnis von Brustgröße zu Milchmenge erreicht ist. Trotz des geringeren Fettanteils funktioniert die Brust jetzt also offenbar effizienter. Selbst wenn große Brüste besonders viel Milch produzieren könnten, wäre das kein Vorteil, denn der Säugling bestimmt die Menge der Milch durch sein Trinkverhalten. Daher reicht die Milchmenge im Normalfall für den Bedarf des Kindes – oder bei Zwillingsgeburten: der Kinder –, und was darüber hinausgeht, wäre Verschwendung.

Auch als Signal dafür, dass die Mutter über ausreichend Körperfett zum Stillen eines Kindes verfügt, eignen sich Brüste aus verschiedenen Gründen nicht: Selbst Brüste der Körbchengröße D enthalten zusammen nur etwa 2 Kilogramm Fettgewebe und damit ungefähr 15 000 Kalorien. So viel verbraucht das Stillen eines Säuglings allein im ersten Monat. Und diese Kalorien kommen selbst in schlechten Zeiten eher aus den an Armen, Beinen und Hüften gespeicherten Vorräten.

Aber warum sollten Frauen überhaupt durch Brüste signalisieren, dass sie über genügend Fettvorräte verfügen? Das Vorhandensein von Fett ist auch ohne Brüste erkennbar, die zusätzlichen Mühen wären nicht nötig. Und wenn Fettreserven zur Fortpflanzung verlocken, warum finden so viele Männer dann gerade schlanke Frauen mit großen Brüsten attraktiv?

In einer fettärmeren Variante der Signalthese lesen Männer an den Brüsten einer Frau ab, wie symmetrisch sie gebaut ist. Ein asymmetrischer Körperbau gilt als Indiz dafür, dass mit den Genen dieses möglichen Fortpflanzungspartners etwas nicht stimmt. Große und gleichzeitig symmetrische Brüste sind in dieser Theorie ein besonders schwieriges Kunststück des Körpers, der auf diese Art seine vorteilhaften Gene zur Schau stellt. Diese Symmetrie-Selektions-Theorien gehen auf die Beobachtung zurück, dass sich Schwalben lieber mit symmetrisch gebauten Schwalben paaren. Der Effekt wurde erstmals in den frühen 1990er Jahren beschrieben und begeisterte Forscher so, dass es in kurzer Zeit mehrere unabhängige Folgestudien gab, die ihn zunächst bei Mensch und Tier bestätigten. Im Laufe der nächsten zehn Jahre und mit zunehmender Datenmenge ließ sich der Symmetrieeffekt aber immer weniger belegen. Da die nachzumessenden Asymmetrien recht klein sind und daher Spielraum bei der Interpretation lassen, vermutet man heute eher den unbewussten Einfluss von Forscherwünschen hinter den anfangs so eindeutig erscheinenden Ergebnissen.

Die Anthropologin Frances E. Mascia-Lees sagt sich nicht nur von der sexuellen Selektion, sondern von der gesamten Anpassungstheorie los und vertritt die These, dass sich Brüste als Nebenprodukt der Einlagerung von Fettreserven entwickelt haben. In der Frühzeit der menschlichen Entwicklung, so die Theorie, breiteten sich unsere Vorfahren aus den Wäldern in die Savanne aus, wo die Nahrungsversorgung je nach Jahreszeit schwankte. Frauen, die mehr Fett ansetzten, erhöhten ihre Chancen, auch in weniger günstigen Jahreszeiten ein Kind erfolgreich auszutragen und lange genug zu stillen. Diese zusätzlichen Fettzellen produzieren Östrogen, und Östrogen führt zur Anlagerung von Fett an den Brüsten, wie dicke Männer aus eigener Anschauung wissen. Die Fettanlagerung vorne am Oberkörper hat in dieser Theorie also nicht mehr Bedeutung als beispielsweise Schwimmringe am Bauch.

Zur Klärung der Frage, ob Brüste eine Anpassungsleistung darstellen oder einen bloßen Nebeneffekt einer anderen Entwicklung, braucht man die oben genannten Kriterien (mit Ausnahme von Punkt 4, dem experimentellen Nachweis, der sich sowieso nicht an der Ethikkommission vorbeischmuggeln lässt). Es sollte erstens eine genetische Basis für die Brustentwicklung geben, und das scheint auch der Fall zu sein: Die Brustgröße wird durch spezifische Gene zumindest mitbestimmt; den Rest regeln Ernährung und genetische Faktoren, die den Körperbau allgemein beeinflussen.

Zweitens sollten größere Brüste mit größeren Fortpflanzungschancen einhergehen. Die Anthropologin Grażyna Jasieńska und ihre Kollegen kommen in einer Veröffentlichung aus dem Jahr 2004 zu dem Schluss, dass Frauen mit großen Brüsten auch tatsächlich fruchtbarer sind als Frauen mit ungünstigerem Verhältnis von Brustumfang zu Brustkorbumfang unterhalb der Brust. Wobei mit «tatsächlich fruchtbarer» hier «theoretisch fruchtbarer» gemeint ist, denn gemessen wurde nicht der tatsächliche Fortpflanzungserfolg, sondern nur der Spiegel zweier Hormone, die als Indikatoren für eine erfolgreiche Empfängnis gelten.

Die Empfängniswahrscheinlichkeit ist aber nur ein Teil der gesamten Fortpflanzungswahrscheinlichkeit. Menschen und andere Primaten bekommen relativ wenig Nachwuchs, in den sie jahrelang hohen Aufwand investieren. Für Frauen genügt es daher, so einigermaßen fruchtbar zu sein; der Fortpflanzungserfolg hängt mindestens ebenso stark davon ab, ob es gelingt, diesen Nachwuchs durchzufüttern und gesund zu erhalten. Die Anthropologin Elizabeth Cashdan wirft in einer Veröffentlichung aus dem Jahr 2008 die Frage auf: Wenn die von Jasieńska und anderen Autoren beschriebenen Proportionen evolutionär so günstig sind, warum sind sie dann – selbst fernab der Zivilisation und ihrer Supermärkte – eher die Ausnahme als die Regel? Cashdan zufolge vermindern dieselben Hormone, die eine Schwangerschaft wahrscheinlicher machen, die Durchsetzungsfähigkeit der Mutter, die ihren Kindern dadurch weniger Ressourcen sichern kann. Beide evolutionäre Strategien hätten dann je nach den Lebensumständen der Frau ihre Vor- und Nachteile. Man müsste sich die Mühe machen, ein paar Jahrzehnte abzuwarten und dann nachzuzählen, wie viele Kinder die Frauen aus Jasieńskas Studie tatsächlich bekommen und ins fortpflanzungsfähige Alter befördert haben. Bis dahin ist die Frage, ob Frauen mit größeren Brüsten sich erfolgreicher fortpflanzen, weiterhin offen.

Eins der Probleme, vor denen man bei allen Theorien steht, die nicht nur Mutmaßen, sondern auch Nachmessen erfordern, ist nebenbei ein ganz praktisches oder vielmehr unpraktisches: In jeder Studie kommen andere Verfahren zur Brustgrößenmessung zum Einsatz, und keines davon liefert eindeutige Ergebnisse. Am einfachsten ist es natürlich, Frauen nach ihrer Körbchengröße zu befragen und auf ehrliche Auskünfte zu hoffen. Aber Körbchengrößen unterscheiden sich je nach Land und Hersteller, fast alle Frauen tragen BHs der falschen Größe, und große oder dicke Frauen haben im Durchschnitt größere Brüste als kleine oder dünne, ohne dass man daraus irgendetwas über das Verhältnis ihrer Brustgröße zur übrigen Körpergröße ablesen könnte. Diese Probleme kann man vermeiden, indem man das Verhältnis des Brustumfangs über der Brust zum Brustumfang unter der Brust misst, aber dann stellt sich wiederum die Frage, wo man das Maßband anlegen soll: Das Volumen großer Brüste ist mit diesem Verfahren nicht gut zu erfassen.

Vor der Frage, warum Frauen Brüste haben, müsste also eigentlich die Frage geklärt werden, wie man aus der Vielzahl der Hypothesen – aus der wir hier nur einen kleinen, ähem, Ausschnitt zeigen konnten – die aussichtsreicheren herausgreifen und überprüfen könnte. Nach der Einführung einer halbwegs standardisierten Messmethode müsste jemand bessere Daten darüber zusammentragen, ob sich Männer wirklich überall auf der Welt gleichermaßen für Brüste interessieren und, wenn ja, ob sie dabei ähnliche Proportionen schätzen. Dass hier noch Bedarf besteht, zeigt sich daran, dass die meisten Veröffentlichungen auf eine einzige Arbeit aus den 1950er Jahren zurückgreifen. Bis das geklärt ist, besteht die Möglichkeit, dass männliche Brustbegeisterung ein zwar weitverbreitetes, aber kulturell bedingtes Phänomen darstellt. Solange diese ganze Forschungsarbeit noch unerledigt ist, müssen wir uns mit der Nullhypothese begnügen, dass Brüste keinen besonderen Zweck haben, sondern einfach da sind. Viele sind auch damit schon ganz zufrieden.

Dunkle Energie

The universe is a big place, perhaps the biggest.

Kurt Vonnegut

«Irgendwie dunkel», titelte die *Zeit* im Jahr 2001 anlässlich einer Konferenz in Baltimore, die «The Dark Universe» hieß. Das Universum dunkel zu nennen, kommt einem beim Betrachten des Nachthimmels zunächst nicht so überraschend vor. Zwischen den ganzen leuchtenden Sternen und Galaxien stellt man sich das Universum wie eine große Leere vor, und wo nichts ist, kann man auch nichts sehen, folglich ist es dunkel, ein bestechendes Argument. Aber leider falsch, sowohl am Anfang als auch am Ende.

Zum einen ist das Universum keineswegs an allen Stellen, wo nichts leuchtet, wirklich leer. Es beherbergt sogenannte Dunkle Materie, die sich durch die von ihr hervorgerufene Schwerkraft zu erkennen gibt, aber nicht sichtbar ist. Es gibt sehr viel davon, etwa fünfmal so viel wie sichtbare Materie, und bis heute wissen wir nicht, was Dunkle Materie sein soll, weshalb das Thema auch im «Lexikon des Unwissens» auftaucht. Zum anderen sind selbst die Stellen, an denen es weder leuchtende noch dunkle Materie gibt, nicht wirklich leer. Wenn man alles wegnimmt, dann bleibt immer noch etwas übrig, das man Dunkle Energie nennt. Dunkel, weil man es nicht sehen kann und weil man keine Ahnung hat, was es sein soll.

Die offensichtliche Frage: Wenn dieses Zeug unsichtbar und nach irdischen Kriterien nichts ist, woher wissen wir dann von seiner Existenz? Eine Frage, die auch im Kapitel →Loch eine Rolle spielt, aber dieses Mal ist die Antwort eine ganz andere: weil Dunkle Energie die Expansion des Universums beschleunigt. Sowenig wir über den Inhalt des Universums wissen, in einer Sache sind sich die allermeisten Experten einig: Es expandiert. Wir wissen das, weil das Licht von weit entfernten Galaxien röter auf der Erde ankommt, als es eigentlich sein sollte. Die beste Erklärung für diese Rotverschiebung ist der Dopplereffekt, den jeder kennt, weil er nicht nur bei Licht, sondern auch bei allen anderen Wellen vorkommt, zum Beispiel bei dem Geräusch, das die Sirene eines Feuerwehrautos von sich gibt. Fährt das Ding an einem vorbei, dann klingt das so, als würde jemand die Tonhöhe der Sirene runterdrehen – die Frequenz der Sirenenwellen verringert sich, oder andersherum: Ihre Wellenlänge vergrößert sich. Bei Licht gibt es das auch, und weil rotes Licht langwelliger ist als blaues, wird der

Dopplereffekt das Licht von Galaxien röten, wenn sie sich von uns wegbewegen. Das ist die Interpretation der Rotverschiebung des Lichts der Galaxien – sie fliegen von uns weg, und zwar umso schneller, je weiter sie von uns entfernt sind.

Daraus folgt übrigens nicht, wie man meinen könnte, dass wir uns im Zentrum des ganzen Expandierens befinden. An jeder anderen Stelle sähe es ganz genauso aus. Man denkt am besten an einen Hefeteig mit Rosinen, der über Nacht zum «Gehen» stehengelassen wird. Wir sitzen in einer der Rosinen, und weil sich der gesamte Teig gleichmäßig ausdehnt, bewegen sich alle anderen Rosinen von uns weg. Je weiter eine Rosine von uns entfernt ist, desto mehr Lichtjahre expandierender Hefeteig liegen zwischen uns und der anderen Rosine, und desto schneller bewegt sie sich von uns weg.

Man darf sich das Ganze auch nicht vorstellen wie eine Explosion, wo alle möglichen Teile von einem Zentrum wegfliegen. «Wegfliegen» ist überhaupt ein irreführendes Wort, weil man dabei sofort vermutet, dass sich ein Ding schnell durch ein ruhendes Medium bewegt. Dabei ist es das Medium, das sich ausdehnt – die Räume zwischen den Galaxien. Genau wie beim Hefeteig, wo die Rosinen sich auch nur deshalb bewegen, weil sich der Teig zwischen ihnen ausdehnt. Der Hefeteig ist die perfekte Metapher für das Universum, sieht man davon ab, dass bisher nicht bekannt ist, ob das Universum am Ende der Nacht in den Ofen geschoben und danach verzehrt wird, aber was wissen wir schon.

Das Universum dehnt sich also aus, so viel ist klar. Das wirft zwei Fragen auf, die man sich im Leben ziemlich oft stellt: Wer hat damit angefangen? Und wie soll das nur weitergehen? Der Anfang ist ein eigenes Kapitel, aber es lässt sich zumindest feststellen, dass das Universum sehr klein angefangen hat. Wenn sich etwas ausdehnt, dann muss es in der Vergangenheit viel kleiner gewesen sein. Am Zeitpunkt null oder sehr kurz danach muss sich das Weltall in einem extrem dichten und energiereichen Zustand befunden haben, den wir heute normalerweise «Urknall» («Big Bang») nennen. So viel zum Anfang.

Hier geht es jedoch um die Zukunft des Universums. Bis in die 1990er Jahre hinein gab es vor allem zwei Möglichkeiten. Entweder die Expansion geht ewig so weiter wie heute. Oder aber sie wird allmählich langsamer, hält irgendwann an und kehrt sich um, das heißt, der ganze Hefeteig fällt wieder in sich zusammen. Das letzte Szenario, bei dem am Ende das Gegenteil des Urknalls steht, ein «Big Crunch», klingt unangenehm, weil man es nicht so gern hat, wenn die ganzen anderen Galaxien, die jetzt so schön weit weg sind, in den Wintergarten fallen und die Blumen kaputt machen. Die Möglichkeit für einen Big Crunch besteht, weil die Expansion einen natürlichen Gegenspieler hat, nämlich die Schwerkraft. Es gibt schließlich Materie im Universum, dunkle, helle, alles Mögliche, die sich gegenseitig anzieht. Die Rosinen *wollen* sich eigentlich nicht voneinander wegbewegen. Ob das Universum gleichmäßig weiterexpandiert oder ob die Expansion sich verlangsamt und es irgendwann kollabiert, hängt daher vor allem davon ab, wie viel Materie es im All gibt.

So weit der Stand der Forschung in den 1990ern. Es ging in erster Linie darum zu entscheiden, ob die Expansion so weitergeht wie bisher oder ob sie sich umkehrt. Die allgemeine Praxis bei solchen Problemen ist, einfach nachzusehen, wie es sich verhält, wobei «einfach» entweder wirklich einfach oder entsetzlich kompliziert sein kann, bei Astronomen meistens Letzteres. Wie findet man heraus, ob etwas gleich schnell bleibt oder langsamer wird? Man misst seine Geschwindigkeit zu verschiedenen Zeiten. Im Falle des Universums hat man den praktischen Vorteil, dass das Licht von weit entfernten Galaxien sehr lange braucht, bis es bei uns ankommt. Die nächsten Galaxien sind schon ein paar Millionen Lichtjahre entfernt, das heißt, ihr Licht ist Millionen Jahre unterwegs, bis es bei uns ankommt. Nun sind ein paar Millionen Jahre ein Klacks verglichen mit dem Alter des Universums von 13 Milliarden Jahren. Um wirklich irgendwas über langfristige Trends in der Expansionsrate des Universums sagen zu können, muss man sich Galaxien ansehen, die ein paar Milliarden Lichtjahre weg sind. Man misst, wie weit ihr Licht rotverschoben ist, rechnet daraus die Geschwindigkeit aus, mit der sie sich von uns wegbewegen, vergleicht mit Galaxien, die näher liegen, und fertig.

Der Haken bei der Sache ist die Bestimmung der Entfernung, traditionell eines der größten Probleme in der Astronomie. Dafür steht ein ganzes Arsenal von Methoden zur Verfügung, die alle in einem bestimmten Entfernungsbereich funktionieren. Eine dieser Methoden, die für weit entfernte Galaxien zum Einsatz kommt, beruht auf Supernovä mit der Typbezeichnung Ia, wobei es sich um explodierende Weiße Zwerge handelt. Wie es zu der Explosion kommt, soll uns hier nicht kümmern, wichtig ist nur die Tatsache, dass sie immer auf die gleiche Art abläuft. Durch die Explosion wird der Weiße Zwerg vollständig zerrissen und für kurze Zeit extrem hell, etwa 5 Milliarden Mal heller als die Sonne. Objekte, die eine einigermaßen genau definierte Helligkeit haben, heißen bei Astronomen «Standardkerzen» und erfreuen sich großer Beliebtheit, eben weil man sie zur Entfernungsmessung einsetzen kann.

Wenn so eine Supernova in einer weit entfernten Galaxie passiert, dann kommt sie uns natürlich nicht 5 Milliarden Mal so hell vor wie die Sonne – der Segen der Entfernung. Die scheinbare Helligkeit von Objekten nimmt präzise mit dem Quadrat ihrer Entfernung ab. Das ist der Grund, warum wir überhaupt Teleskope brauchen, um etwas über Supernovä zu erfahren. Wir nehmen also unsere Supernova und messen, wie hell sie uns erscheint. Dann schlagen wir nach, wie hell sie in Wirklichkeit ist, zum Beispiel im vorigen Absatz. Aus dem Verhältnis von scheinbarer und tatsächlicher Helligkeit ergibt sich ohne Probleme die Entfernung.

Mit Rotverschiebung und Entfernung sind jetzt die beiden wesentlichen Voraussetzungen zum Ausmessen der Expansionsrate des Universums bekannt. Und so funktioniert es in der Praxis: Man nimmt ein Teleskop und macht Bilder von einer bestimmten Himmelsgegend, und zwar nicht nur eins, sondern eine ganze Serie über viele Wochen, Monate, Jahre. Von Vorteil ist, wenn die Gegend möglichst viele Galaxien enthält und nicht mit lästigem Zeug in der näheren Umgebung, zum Beispiel Staubwolken in unserer eigenen Galaxie, vollgestellt ist. Man vergleicht das Bild vom Himmel mit einer älteren Aufnahme derselben Gegend. Findet man einen Stern, der vorher nicht da war, könnte es eine Supernova vom Typ Ia sein. Anlass genug, genauer nachzusehen. Man findet heraus, ob es wirklich die gesuchte Supernova ist, und leitet aus der Helligkeit die Entfernung ab. Weil wir die Geschwindigkeit des Lichts kennen, folgt daraus, wie lange das Licht zu uns gebraucht hat, das heißt, wie alt die Supernova ist, die wir da sehen. Dann misst man, wie weit das Licht rotverschoben ist, und bestimmt daraus, wie schnell sich die Galaxie, in der sich die Supernova befindet, von uns wegbewegt. Es ist ein langwieriges und aufwendiges Verfahren, das viele Jahre harte Arbeit verschlingt, aber am Ende wissen wir, wie schnell sich das Universum zu einem bestimmten Zeitpunkt in der Vergangenheit ausgedehnt hat.

Macht man das Ganze für eine größere Menge von Galaxien, stellt sich Folgendes heraus: Bis zu Entfernungen von etwa einer Milliarde Lichtjahren ist die Expansion schön gleichmäßig, das heißt, sie wird weder langsamer noch schneller, wie bei einem normalen Hefeteig zu erwarten. Aber bei größeren Entfernungen zeigt sich etwas Seltsames: Die Expansion wird langsamer. Weil große Entfernungen gleichbedeutend mit einem Blick in die Vergangenheit sind, folgt daraus, dass die Expansion in der Vergangenheit langsamer war als heute, oder mit anderen Worten: Sie wird *schneller*, nicht etwa langsamer, wie man erwarten könnte, wenn die Schwerkraft die Expansion allmählich abbremsen würde. Irgendeine mysteriöse Kraft treibt den Hefeteig auseinander – eine Art Antischwerkraft, die man Dunkle Energie nennt, was endlich auch den am Anfang erwähnten *Zeit*-Titel erklärt.

Dieses Ergebnis ist so überraschend, dass man besser gleich nochmal genauer hinschaut. Zum ersten Mal publiziert wurde es von zwei unabhängigen und überwiegend amerikanischen Teams in den Jahren 1998 und 1999. Die Daten sahen zwar noch nicht sehr überzeugend aus, aber seitdem wurde das Ergebnis mehrfach überprüft, mit besseren Messungen und mehr Supernovas mit Entfernungen von bis zu 8 Milliarden Lichtjahren. Das Ergebnis war immer dasselbe. Das Universum expandiert wirklich immer schneller.

Mittlerweile können wir auch besser abschätzen, wie viel von dieser Dunklen Energie es im Weltall geben muss. Nehmen wir einmal die gesamte Materie im Universum, und zwar sichtbare und dunkle. Diese Materie hat zusammengenommen eine gewisse Gravitationsenergie, und zwar ziemlich viel. Dunkle Energie gibt es jedoch dreimal so viel. Mit anderen Worten: Etwa 70 Prozent des Universums sind Dunkle Energie, und weitere 25 Prozent sind Dunkle Materie. Die gewöhnliche Materie mit Protonen, Kolibris und Schuhschränken macht weniger als 5 Prozent aus und ist in Wahrheit nicht gewöhnlich, sondern äußerst exotisch.

Die angemessene Reaktion angesichts dieser Ungeheuerlichkeiten ist eine Gedankenblase, in der «...» steht, gefolgt von einer mit «???», was ungefähr den Stand der Forschung charakterisiert. Während die beobachtenden Astronomen noch damit beschäftigt waren, die Dunkle Energie genau auszumessen, haben sich Theoretiker damit befasst, mögliche Erklärungen für das seltsame Zeug vorzuschlagen. Alle Erklärungen sind höchst abstrakt und bizarr. Hier nur drei zur Auswahl, ohne Anspruch auf Vollständigkeit.

Eine Möglichkeit wäre, dass leerer Raum eine Art Energie mit sich herumträgt. «Raum» heißt hier nicht so etwas Konkretes wie «Wohnzimmer», sondern eher so etwas wie die dreidimensionale Bühne, auf der sich die gesamte Physik abspielt. Diese Energie tauchte zum ersten Mal in Albert Einsteins Gleichungen zur Beschreibung des Universums auf, und zwar als großes Lambda – die «kosmologische Konstante». Einstein selbst schaffte Lambda später wieder ab, aber er konnte ja nicht ahnen, was die Kollegen 70 Jahre nach ihm beim Herumspielen mit Supernovä herausfinden würden. Man kann auch erklären, woher diese Energie kommt, und zwar (auf komplizierte Weise) mit Hilfe der Heisenberg'schen Unschärferelation. Einziges Problem: Die Quantenphysik behauptet auch, dass diese Art Energie 10^{120}-mal (eine 1 mit 120 Nullen) größer sein müsste als das, was man als Dunkle Energie tatsächlich misst. Experten scherzen, es handle sich um die «schlechteste Vorhersage in der Geschichte der Physik».

Es könnte aber auch etwas anderes sein, zum Beispiel ein spezielles neuartiges Energiefeld, das sich überall im Weltall befindet und das immerhin schon mal einen Namen hat, es heißt «Quintessenz». Felder sind nichts Ungewöhnliches in der Physik, die Anwesenheit einer elektrischen Ladung erzeugt zum Beispiel ein elektrisches Feld. Das Feld selbst ist unsichtbar, aber bringt man eine zweite Ladung hinein, dann wird sich ihr Verhalten nach dem vorhandenen Feld richten. Die Quintessenz wäre natürlich kein elektrisches Feld, sondern irgendetwas anderes; was, weiß niemand so recht. Im Unterschied zur kosmologischen Konstante, die überall, wie der Name sagt, konstant sein müsste, darf die Quintessenz sich in Raum und Zeit verändern, was man eventuell beobachten könnte.

Eine brandneue Theorie, die nicht nur Dunkle Energie, sondern auch die Dunkle Materie erklärt und damit zwei lästige Probleme auf einmal erledigt, handelt von «Dark Fluid» (dunkler Flüssigkeit). Beides zu vereinen klingt schwierig, weil Dunkle Energie, wie oben erklärt, so etwas wie Anti-Schwerkraft ist, während Dunkle Materie genau wie normale Materie der normalen Schwerkraft unterliegt. Dark Fluid wäre wieder ein Feld, das in der Theorie so eingerichtet ist, dass es beides kann. Es treibt die Expansion des Universums an, ein Effekt, der nur über Entfernungen von Milliarden von Lichtjahren wirksam ist. Betrachtet man wesentlich kleinere Entfernungen, kann Dark Fluid zusammenklumpen und sich dann verhalten wie normale Materie. Um nochmal den Hefeteig ins Spiel zu bringen: Dark Fluid wäre Hefe, die beim Zubereiten des Teigs nicht ordentlich verrührt worden ist. Zwar lässt sie den Teig als Ganzes ordnungsgemäß expandieren, aber an einigen Stellen bleiben Klumpen zurück.

Kosmologische Konstante, Quintessenz, Dark Fluid, alles schön und gut, aber was passiert nun mit dem Weltall in der Zukunft? Nach aktuellem Wissensstand geht die Expansion ewig weiter. Das Universum wird immer größer, was dazu führt, dass es immer kälter und dunkler wird. Galaxien werden sich mit immer größeren Geschwindigkeiten von uns wegbewegen, bis ihr Licht irgendwann so weit ins Rote verschoben ist, dass wir es nicht mehr sehen können, weder mit den Augen noch mit anderen Gerätschaften. Sie verschwinden regelrecht. Abgesehen von den paar Galaxien, die sich in direkter Nachbarschaft befinden und mit unserer Milchstraße durch die Schwerkraft zusammengehalten werden, wird das Universum uns leer vorkommen. Zugegeben, bis dahin werden noch circa zweitausend Milliarden Jahre vergehen. In dieser fernen Zukunft besteht keine Chance mehr, etwas über die Expansion des Universums oder die Dunkle Energie zu erfahren, weil alles Expandierende unsichtbar sein wird. Noch eine bizarre Eigenschaft der Dunklen Energie: Das Universum ist offenbar so eingerichtet, dass man als Astronom die Auswirkungen der Dunklen Energie nur für eine begrenzte Zeit sehen kann. Damit können wir uns sicher ein paar Milliarden Jahre lang vor unseren Nachkommen wichtigmachen.

Erdbebenvorhersage

Civilization exists by geological consent, subject to change without notice.

Will Durant

Zunächst die gute Nachricht: Erdbeben sind nichts Geheimnisvolles, wir wissen ziemlich gut, warum es sie gibt und wie sie entstehen. Wir wissen außerdem, dass Erdbeben die Angewohnheit haben, alles Mögliche kaputt zu machen, ohne vorher auf eine Art Bescheid zu sagen, die wir verstehen könnten, zum Beispiel mit Hilfe von Lautsprecherdurchsagen. Sie können Städte zerstören, Zigtausende Menschen in kurzer Zeit umbringen, die Wasser-, Elektrizitäts- und Internetversorgung unterbrechen, große Landstriche unter Wasser setzen, die Weltwirtschaft durcheinanderbringen, Nachrichtensendungen für Wochen in Beschlag nehmen und Wiederaufbauprogramme in Gang setzen, alles Dinge, die man sonst nur durch komplexe militärische Manöver hinbekommt (→ Krieg). Daher ist es verständlich, warum es ein gewisses Interesse daran gibt, die Zeit, den Ort und die Stärke von Erdbeben zuverlässig vorhersagen zu können. Leider sind solche Vorhersagen bis heute nur ein schöner Traum.

Die Erde besteht vor allem aus dem flüssigen Erdkern und

dem Erdmantel, der teilweise flüssig und ansonsten zwar fest, aber plastisch verformbar ist. Fast alles in der Erde hat eine Konsistenz, die irgendwo zwischen Götterspeise, Knetmasse und Ketchup liegt. Der einzige Teil, der wirklich fest ist und auf dem man einigermaßen herumlaufen kann, ist die dünne Erdkruste, die das wacklige Ding umhüllt. Diese Kruste besteht aus großen Platten, die wiederum aus kleineren Brocken bestehen und so weiter, bis man nur noch einen Kieselstein in der Hand hält. Wenn sich das Zeug unter der Erdkruste bewegt – also ständig –, dann bewegen sich die ganzen Teile der Erdkruste auch; sie schwimmen langsam auf ihrer wabbligen Unterlage herum, ein Vorgang, der Plattentektonik heißt und im «Lexikon des Unwissens» ausführlich diskutiert wird. Verschiebt sich eine Platte, stehen ihr die anderen Platten im Weg und können nicht ausweichen. Die Erdkruste wird zusammengepresst, deformiert und verbogen, bis sie die Spannung nicht mehr aushält und kaputtgeht. Erdbeben entstehen, wenn Teile der Erdkruste zerbrechen.

Will man Erdbeben vorhersagen, sollte man erst mal klären, was man mit «Vorhersage» eigentlich meint. Zum einen kann man das Erdbebenrisiko für eine bestimmte Region ermitteln. Solche Prognosen lassen sich handlich in Landkarten darstellen, auf denen besonders erdbebengefährdete Gebiete zum Beispiel rot aussehen. In diesen Gebieten baut man dann am besten keine Staudämme oder Atomkraftwerke (→ Radioaktivität). Unter Erdbebenvorhersage versteht man jedoch meistens etwas anderes, nämlich die öffentliche Ankündigung, dass am nächsten Dienstag die Erde beben wird, und zwar an einem festgelegten Ort, zum Beispiel in Antofagasta, sodass man Gelegenheit hat, diesen Ort rechtzeitig zu verlassen oder zumindest den Kochtopf vom Herd zu nehmen.

Der Unterschied zwischen beiden Arten der Vorhersage wird klarer, wenn man zum Vergleich das Wetter betrachtet, ein anderes Naturphänomen, bei dem wir gern im Voraus wüssten, was passieren wird. Eine Prognose wäre so etwas wie ein Klimadiagramm, das einem sagt, welche Temperaturen man im Mittel im Juli in München erwarten kann. Das ist zwar eine nützliche Information, aber wie warm es tatsächlich an einem bestimmten Julitag in München sein wird, weiß man immer noch nicht. Dafür braucht man einen Wetterbericht, was der Erdbebenvorhersage entspricht. Während Prognosen langfristige Trends wiedergeben (so etwas wie ein «Klima» für Erdbeben), sagt einem die Vorhersage exakt, was in der nahen Zukunft passieren wird. Wenn sie funktioniert.

In einer Angelegenheit sind sich Erdbebenexperten weitgehend einig: Die eine Art Vorhersage, die Prognose, funktioniert ganz gut, die andere jedoch nicht. Prognosen sind aber schon mal nicht schlecht. Im einfachsten Fall sieht man nach, wie viele Erdbeben es in der Vergangenheit in einer Region gegeben hat; je mehr, desto größer ist die Gefahr in der Gegend. Die Prognosen werden besser, wenn man außerdem nach zeitlichen und räumlichen Mustern in den Erdbeben der Vergangenheit sucht und diese Muster interpretiert. Die meisten Beben ereignen sich in der Nähe der Spalten zwischen den Erdplatten, zum Beispiel an der Westküste Amerikas, wo mehrere Platten zusammenstoßen. Nach einem starken Erdbeben treten Nachbeben auf, deren mittlere Stärke über viele Jahre einigermaßen geordnet abfällt. Außerdem sind die Erdbebenstärken nicht zufällig verteilt; für jedes starke Erdbeben gibt es eine viel größere Anzahl schwächere. Diese ganzen Erkenntnisse werden in komplizierte Modelle eingebaut, die am Ende eine Prognose ausspucken.

Abgesehen von diesen schönen empirischen Daten kann man sich Gedanken darüber machen, was die Erdbeben auslöst. Erdbeben entstehen, wenn die Spannungen in der Erdkruste zu groß werden. Nach einem starken Erdbeben sollte daher erst mal Ruhe herrschen. Oder umgekehrt: War es in einer Region lange Zeit ruhig, wird es dort in naher Zukunft rumpeln. Wenn die Spannungen in der Kruste sich gleichmäßig aufbauen und die Erdkruste überall gleich viel aushält, dann sollte man starke Erdbeben in einer bestimmten Zone in einigermaßen regelmäßigen Abständen erwarten.

Diese Idee von der «Erneuerung» der Spannungen in der Erdkruste ist weit verbreitet und hat auch zu ein paar erfolgreichen Vorhersagen geführt, ist aber nicht unumstritten. Einige Experten behaupten sogar das genaue Gegenteil: Erdbeben treten nicht schön getrennt voneinander auf, sondern versammeln sich wie Schaulustige bei einem Verkehrsunfall. Daher ist nach einem großen Beben die Wahrscheinlichkeit für ein weiteres großes Beben höher als vorher, genau andersherum als bei der Erneuerungsvariante. Diese zwei Theorien mögen gegensätzlich klingen, aber sie haben beide ihre Berechtigung, weil sich die Erdkruste manchmal so, manchmal so verhält. Ab und zu macht sie auch etwas vollkommen anderes.

Ein gutes Beispiel für die Unzuverlässigkeit der Erde sind die Beben von Parkfield, einem winzigen Dorf in Kalifornien mit knapp 20 Einwohnern. Bekannt ist Parkfield, weil es direkt an der San-Andreas-Verwerfung sitzt, der Stelle, an der die nordamerikanische und die pazifische Platte sich gegeneinander verschieben, die eine will nach Süden, die andere nach Norden. Parkfield ist die am besten untersuchte Erdbebenzone der Welt und wurde zum Testfall für die Erneuerungsszenarien. Seit 1857 gab es in der Region regelmäßige Erdbeben der Stärke 6 in Abständen von etwa 22 Jahren. Nach dem Beben von 1966 hätte man das nächste eigentlich 1988 erwartet oder zumindest nur ein paar Jahre später. Ein großangelegtes Experiment wurde in Gang gesetzt. Ganze Armeen von Geologen begaben sich mit ihren Messapparaten nach Parkfield, um das prognostizierte Erdbeben zu untersuchen. Man wartete und wartete, man sammelte eine Menge nützlicher Daten, aber das Beben kam nicht. Beziehungsweise kam es erst 2004, also 15 Jahre zu spät.

Für eine anständige Vorhersage reicht das alles nicht. Man will nicht jahrelang die Züge anhalten, die Autobahnen sperren und die Hochhäuser räumen. Man muss irgendetwas finden, das unzweifelhaft darauf hindeutet, dass es an einem bestimmten Punkt auf der Erde gleich rumpeln wird, also in wenigen Stunden oder Tagen oder Wochen – einen direkten Vorläufer des Erdbebens. Über die Jahre sind viele verschiedene Vorläufererscheinungen vorgeschlagen und untersucht worden, unter anderem Lichterscheinungen, elektrische Ströme im Boden, Radiosignale, Veränderungen in der Atmosphäre, Wärmestrahlung. Keine einzige ist bis heute allgemein akzeptiert.

Eine praktische Sache wären kleinere Erdbeben vor dem großen, richtigen Beben. Solche Vorbeben treten zwar manchmal auf und sind nachträglich gut dokumentiert, aber leider gibt es sie nicht immer. Zudem lassen sich die schwachen Vorbeben nicht von irgendwelchen anderen kleinen Beben unterscheiden, wie sie in Erdbebenregionen häufig vorkommen. Man kann wohl kaum bei jedem kleinen Beben einen Alarm auslösen und die Leute aus ihren Häusern jagen.

Genaue Beobachtungen der Erde sind aber schon mal keine schlechte Idee. In Japan hat man in den letzten Jahren ein Netzwerk aus Antennen gebaut, die wie Straßenlaternen aussehen, aber anstelle einer Lampe ein GPS-Gerät enthalten. Mit Hilfe von GPS misst man die geographische Position der Antennen; man kann also feststellen, ob sie sich relativ zueinander bewegen. Von 2000 bis 2007 gab es über 100 Erdbeben der Stärke 6 oder mehr in Japan, und alle haben sich vorher über das GPS-Netzwerk bemerkbar gemacht. Das einzige Problem: Der Zeitabstand zwischen Warnung und Beben ist nicht immer der gleiche; manchmal schlägt das Beben sofort zu, manchmal dauert es ein paar Monate. Auch für das verheerende Beben im März 2011 hat das GPS-System die Position der Schocks vorhergesagt, nur eben den Zeitpunkt und die Stärke nicht.

Ein anderer möglicher Indikator für ein baldiges Erdbeben ist die Konzentration von bestimmten Substanzen im Grundwasser oder in der Luft. Die Theorie dazu besagt, dass ein beginnendes Erdbeben den Boden zusammenpresst und dabei irgendwas entweicht, wie beim Auswringen eines nassen Schwamms. Ein aussichtsreicher Kandidat für eine solche Substanz ist Radon. Nach einigen hoffnungsvollen Meldungen in den 1970ern versandete das Interesse an Radon allerdings in den folgenden Jahrzehnten, bis es im Jahr 2009 eine Wiederbelebung erfuhr, und zwar in Italien.

Der Labortechniker Giampaolo Giuliani arbeitete in seiner Freizeit mit selbstgebauten Instrumenten an Radonmessungen, weil man ihm die finanzielle Unterstützung verweigert hatte. Nachdem er einen Anstieg von Radon in der Luft festgestellt hatte, warnte er am 27. März 2009 den Bürgermeister von L'Aquila, der Hauptstadt der Provinz. Am nächsten Tag gab es tatsächlich ein Erdbeben in L'Aquila, aber es war klein und harmlos. Als Nächstes alarmierte Giuliani die Stadt Sulmona, 50 Kilometer westlich von L'Aquila. Die Bevölkerung geriet in Panik, und Giuliani wurden weitere öffentliche Statements verboten. Nennenswerte Erdbeben gab es in Sulmona keine. Am 5. April war Giuliani offenbar wiederum davon überzeugt, dass ein starkes Beben in L'Aquila bevorstand, aber er durfte nichts sagen. Tatsächlich gab es am 6. April ein Beben der Stärke 6,3 in L'Aquila, das die Stadt in einen Trümmerhaufen verwandelte. Etwa 300 Menschen starben, 80 000 verloren ihre Wohnung.

Der Vorgang ist misslich, aber lehrreich. Wäre man Giulianis Warnung gefolgt, dann hätte man Sulmona evakuieren müssen. Die meisten Bewohner wären vermutlich in die größte Stadt der Gegend gebracht worden, nach L'Aquila, wo ein paar Tage später das richtige Beben zuschlug; auch kein optimales Szenario. Die Vorhersage war zu unbestimmt, um hilfreich zu sein.

Einfach nur ein Erdbeben vorherzusagen, reicht eben nicht aus. Eine ordentliche Vorhersage sollte Zeit, Ort und Stärke liefern und außerdem Informationen darüber, wie groß die Unsicherheit in diesen Angaben ist. Zudem muss man ausschließen, dass es sich um einen Glückstreffer handelt. In der Sprache der Statistik heißt das, man muss die «Nullhypothese» festlegen, die Wahrscheinlichkeit für das zufällige Auftreten eines Erdbebens. Diese Nullhypothese sollte berücksichtigen, was man alles schon über Erdbeben in der fraglichen Gegend weiß, wie oft sie auftreten, an welchen Stellen und so weiter. In einer Region, wo es sowieso alle drei Tage bebt, kann man leicht irgendwas behaupten. Eine gute Vorhersagemethode sollte Ergebnisse liefern, die besser sind als die Nullhypothese, am besten nicht nur einmal. Solche Methoden lassen sich nicht einfach so übers Wochenende erfinden, schon weil sich die großen Erdbeben, für die eine Vorhersage wünschenswert wäre, nicht so oft ereignen. Erdbebenvorhersage ist eine mühselige, langwierige Angelegenheit.

Das L'Aquila-Beben wurde übrigens noch von anderen Experten vorhergesehen – von italienischen Kröten. Drei Tage vor dem Beben verließ eine Krötenkolonie ihren angestammten Wohnort 74 Kilometer entfernt vom Epizentrum und kehrte erst zurück, als alles vorbei war. Woher die Kröten das gewusst haben, ist unklar. Die Idee, dass bestimmte Tiere Erdbeben im Voraus «fühlen» können, ist ein paar tausend Jahre alt, unter anderem sollen Ratten, Schlangen, Tausendfüßler, Katzen, Welse, Hunde und Spinnen Erdbeben vorausahnen. Vermutlich steckt in diesen Geschichten ein Korn Wahrheit. Systematische Untersuchungen, die uns sagen könnten, welches Korn das ist, sind jedoch Mangelware.

Warum ist Erdbebenvorhersage so schwierig, offenbar deutlich schwieriger als die notorisch unzuverlässige Wettervorhersage? Zum einen sollte man bedenken, dass Wetter sichtbar ist, zumindest für Radar oder Satelliten, die Vorgänge in der Erdkruste aber nicht. Wir reden über Prozesse, die viele Kilometer unter der Erdoberfläche stattfinden; man kann nicht einfach ein Bild davon machen. Zum anderen sind die Platten der Erdkruste nicht überall gleich dick und gleich stabil. Schlimmer noch, die Eigenschaften der Kruste an einer bestimmten Stelle können sich im Laufe der Zeit verändern, je nachdem, was darunter im Erdinnern abläuft. Die Lücken zwischen den Platten bilden ein kompliziertes unterirdisches Netzwerk. Manchmal tauchen vorausgesagte Erdbeben nicht an der Stelle auf, wo man sie erwartet, sondern woanders, weil die Spannungen in der Erdkruste sich über dieses Netzwerk an eine andere Stelle verschoben haben. Ein Erdbeben wiederum verändert die Eigenschaften der Erdkruste in der jeweiligen Region, was Konsequenzen für alle möglichen zukünftigen Beben in der Gegend hat.

Trotz dieser Schwierigkeiten sind die meisten Experten der Meinung, dass es irgendwann schon funktionieren wird. Aber nicht alle: Manche halten die präzise Vorhersage von Erdbeben für prinzipiell unmöglich. «Es gibt keinen guten Grund, zu glauben, dass Erdbeben überhaupt vorhersagbar sind», konstatierte der amerikanische Seismologe Robert J. Geller im Jahr 1999. Und zum Zustand seiner Branche: «Erdbebenvorhersage ist anscheinend die Alchemie unserer Zeit.»

Was er damit meint: Einerseits ist das Unterfangen unglaublich schwierig, andererseits kann man, wenn man Erfolg hat, reich und berühmt werden. Kombiniert man beide Features, erhält man ein wissenschaftliches Problem, das Forscher anzieht wie Honig die Fliegen, und zwar nicht nur die etablierten akademischen Experten, sondern außerdem eine eklektische Mischung aus verkannten Genies, Einzelkämpfern, Gralssuchern bis hin zu verschiedenen Spezies von Scharlatanen. Aber Alchemie war nicht nutzlos; man lernte dabei eine Menge über chemische Reaktionen, und die Grundidee – die Verwandlung von einem Element in ein anderes – war nicht dumm. Es hat nur ein paar tausend Jahre gedauert, bis man Kernreaktoren bauen konnte, in denen genau diese Umwandlung stattfindet. Was sind schon ein paar tausend Jahre, wenn man auf einer Erdspalte wohnt.

Ernährung

«Nimm Rapsöl statt Olivenöl. Ist gesünder.»
«So ein Quatsch. Das ändert sich doch alle 2 Jahre.»
«Ja, aber jetzt ist Rapsöl gesünder.»

twitter.com/xbg

«Eine Portion deckt den Tagesbedarf eines Erwachsenen an Unentbehrium und Sponsoratrol», so ähnlich ist es auf vielen Lebensmitteln zu lesen. Das ist zunächst einmal beruhigend. Menschen mit Hochschulabschlüssen haben also herausgefunden, wie viel Unentbehrium und Sponsoratrol der Körper jeden Tag benötigt und genau diese Dosis in einer Portion Frühstücksflocken untergebracht. Aber wie berechnet man eigentlich so einen Tagesbedarf?

Die Empfehlungen für die tägliche Aufnahme der wichtigsten Nährstoffe wurden im frühen 20. Jahrhundert ursprünglich im militärischen Kontext entwickelt. Wenn sich ein einzelner Mensch falsch ernährt, ist das sein Privatproblem. Hat man aber eine große Menge Menschen zu ernähren, also etwa Soldaten, Flüchtlinge oder die Bewohner eines Staats, in dem Lebensmittelrationierung herrscht, dann ist es nützlich zu wissen, welche Nährstoffe diese Menschen brauchen.

Das herauszufinden, ist aber keine triviale Aufgabe. Der einzige Mensch, dessen Nährstoffbedarf relativ genau bekannt ist, ist ein Säugling, der von einer gesunden Mutter gestillt wird. Da die Natur in solchen Dingen üblicherweise weiß, was sie tut, kann man davon ausgehen, dass die Muttermilch nicht mehr und nicht weniger als die für den Säugling erforderlichen Nährstoffe enthält. Sobald der Mensch aber anfängt, an Bananen, Brezelstücken und Tischbeinen zu kauen, wird es kompliziert.

So beruht die Empfehlung, täglich mindestens 130 Gramm Kohlenhydrate zu verzehren, auf dem errechenbaren Energiebedarf des Gehirns und der Annahme, dass das Gehirn diesen Energiebedarf am liebsten aus Stärke oder Zucker deckt. Das Gehirn kommt aber auch ohne diese beiden gut zurecht. Unter anderem gehörte es in arktischen Gegenden lange Zeit zum guten Ton, sich ausschließlich von Fleisch und Fisch zu ernähren. Manche Bedürfnisse des Körpers lassen sich – je nachdem, was gerade zur Verfügung steht – wahlweise aus Kohlenhydraten, Fett oder Proteinen decken. Die täglich zu verzehrenden Mengen dieser Substanzen kann man daher auf viele verschiedene Arten errechnen und begründen; wechselnde Empfehlungsmoden sind die Folge.

Die aktuell verbreitete Empfehlung, täglich fünf Portionen Obst und Gemüse zu verzehren, geht auf verschiedene Überlegungen zurück. In den 1990er Jahren galt als gesichert, dass Obst- und Gemüseverzehr das Krebsrisiko senken, allerdings ist dieser Effekt neueren Studien zufolge bestenfalls winzig. Stattdessen beruft man sich jetzt auf die Ergebnisse epidemiologischer Studien (dazu später mehr), in denen ein höherer Obst- und Gemüseverzehr mit einem niedrigeren Risiko für einige chronische Erkrankungen einhergeht. Falls Obst und Gemüse tatsächlich die Ursache dieses Effekts sind und nicht nur aus anderen Gründen gleichzeitig mit ihm auftreten – beispielsweise, weil Obst- und Gemüseesser generell mehr auf ihre Gesundheit achten –, ist noch ungeklärt, wie der gesundheitliche Nutzen im Einzelnen zustande kommt. Deshalb lautet die Empfehlung auch nicht «500 Gramm Erbsen und eine Orange pro Tag», sondern ist sehr allgemein formuliert. Eine dritte Erwägung ist vermutlich die, dass in einen Magen, in dem fünf Portionen Obst und Gemüse verstaut sind, weniger Sahnetorte hineinpasst. Und im Unterschied zur Sahnetorte ist bei Obst und Gemüse halbwegs unumstritten, dass ihr Verzehr zumindest keinen Schaden anrichtet.

Bei Vitaminen und Spurenelementen fällt es Experten etwas leichter als bei den Großbausteinen der Ernährung, sich auf Unter- und Obergrenzen zu einigen. Für manche Substanzen ist die Lage relativ klar, weil ihr Fehlen nach einigen Monaten unübersehbare Mangelerscheinungen hervorruft, etwa Vitamin C, oder weil ihre Überdosierung zu Vergiftungserscheinungen führt wie beim Vitamin A. Allerdings ist auch dann meist nur das eine Ende der Empfehlungsskala einigermaßen gut bestimmbar; über einen sinnvollen Höchstwert bei der Vitamin-C-Zufuhr beispielsweise herrscht seit vielen Jahrzehnten Streit. Und die meisten Vitamine und Spurenelemente tun der Forschung nicht einmal diesen Gefallen. Für einen großen Teil der auf Lebensmittelpackungen erwähnten Substanzen ist keine klare Dosis-Wirkungs-Beziehung bekannt, bei Über- oder Unterdosierung treten keine eindeutigen Krankheitserscheinungen auf, und über altersspezifische oder individuelle Abweichungen in Bedarf, Konsum und Verwertung dieser Stoffe weiß man nicht viel.

Unterschiedliche Experten, die das gleiche Datenmaterial betrachten, gelangen auch zu recht unterschiedlichen Empfehlungen: Die Obergrenze für die Vitamin-B6-Aufnahme in den USA etwa beruht auf einer Studie an Menschen, bei der 200 Milligramm pro Tag keine schädliche Wirkung hatten. Geteilt durch einen Unsicherheitsfaktor von 2 kommt eine Obergrenze von 100 Milligramm pro Tag heraus. (Ein Unsicherheitsfaktor ist genau das, wonach es klingt. Er trägt der Tatsache Rechnung, dass man eben nicht alle Daten hat, die man bräuchte.) Die britische Empfehlung geht auf eine Studie an Hunden zurück, enthält einen Unsicherheitsfaktor von 300 und kommt am Ende auf 10 Milligramm pro Tag. Die EU-Empfehlung wiederum beruft sich auf eine Studie an Menschen, verwendet einen Unsicherheitsfaktor von 4 und empfiehlt den Verzehr von maximal 25 Milligramm pro Tag.

Irgendwelche Zahlen müssen die zuständigen Expertenkomitees aus dem Ärmel schütteln, denn es gibt so viele Stellen, die auf diese Angaben warten: Diäten wollen geplant werden, Lebensmittel angereichert, Packungen bedruckt und Schulklassen über Ernährung belehrt. Hinter den Kulissen drängeln und schubsen die Angehörigen verschiedener Lobbys. Wer seinen Lebensunterhalt in der Landwirtschaft oder Lebensmittelherstellung verdient, der sieht es nicht gern, wenn staatliche Stellen vom Verzehr ganzer Produktgruppen abraten. Vitaminpillen, Ernährungszusätze und Lebensmittel, die der Gesundheit guttun sollen, sind ein Milliardenmarkt, ebenso wie Zeitschriften, Artikel und Bücher über richtige Ernährung. Und schließlich wollen sowohl die Bürger als auch die Mitarbeiter des öffentlichen Gesundheitswesens sehr gern *etwas für die Gesundheit tun* und nicht tatenlos stillhalten. Daher neigen beide Gruppen dazu, auch auf der Basis unzureichender Daten erst mal zu handeln und dann weiterzusehen.

Die Vermutung liegt ja auch nahe, dass es auf die Details

nicht so genau ankommt und das, was sich gesund anhört, schon gesund sein wird. Schließlich geht es bei Vitaminen und Spurenelementen oft nur um exotisch winzige Mengenangaben mit griechischen Buchstaben vornedran. Mehr von diesen sympathischen Substanzen hilft sicher auch mehr oder schadet zumindest nicht, so könnte man annehmen. Dabei ist es der Gesundheit nicht automatisch förderlich, jeden Tag einen Teller Vitaminergänzungen auszulöffeln. In den 1990er Jahren galt Beta-Carotin als harmloses natürliches Krebsvorbeugungsmittel insbesondere bei Rauchern, was sich Mitte der 1990er als Irrtum herausstellte. In Studien mit Patienten, die entweder Beta-Carotin oder Placebos bekommen hatten, lag die Sterblichkeit in der Beta-Carotin-Gruppe nicht etwa niedriger, sondern höher als in der Placebogruppe. Heute geht man davon aus, dass Beta-Carotin gerade bei Rauchern das Lungenkrebsrisiko erhöht, und das Bundesinstitut für Risikobewertung empfiehlt, auf die Anreicherung von Lebensmitteln mit Beta-Carotin ganz zu verzichten.

Es wäre also durchaus hilfreich, wenn man eindeutige Unter- und Obergrenzen für die Aufnahme der wichtigsten Nahrungsmittelbestandteile bestimmen könnte. Aber Ernährungsforscher haben einen schwierigen Beruf, und das hat nur nebenbei damit zu tun, dass so viele unterschiedliche Gruppen sich bestimmte und häufig unvereinbare Forschungsergebnisse wünschen.

Alles, was wir uns in den Mund stecken, ob Nahrung, Pillen oder Kräutertees, beeinflusst sich gegenseitig in Aufnahme, Verwendung und Ausscheidung. Unterschiedliche Menschen werten die Nahrung unterschiedlich aus, eine einzelne Substanz kann mehr als eine Wirkung haben, und synthetisch hergestellte Stoffe wirken nicht immer exakt so wie ihre in Naturprodukten enthaltenen Varianten. Bei den chronischen Krankheiten, deren Vermeidung zu den Verheißungen vieler

Ernährungsempfehlungen gehört, kommen noch Faktoren wie Gene, Alter, Umwelt und Lebensgewohnheiten hinzu. Von vielen dieser Krankheiten nimmt man mittlerweile an, dass sie multiple Ursachen haben. Nicht jeder, bei dem die Ursachen vorliegen, entwickelt auch die dazugehörige Krankheit, und umgekehrt bleibt nicht jeder, bei dem die Ursachen fehlen, von der Krankheit verschont. Für die Praxis bedeutet das, dass es relativ leicht ist, Mangelerscheinungen an bestimmten Stoffen zu beheben, aber außerordentlich schwierig, herauszufinden, wie man das Risiko chronischer Erkrankungen durch Ernährungsratschläge senken soll.

Die Daten, die man dazu bräuchte, sind aufwendig zu erheben, denn es genügt nicht, zu verfolgen, wie viel Vitamin X der Mensch mit seiner täglichen Nahrung aufnimmt. Vielleicht gibt es keine lineare Beziehung zwischen Aufnahme und Füllstand, weil der Körper die Nahrung je nach Mangelzustand gründlicher oder weniger gründlich verwertet. Genau genommen müsste man daher regelmäßig Blut abnehmen und nachzählen, was so alles im Körper herumschwimmt. Und selbst dann hat man noch nicht herausgefunden, was Forscher und Verbraucher gerne wüssten: Welcher Vitamin-X-Spiegel führt am ehesten zu Gesundheit und Langlebigkeit?

Ist es der, der sich von allein bei Menschen einstellt, die alle Ernährungsempfehlungen ihres zuständigen Ministeriums befolgen? Vom Vitamin D heißt es, in den Wintermonaten seien alle Bewohner von Ländern oberhalb von Norditalien oder spätestens ab der Höhe des Ruhrgebiets unterversorgt, weil das Vitamin größtenteils durch UV-B-Licht in der Haut gebildet wird. Soll man also durch zusätzliche Gaben den Vitamin-D-Spiegel zu erzielen versuchen, der in südlicheren Ländern üblich ist? Und wer weiß, vielleicht wären auch die Menschen im Süden *noch* gesünder, wenn sie mehr Vitamin D zu sich nähmen? Vielleicht macht die Natur ja entweder gar nicht alles richtig, oder aber ihre Regulationsmechanismen versagen bei Bewohnern der Industrieländer – diese Überlegung liegt vielen Ernährungsrichtungen zugrunde, die zur Einnahme von Nahrungsmittelergänzungen in hoher Dosis raten.

Um das herauszufinden, was Forscher und Endkonsumenten am meisten interessiert, nämlich ob eine bestimmte Verhaltensweise, Ernährungsweise oder Therapie das Leben verkürzt oder verlängert, muss man streng genommen abwarten, bis entweder der Patient oder sehr viele andere Personen gestorben sind, die dem Patienten möglichst in jeder Hinsicht gleichen. Das ist unpraktisch, und deshalb messen Forscher anstelle von Gesundheit oder Langlebigkeit häufig sogenannte Biomarker. Ein Biomarker für die Existenz von Spechten ist die Existenz von → Löchern in Bäumen. Spechte sind schwer zu beobachten, Löcher in Bäumen dagegen relativ einfach. Aber Biomarker bringen gewisse Nachteile mit sich: Löcher in Bäumen können auch andere Ursachen haben, vielleicht ist der verursachende Specht bereits tot oder davongeflogen, und leicht verliert man über dieser ganzen Beschäftigung mit Löchern das Thema Spechte aus den Augen.

Das passiert auch in der Ernährungsforschung immer wieder. Seit den 1960er Jahren wird die Einnahme von Medikamenten, die den Cholesterinspiegel senken, zur Vorbeugung von Herzinfarkten empfohlen. Man kann den Cholesterinspiegel zuverlässig messen, und die Medikamente senken ihn nachweislich. Ob das aber tatsächlich zu einem längeren und gesünderen Leben führt, ist umstritten. Auch im Zusammenhang mit → Übergewicht ist noch nicht ausdiskutiert, ob das Körpergewicht überhaupt das ist, was man beobachten sollte (also der Specht), und nicht nur ein leicht messbares Symptom (das Loch im Baum).

In einer – außer unter Datenschutzgesichtspunkten – idealen Welt wüssten Ernährungsforscher von jedem einzelnen Menschen, was er wann und in welcher Menge isst und wie jedes Detail seiner Lebensumstände aussieht. Zwar sind mit etwas Mühe zukünftige Welten vorstellbar, in denen das technisch machbar und allgemein akzeptiert ist, aber gegenwärtig müssen Forscher sich damit begnügen, einen kleinen Teil des Verhaltens eines kleinen Teils der Bevölkerung zu untersuchen.

Dazu gibt es im Wesentlichen zwei Verfahren: epidemiologische Studien und randomisierte, kontrollierte Studien. Viele der Ernährungsratschläge, die täglich in der Presse auftauchen, gehen auf epidemiologische Studien zurück. Grob verkürzt ausgedrückt, sind das Studien, bei denen man eine möglichst große Anzahl von Menschen in ihren Lebens- und Ernährungsgewohnheiten beobachtet, ohne in ihr Verhalten einzugreifen. Man kann auf diese Art Dinge herausfinden wie (Achtung, frei erfundenes Beispiel): Menschen, die durchschnittlich zwölf Salatgurken pro Tag verzehren, leben etwas länger als Menschen, die nur drei Salatgurken essen. Der Nachteil daran: Obwohl es tags darauf in der Zeitung heißen wird «Salatgurken verlängern das Leben!», kann man diesen Kausalzusammenhang der Studie gar nicht entnehmen. Die Salatgurkenverzehrer könnten andere, unerkannte Gemeinsamkeiten haben, die für das längere Leben verantwortlich sind. Vielleicht gibt es Gene, die sowohl Gurkenbegeisterung als auch Lebensverlängerung hervorrufen. In diesem Fall würde es nichts nützen, der gesamten Bevölkerung zwölf Salatgurken pro Tag zu verordnen. Epidemiologische Studien produzieren nur Hypothesen. Wer eine so erzeugte Hypothese belegen will, braucht eine randomisierte, kontrollierte Studie, also ein Experiment, bei dem man eine möglichst große Anzahl von Versuchspersonen nach dem Zufallsprinzip in zwei Gruppen einteilt («randomisiert»), dann den Teilnehmern der einen Gruppe zwölf Salatgurken pro Tag verabreicht und der Kontrollgruppe keine einzige.

Im Idealfall wissen dabei weder die Versuchspersonen noch diejenigen, die den Versuch durchführen, und die Auswerter der Ergebnisse, wer zu welcher Gruppe gehört, es handelt sich dann um eine «dreifachblinde» Studie. Das macht ein ohnehin aufwendiges Verfahren noch etwas aufwendiger, aber es ist ein gut belegtes Phänomen, dass der Mensch, auch wenn er Wissenschaftler ist, starken Einflüssen des Wunschdenkens unterliegt und die Ergebnisse unverblindeter Studien teils bewusst, teils unbewusst so manipuliert, dass sie zu seinen Erwartungen passen.

Randomisierte, kontrollierte Blindstudien gelten als das beste Studiendesign zum Belegen von Kausalzusammenhängen, sind aber außerordentlich teuer und langwierig. Epidemiologische Studien hingegen hatten im Kontext der Ernährungswissenschaft in letzter Zeit eine eher schlechte Presse. In den wenigen Fällen, in denen ihre Aussagen in randomisierten Studien überprüft wurden, fielen die Ergebnisse ernüchternd aus: Antioxidantien wirken nicht vorbeugend gegen geistigen Abbau, Ballaststoffe schützen nicht vor Darmkrebs, und fettarme Ernährung reduziert nicht das Risiko von Herz-Kreislauf-Erkrankungen. Auch bei randomisierten, kontrollierten Studien gibt es noch genügend Fehlerquellen, zum Beispiel entspricht die untersuchte Gruppe meistens nicht der typischen Bevölkerung, sondern ist gesünder, gesundheitsbewusster und neigt – anders als normale Menschen – zum Befolgen von Arztratschlägen. Selbst mit dem besten Studiendesign kann man nicht alle Probleme der Ernährungsforschung lösen, weil Ethikkommissionen keine Menschenversuche zur Klärung der Frage genehmigen, ab welcher Dosis eine Substanz definitiv giftig wirkt. Tierversuche wiederum liefern nur Anhaltspunkte, deren Übertragbarkeit auf den Menschen sich in Grenzen hält; zum Beispiel stellen viele Tiere im Unterschied zum Menschen ihr eigenes Vitamin C her.

«Die Ernährungswissenschaften sind in einer bemitleidenswerten Lage», so zitierte die *Süddeutsche Zeitung* 2008 Gerd Antes, einen Spezialisten für evidenzbasierte Medizin. «Studien in diesem Bereich sind von vielen unbekannten oder kaum messbaren Einflüssen abhängig. Deswegen gibt es immer wieder völlig widersprüchliche Ergebnisse in der Ernährungsforschung.» Ähnlich zurückhaltend äußerte sich im selben Jahr Michael Pollan, der Autor von «In Defense of Food», in einem Radiointerview: «Die Ernährungswissenschaften sind heute auf dem Stand der Chirurgie von etwa 1650, ausgesprochen interessant und vielversprechend. Aber will man sich von diesen Leuten schon operieren lassen? Ich glaube nicht.» Angesichts dieser unbefriedigenden Lage ziehen sich empfehlungsproduzierende Personen und Institutionen gern auf den Standpunkt zurück, es sei auf jeden Fall gut, sich «ausgewogen» zu ernähren. Eine Lösung ist das allerdings auch nicht, denn dazu müsste man erst einmal wissen, welche Nahrungsbestandteile welches Gewicht auf die metaphorische Waage bringen. Wer sich für ausgewogene Ernährung ausspricht, meint damit eher selten, dass ausreichend runde, aber auch eckige Lebensmittel verzehrt werden sollen. Vermutlich haben die meisten Ratgeber dabei eine Ernährung im Sinn, die sich wenigstens ungefähr an den gerade gültigen Ernährungspyramiden und offiziellen Empfehlungen orientiert. Beides ist aber eben jenen wechselnden Moden unterworfen, die der Ausgewogenheitsbefürworter gerade vermeiden möchte. Der Ratschlag, sich ausgewogen zu ernähren, ist damit ungefähr so hilfreich wie die Empfehlung von Karl Kraus: «Im Zweifelsfall tue man das Richtige.»

Funktionelle Magnetresonanztomographie

Leela (laying on a table): Is this some kind of brain scanner, Professor?
Professor Hubert Farnsworth: Of a sort. In France they call it a guillotine.

Futurama

In der Psychologie nennt man die Annahme, dass in den Köpfen der anderen was drin ist – Gedanken, Motivationen, Kenntnisse –, *Theory of Mind*: die Theorie, dass andere Lebewesen einen Geist spazieren tragen. Diese Annahme entwickelt sich im Alter von spätestens drei bis vier Jahren, und von da an ist es gesunden Menschen unmöglich, von Fragen wie «Warum macht er das?», «Was hat sie sich denn dabei gedacht?» und «Spinnt der eigentlich?» wieder abzulassen.

Jahrtausendelang gab es einen fließenden Übergang zwischen bloßer Spekulation über den Irrsinn der anderen, abgeleitet aus ihrem abwegigen Verhalten, und dem Eindruck, direkten Zugang zum Geistesinhalt anderer Köpfe zu haben, also telepathisch zum Beispiel mit den Tralfamadorianern im Kontakt zu stehen. Dieses Kontinuum empfundener Gedankenleserei darf aber nicht darüber hinwegtäuschen, dass mit ziemlicher Sicherheit die ganze Menschheitsgeschichte hindurch die galoppierende Phantasie bei der Interpretation des sichtbaren Verhaltens der anderen für Telepathie und Gedankenleserei gehalten wurde, tatsächlich aber nichts dergleichen stattfand.

Vor wenigen Jahren wurde das Gedankenlesen von den galoppierenden Beinen endlich wieder auf den Kopf gestellt, in dem das Denken ja schließlich auch stattfindet. Und zwar ohne telepathische → Außerirdische, die man ja auch erst mal finden müsste, sondern unter Einsatz von Atomkernen. Dass das Lesen von Gedanken mittels Atomkernen exakt genau so beeindruckend ist, wie es auch klingt, kann man auch daran sehen, dass es für die Entwicklung der Technik bislang insgesamt sieben Nobelpreise gab, mit ein paar Extrapreisen für nicht unmittelbar relevante, aber technologisch notwendige, eher unbedeutende Entdeckungen wie zum Beispiel die der Supraleitung.

Die Methode, die sich in Deutschland fMRT abkürzt, was für funktionelle Magnetresonanztomographie steht, basiert auf einer 1938 entdeckten kuriosen Eigenschaft der Atome: Wenn man sie in ein Magnetfeld steckt, reagieren sie auf Beschuss mit elektromagnetischen Wellen einer bestimmten Frequenz wie jedes andere vernunftbegabte Geschöpf und schießen zurück. Na gut, so betrachtet vielleicht doch eine gar nicht so kuriose Eigenschaft. Aus der Frequenz, bei der die Atome derart gereizt reagieren, lässt sich nicht nur rekonstruieren, um welche Atome es sich handelt, sondern auch, wie viele es sind und mit welchen anderen Atomen sie sich so rumtreiben, also zum Beispiel, was sie für chemische Verbindungen eingehen.

Nehmen wir mal ein Wasserstoffatom, das im Hämoglobin-Molekül steckt, also in dem Eiweißmolekül, an das bei fast allen Wirbeltieren der Blutsauerstoff gebunden ist. Es fällt auch gar nicht weiter auf, wenn wir uns eins nehmen, in jedem Milliliter Blut gibt es davon ungefähr 10^{23}, oder um es molekularwissenschaftlich auszudrücken: wahnsinnig viele. Dieses Wasserstoffatom reagiert auf Mikrowellenbeschuss unterschiedlich, je nachdem, ob das Hämoglobin Sauerstoff geladen hat – dann heißt das Gesamtmolekül Oxyhämoglobin – oder nicht – dann heißt es Deoxyhämoglobin. Dieser Unterschied liegt dem 1990 von Seiji Ogawa erstmals beschriebenen BOLD-Signal zugrunde, das all die schönen Bilder von Klecksen auf Gehirnen möglich macht und damit die ganze moderne Gedankenleserei. BOLD steht dabei übrigens nicht für «mutig», obwohl die schlechten Wortspiele, die mit der Abkürzung in der Literatur oft gemacht werden, tatsächlich ziemlich mutig sind, sondern für Blood Oxygen Level Dependent, zu Deutsch also «blutsauerstoffkonzentrationsabhängig» oder BSKA. Diese deutsche Abkürzung ist nur schwer auszusprechen, ein Glück also, dass es sie gar nicht gibt.

Was hat aber Sauerstoff eigentlich mit dem Denken zu tun?, fragt man sich jetzt, und die Antwort ist, dass man für alles, sogar zum Formulieren dieser Frage, Neuronen benutzt. Diese Neuronen haben gefeuert, also anderen Neuronen einen elektrischen Händedruck verpasst. Für diesen Elektrik-Trick braucht so ein Neuron Energie, und die gewinnt es aus einer chemischen Reaktion namens Glykolyse. Diese Reaktion wiederum verbraucht, man ahnt es, Sauerstoff, und der wird vom Blut angeliefert. Der Gedanke, der der fMRT und dem BOLD-Signal zugrunde liegt, ist dieser: Wenn eine Gehirnregion aktiv ist, dann verbrennt sie Sauerstoff. Mit einem Signal, das die Sauerstoffkonzentration im Blut anzeigt, lässt sich also Gehirnaktivität messen und darstellen. Und könnte man dieses Signal obendrein räumlich auflösen, bekäme man Karten der Gehirnregionen, in denen Aktivität herrscht. Man kann dann rote Kleckse auf Gehirnscheiben malen, und die roten Kleckse stehen für Gedanken.

Das klingt handfest und auf jeden Fall schon mal besser als die Vorgängermodelle Handauflegen und Kristallkugel; aber bei näherem Hinsehen wabern doch noch ein paar Nebelschwaden durch die kristalline Klarheit. Womöglich sogar eine ganze Nebelbank.

Die erste Vernebelung basiert darauf, dass es nicht nur eine Sorte von Neuronen gibt, sondern mindestens zwei. In Wahrheit sind es natürlich noch viel mehr, aber im Moment geht es um den Unterschied zwischen inhibitorischen und exzitatorischen Neuronen. Das ist Medizinerlatein dafür, dass bei weitem nicht alle Neuronen andere Neuronen anfeuern, sondern viele einander die Aktivität ausreden wollen. Anhand des BOLD-Signales lässt sich zwischen den beiden nicht unterscheiden, nur dass eine Änderung vorliegt, kann man einigermaßen sicher behaupten – zu diesem «einigermaßen» gleich mehr. Vorerst halten wir fest, dass eine Änderung des BOLD-Signales zwischen zwei Aufnahmen bedeutet, dass ein Areal während der einen Aufnahme aktiver oder weniger aktiv war als während der anderen und sich bislang nicht eindeutig sagen lässt, welches von beiden zutrifft.

Aber es kommt noch schlimmer, und schlimmer heißt in diesem Fall: komplizierter. Nachdem die anfängliche Begeisterung sich gelegt hatte, wurde nämlich schnell klar, dass das BOLD-Signal nicht nur von der Sauerstoffkonzentration abhängt, sondern auch vom Blutvolumen und von der Fließgeschwindigkeit. Und unversehens wird aus der schönen, gradlinigen Story eine Schlangenlinie. Denn wie die Regelung der Blutzirkulation im Gehirn funktioniert, ist weitgehend unverstanden. Bekannt ist, dass die Aktivität von Neuronen sich auf die Blutversorgung auswirkt, zum Beispiel durch das Aussenden von Botenstoffen, die die Blutgefäße weiten oder verengen. Man weiß nicht viel über diese Mechanismen, aber 2006 erschien eine Studie, der zufolge diese Botenstoffe nicht von Neuronen ausgesandt werden, sondern von den Astrozyten, die oft analog zur weißen und grauen Substanz die «dunkle Substanz» des Gehirns genannt werden – und das mit gutem Grund.

Normalerweise stellt man sich das Gehirn ja als Denkmaschine vor, vollgepackt mit Neuronen und ihren Verbindungskabeln, den Axonen, und überall brummt und summt es von all den hin und her schwirrenden Signalen. Was man sich normalerweise nicht vorstellt, ist, dass das menschliche Gehirn nur zu 10 Prozent aus Neuronen besteht. Die restlichen 90 Prozent bilden die sogenannten Gliazellen, benannt nach dem griechischen Wort für Klebstoff. (Das hat übrigens nichts mit dem alten Blödsinn zu tun, wonach wir nur 10 Prozent unseres Gehirns nutzen, das ist und bleibt Quatsch.)

Die Hirnkleberzellen galten lange Zeit nur als das Gerüst, an dem die Neuronen aufgehängt sind, und als Putztruppe, die die Chemikalien, mit denen die Neuronen rumspritzen, wieder aufwischen muss. Die Mitglieder dieser Putztruppe sind die Astrozyten, und nach neuesten Erkenntnissen tun sie weitaus mehr, als nur das Kopfinnere sauber zu halten. Astrozyten regeln die Durchblutung, und weil sie offenbar mit Neuronen kommunizieren, wird jetzt sogar erwogen, dass die Putztruppe gewissermaßen mitdenkt. Das Gehirn muss sich seinen Ruf als kompliziertestes Ding des Universums ja schließlich auch irgendwie verdienen.

Aber die Einzelheiten über die Zellen und ihre Kommunikationssignale brauchen uns im Moment gar nicht zu interessieren, beziehungsweise nur, insofern sie Rückschlüsse auf das BOLD-Signal zulassen. Und hier wird es haarig. Während die Kopplung des Blutsauerstoffverbrauchs an die lokale Aktivität von Neuronen mittlerweile recht gut belegt ist, weiß man nicht, welcher Aspekt dieser Aktivität eigentlich relevant ist. Sind die in einer Region ankommenden oder die von dieser Region ausgesandten Signale wichtiger? Ist die Steuerung lokal, wird also die Durchblutung genau da gefördert, wo Energie gebraucht wird, oder eher global, sodass vielleicht ganze Hirnlappen mehr Blut bekommen, wenn eine Region in ihnen aktiv wird? Wenn eine Region aktiv wird und die Durchblutung steigt, bedeutet das dann, dass in Nachbarregionen Blut fehlt und dort ein negatives BOLD-Signal auftritt, aufgrund eines Mechanismus, der in der Forschungsliteratur sehr hübsch Blutraub (englisch «blood stealing») genannt wird? Verhalten sich Kapillargefäße anders als größere Adern? Auf all diese Fragen gibt es durchaus ein paar Antwortansätze, aber von einem Verständnis dessen, was da vorgeht, sind wir weit entfernt.

Eine der Fragen immerhin ist einigermaßen geklärt. In einem heroisch schwierigen Experiment, bei dem gleichzeitig die elektrische Aktivität des Gehirns und das BOLD-Signal gemessen wurden, fand die Arbeitsgruppe von Nikos Logothetis in Tübingen heraus, dass das BOLD-Signal hauptsächlich mit den sogenannten lokalen Feldpotenzialen korreliert. Diese in Neurokreisen zärtlich als LFP bezeichneten Potenziale sind lokale Schwankungen des elektrischen Feldes, die man zwar auch noch nicht vollständig versteht, die aber vermutlich die in einer Gehirnregion einlaufenden Signale repräsentieren. Weniger korreliert das BOLD-Signal mit den Aktionspotenzialen, die über die Nervenbahnen aktiv ausgesandt werden und die eher wie ein neuronaler Morsecode funktionieren, der die Ergebnisse der Informationsverarbeitung an andere Neuronen weiterfunkt.

Aus diesem Wirrwarr an Mechanismen und Vermutungen kann man trotzdem schöne Bilder herstellen, und zwar mit Hilfe komplizierter statistischer Analysen, deren Ergebnisse – und nicht das BOLD-Signal selbst – es in der Regel sind, die als farbige Kleckse auf Abbildungen von Gehirnen landen. Diese statistischen Methoden selbst können dabei auch noch zur Verwirrung beitragen, die gewählten Grenzen zum Beispiel zwischen «aktivierten» und «nicht aktivierten» Arealen werden in der Regel willkürlich gezogen. Dass das gefährlich sein kann, zeigte eine Gruppe von Forschern im Jahr 2009. Sie legten einen toten Lachs in den Magnetscanner und zeigten der Fischleiche Abbildungen menschlicher emotionaler Interaktionen, ein an menschlichen Probanden in der Psychologie häufiger eingesetztes experimentelles Protokoll. «Der Lachs wurde gebeten, sich über die von der Person im Bild empfundene Emotion klarzuwerden.» Ob der tote Lachs das gemacht hat oder nicht, ist natürlich schwer zu sagen – man vermutet, dass tote Lachse dergleichen nicht können –, der Punkt der Studie war aber, dass mit zwar laxen, aber durchaus verbreiteten Analysemethoden ein Aktivitätszentrum gefunden wurde, «im Innern des Lachskopfs», wie die Autoren lakonisch bemerken. Sie zeigen allerdings auch, dass bei Anwendung der korrekten Statistik kein solcher Unfug herauskommt und der tote Fisch auch im Hirnscan tot aussieht.

Aber selbst wenn wir solche statistischen Feinheiten außer Acht lassen: Wenn über den Verlauf eines Experiments hinweg in einem Gehirnareal immer dann das BOLD-Signal fällt oder steigt, wenn ein bestimmter Stimulus gezeigt wird, dann wird daraus gefolgert, dass dieses Areal für die Verarbeitung solcher Stimuli wichtig sein muss. Zusätzlich suggerieren Abbildungen, die rotglühende Aktivitätszentren auf Gehirnen zeigen, auch, dass der dunkle Rest nicht beteiligt ist. Aber es sollte klar geworden sein, dass beide Annahmen mit Vorsicht zu genießen sind: Ändert sich zum Beispiel nur die Art, *wie* ein Areal Reize verarbeitet, aber nicht der Aufwand, den es dazu betreiben muss, wird es in einem BOLD-Bild nicht auftauchen.

Ob die Neuronen unter dem roten Klecks mehr gefeuert haben oder weniger oder ob vielleicht die Astrozyten ihre Tentakel im Spiel haben, ist auch weit weniger klar, als die Abbildung vortäuschen mag. Aber Kleckse sind verführerisch. 2008 veröffentlichten David McCabe und Alan Castel die Ergebnisse einer Studie, in der sie Studenten wissenschaftliche Artikel vorlegten, einmal mit und einmal ohne Abbildungen von farbigen Aktivitätsmustern auf Gehirn. Obwohl das Dargestellte keinerlei Beweiskraft hatte, bewerteten die Studenten den Artikel als deutlich überzeugender, wenn die Gehirnabbildung daneben zu sehen war: *Brain sells*.

Das alles heißt nun natürlich nicht, dass fMRT Humbug ist. 2008 wurde im Labor von Jack Gallant in Berkeley eine Studie durchgeführt, in der Probanden eine Reihe von Bildern zu sehen bekamen, während sie im MRT-Gerät lagen. Die gemessenen Daten verwendeten die Forscher zur Anpassung eines Computermodells. Sie zeigten den Probanden dann eins von 120 zuvor nicht gesehenen Bildern, und das Modell konnte aus dem dabei aufgezeichneten fMRT-Signal – das der Gehirnaktivität des Probanden entspricht – mit bis zu 90-prozentiger Treffsicherheit bestimmen, um welches Bild es sich handelte. Mit anderen Worten, dieses Modell kann aus der gemessenen Gehirnaktivität ermitteln, was Menschen sehen. So nah waren wir echtem Gedankenlesen tatsächlich noch nie.

Dennoch sollte man im Hinterkopf behalten, dass wir auch nach 15 Jahren intensiver Forschung nur eine ungefähre Vorstellung davon haben, worauf dieser Erfolg eigentlich beruht, und dass die bunten Bilder in die Irre führen können. Wenn dann in ein paar Jahren die Maschinen per Gedankenkontrolle die Macht übernehmen, wird man wenigstens wissen, was für eine tolle Leistung das ist.

Hot Hand

When those guys get in a zone like that, man, there's no defense for them.

Avery Johnson, ehemaliger Basketballprofi und -trainer

Für die Freunde statistischer Feinheiten war der 6. Juni 2010 ein denkwürdiger Tag. Der Basketballprofi Ray Allen traf in einem Finalspiel der amerikanischen National Basketball Association sieben Dreipunktwürfe in Folge, acht im gesamten Spiel, und stellte damit einen neuen Rekord auf. Drei Punkte gibt es nur dann für einen Wurf, wenn er außerhalb einer Linie stattfindet, die sich in ungefähr sieben Metern Entfernung vom Korb befindet, der «Dreierlinie». Ein guter Schütze wie Allen trifft aus dieser Entfernung in Spielsituationen etwa 40 Prozent seiner Würfe, also bei zwei von fünf Versuchen. Im statistischen Mittel benötigt er 17,5 Würfe für sieben Treffer. An diesem besonderen Abend im Juni 2010 brauchte er nur sieben.

In solchen Fällen reden Sportfans und -journalisten von einer «heißen Hand» («hot hand») – der Spieler ist «in the zone» oder «on a roll» oder «in a groove». Es gibt nicht nur heiße Hände, sondern auch alle möglichen anderen Temperaturen, ein Spieler kann rot oder weiß glühend oder eiskalt sein, er kann sich aufheizen oder abkühlen. Die Begriffe existieren nicht nur im Basketball, sondern in allen anderen Sportarten, bei denen sich bestimmte Abläufe oft wiederholen. Die Implikation solcher Redeweisen ist immer dieselbe: Man möchte ausdrücken, dass der Spieler einen mentalen Zustand erreicht, in dem Erfolg praktisch garantiert ist. Sportler selbst reden von der heißen Hand, weil sie das Phänomen erlebt haben. Sie gerieten in Situationen, wo sie machen konnten, was sie wollten, der Ball ging immer ins Netz. Oder in der Sprache der Siegerinterviews: «Der Korb war so groß wie das Meer.»

Vom Basketball zu etwas ganz anderem: Bei einem Münzwurf erwartet man in der Hälfte aller Fälle, dass der Kopf oben erscheint, in der anderen Hälfte Zahl. Das gilt aber nur, wenn man sehr oft wirft; bei kleinen Stichproben können Kopf und Zahl auch sehr ungleichmäßig verteilt sein. Mehr noch: Obwohl es sich um einen rein zufälligen Prozess handelt, produziert die Münze reine Kopf- oder Zahlserien, umso längere, je mehr man wirft. Schon bei 20 Versuchen gibt es eine fünfzigprozentige Wahrscheinlichkeit, viermal in Folge Kopf (oder Zahl) zu werfen. Und in einer Serie aus 100 Versuchen erhält man in etwa einem Drittel aller Fälle eine Serie aus siebenmal in Folge Kopf (oder Zahl). Ray Allen hat in den 16 Jahren seiner Profikarriere insgesamt mehr als zweieinhalbtausendmal von der Dreierlinie geworfen.

Wenig wahrscheinliche Ereignisse passieren, nur eben nicht besonders häufig. Es ist auf den ersten Blick überraschend, dass erst in den 1980ern jemand auf die Idee kam, nachzusehen, ob es abgesehen von solchen zufälligen Serien auch noch das Phänomen der «heißen Hand» gibt – also eine Folge von Treffern, die nicht durch Zufall, sondern durch eine besondere Leistung des Sportlers verursacht wird. Auf den zweiten Blick ist es dann wieder nicht so überraschend – wenn jemand gut mit Zahlen umgehen kann, wird er normalerweise nicht Profisportler und umgekehrt, weswegen man im Umfeld von Sportveranstaltungen nicht gerade häufig auf Statistikfreaks trifft. Das hat sich in den letzten Jahren ein wenig geändert, nachdem der amerikanische Autor Michael Lewis 2003 in seinem Bestseller «Moneyball» demonstrierte, wie sich statistische Analysen zur Erfolgsmaximierung im Baseball einsetzen lassen. Seitdem halten sich viele Clubs ihren hauseigenen Nerd, der mit Sportstatistiken jongliert, ein Forschungszweig, der mittlerweile «Sabermetrics» heißt (abgeleitet von SABR, der Abkürzung für «Society for American Baseball Research») – proklamiert als die Suche nach «objektivem Wissen» im Sport.

Wer in Diskussionen über Sport mit statistischen Argumenten ankommt, der wird in der Regel den Ratschlag hören, er solle sich doch lieber die Spiele ansehen. «Die Wahrheit liegt auf dem Platz», wie Fußballtrainer Otto Rehhagel einst sagte. Vielleicht nicht auf dem Platz, aber doch in den Köpfen der Spieler, die in den Zuständigkeitsbereich der Psychologie fallen. Dort gibt es den schönen Begriff der Selbstwirksamkeitserwartung: die Überzeugung, bestimmte Handlungen erfolgreich umsetzen zu können, ein Konzept, das vor mehr als 30 Jahren vom Psychologen Albert Bandura entwickelt wurde. Zum einen wird die Selbstwirksamkeitserwartung durch Erfolgserlebnisse erhöht, zum anderen führt hohe Selbstwirksamkeitserwartung wiederum eher zum Erfolg. Oder ohne extrem lange Wörter ausgedrückt: Psychologen würden auf der Grundlage von Banduras Theorie die Existenz der heißen Hand erwarten.

Aber gibt es sie nun oder nicht? Im Jahr 1985 veröffentlichten die drei Psychologen Thomas Gilovich, Robert Vallone und Amos Tversky die erste wissenschaftliche Arbeit zum Thema. Zunächst führten sie eine Umfrage durch: 91 Prozent der Fans meinen, dass ein Spieler eine bessere Chance auf einen Korberfolg hat, wenn er direkt vorher ein paarmal getroffen hat. Das ist genau der erwartete Glaube an die heiße Hand. Bei rein zufälligen Ereignissen wäre die Chance auf Erfolg bei jedem Wurf gleich, egal, ob man vorher getroffen hat oder nicht. Dann testeten Gilovich und Kollegen die Hot-Hand-Hypothese mit echten Daten aus Basketballspielen, unter anderem an 3800 Würfen aus 48 Spielen der Philadelphia 76ers. Das Resultat: Die Erfolgschancen für einen Treffer hängen nicht davon ab, was vorher passiert ist. Die heiße Hand, so Gilovich und Co., gibt es nicht.

Dieses Ergebnis war für die Sportwelt so erschütternd, dass es eine ganze Reihe von Nachfolgestudien auslöste. Bis zum Jahr 2006 findet man 24 wissenschaftliche Artikel, die sich mit dem Thema befassen. 13 argumentieren gegen die heiße Hand, 11 dafür. Sieht man sich die Artikel etwas genauer an, dann fällt auf, dass die Beweise für die Existenz der heißen Hand zumindest im Basketball meist anekdotischer Natur und überhaupt ziemlich dünn sind. Das hat unter anderem damit zu tun, dass es schwieriger ist, etwas zu finden, als etwas nicht zu finden. Außerdem ist Basketball ein hochkomplizierter Sport: Die Erfolgschancen beim Werfen auf den Korb hängen nicht nur von der Treffsicherheit des Spielers ab, sondern auch von der Entfernung zum Korb, von der speziellen Spielsituation (ein Wurf nach Dribbeln ist oft schwieriger als einer nach einem Zuspiel) und von dem, was die gegnerische Mannschaft so treibt. All diese Dinge könnten das Auffinden der heißen Hand, wenn es sie denn geben sollte, verhindern.

Andere Sportarten eignen sich eventuell besser für diese Art Forschung. Beim Tennis gibt es immerhin nur zwei Spieler, nicht zehn. Eine Analyse der Spieldaten der Turniere in Wimbledon von 1992 bis 1995 erbrachte ein interessantes Ergebnis: Wenn ein Spieler einen Punkt macht, sind beim nächsten Ballwechsel seine Chancen auf Erfolg um 0,3 Prozent erhöht, verglichen mit der statistischen Erwartung. Es geht auch umgekehrt: Verliert ein Spieler einen Punkt, so senkt das im nächsten Ballwechsel seine Erfolgschancen um 0,4 Prozent. Ein kleiner Effekt, aber immerhin genau das, was man bei einer heißen Hand erwarten sollte.

Noch besser wären Sportarten, wo wirklich bei jedem Versuch alle Voraussetzungen exakt gleich bleiben. Ein Beispiel ist die schöne Disziplin des Hufeisenwerfens, populär vor allem in Nordamerika. Ziel ist es, ein Hufeisen entweder auf oder wenigstens in die Nähe eines Stabes zu werfen. Die Resultate der Weltmeisterschaften 2000 und 2001 zeigen, dass der Erfolg beim Hufeisenwerfen davon abhängt, wie die vorherigen Würfe ausgingen. Die Hufeisenwerfer haben offenbar heiße und kalte Phasen. Also doch.

Aber auch im Basketball ist noch nicht das letzte Wort in der Angelegenheit gesprochen beziehungsweise geworfen. Im Jahr 2010 veröffentlichte der amerikanische Wirtschaftswissenschaftler Jeremy Arkes eine neue Studie. Er analysierte nicht die normalen Würfe, die aus dem Spiel heraus erfolgen, sondern Freiwürfe, die man nach einem Foulspiel zugesprochen bekommt. Beim Freiwurf ist die Entfernung zum Korb immer gleich, und es steht kein Gegner im Weg. Außerdem treten sie in fast allen Fällen paarweise auf – ein normales Foul ist zwei Würfe wert. Arkes analysierte etwa 65 000 Freiwürfe und fand heraus, dass die Trefferwahrscheinlichkeit beim zweiten Wurf fast 3 Prozent höher ist, wenn man beim ersten getroffen hat – ein klarer Hinweis auf die Hot Hand, wie er meint. Kritiker wenden ein, dass Freiwürfe wirklich nichts mit der heißen Hand zu tun haben, schließlich liegt die Trefferwahrscheinlichkeit bei diesen Würfen sowieso schon über 70 Prozent, und noch nie habe man davon gehört, jemand sei «heiß» an der Freiwurflinie.

Die bisher umfangreichste Untersuchung dieses Themas stammt aus dem Jahr 2009 und wurde von John Huizinga, Ökonom an der Universität in Chicago, und dem Sportwissenschaftler Sandy Weil vorgestellt. Grob gesagt haben sie das Gleiche gemacht wie Gilovich und Co. 24 Jahre zuvor, nur dank Internet und elektronischer Datenverarbeitung mit viel mehr Zahlen. Statt ein paar tausend Würfe wie Gilovich analysierten sie knapp eine Million. Das erste wichtige Ergebnis: Nach einem Treffer ist die Trefferwahrscheinlichkeit beim nächsten Wurf nicht höher, wie man bei einer heißen Hand erwarten würde, sondern um einige Prozent *niedriger*. Vorsichtig folgern Huizinga und Weil, dass es die heiße Hand im Basketball zwar geben könnte, aber es gibt keine Beweise dafür – die Abwesenheit von Beweisen ist kein Beweis der Abwesenheit.

Ein zweites Ergebnis dieser Studie ist womöglich für Sportler wichtiger: Treffer beeinflussen das nachfolgende Verhalten von Spielern. Insbesondere nimmt die Neigung zu, schwierigere Würfe zu versuchen. Weil man bei schwierigeren Würfen seltener trifft, senkt das die Trefferwahrscheinlichkeit. Warum tun die Spieler das? Die Antwort auf diese Frage steckt zwar nicht in den Wurfdaten, liegt aber auf der Hand: Die Spieler glauben daran, dass sie nach einem Treffer weiter Erfolg haben werden. John Hollinger, Statistiker beim amerikanischen Sportsender ESPN: «Der feste Glaube an die Existenz der heißen Hand führt dazu, dass die Spieler suboptimale Entscheidungen treffen.» Dieser Glaube kostet ein Team, so Huizinga und Weil, 4,5 Siege pro Saison.

In der Sportwelt werden diese überraschenden Ergebnisse nur zögerlich zur Kenntnis genommen. Weiterhin sind die meisten Fans, Journalisten und Spieler von der heißen Hand überzeugt. Es sieht so aus, als liefen zwei parallele Handlungen ab, die nichts miteinander zu tun haben: Die Statistiker äußern sich skeptisch über die heiße Hand, während es für die Sportler keinen Zweifel an deren Existenz gibt. Amos Tversky, einer der Autoren der ersten Studie zum Thema, klagt: «Ich habe schon tausendmal über dieses Thema diskutiert und jedes Mal gewonnen, aber niemanden überzeugt.»

Vielleicht ist die Frage weniger die, ob es die heiße Hand gibt, als die, warum so viele daran glauben, dass es sie gibt. Nur drei der möglichen Erklärungen: Es könnte daran liegen, dass lange Erfolgsserien einprägsame Ereignisse sind und daher im Gedächtnis lange haftenbleiben. Ein anderer Vorschlag: Es hat etwas damit zu tun, dass man dem Sportler Absicht unterstellt – immerhin ist er ein menschliches Wesen und nicht einfach nur eine Münze. Anders ausgedrückt: Man *will* eine besondere Leistung des Sportlers sehen, keine zufällige Abfolge von Erfolg und Misserfolg. Oder aber es ist ein Beispiel für das «Gesetz der kleinen Zahlen»: Man glaubt, dass Kopf und Zahl beim Münzwurf auch bei kleinen Stichproben immer gleich oft vorkommen und es daher keine langen Serien gibt. In den Worten von Stephen Jay Gould: «Aus irgendeinem Grund ist unser Verstand nicht dafür ausgelegt, die Gesetze der Wahrscheinlichkeit zu berücksichtigen, obwohl diese Gesetze eindeutig das Universum beherrschen.»

Der 8. Juni 2010 war schon wieder ein denkwürdiger Tag für den Statistiker. Ray Allen, unser alter Bekannter, versuchte diesmal acht Würfe von der Dreierlinie – und traf keinen einzigen. Seine Hand war eiskalt, der Korb wie vernagelt, Allen hätte nicht einmal mit einem Stein das Meer getroffen. Zusammen mit dem eingangs erwähnten Spiel traf er bei acht von 19 Versuchen, was 42 Prozent entspricht – fast genau sein normaler Durchschnitt. Manchmal muss man der Statistik nur ein paar Tage Zeit lassen.

Kilogramm

PS: bei digitalen waagen: ist da nicht irgendwo ein killogramm gespeichert?

Lösungsvorschlag von Kommentator «peterpaunch» zu einem Beitrag über die Schwierigkeiten der Kilogramm-Neudefinition im Blog «Astrodicticum Simplex», Juni 2010

In der Grundschule ist die Welt noch in Ordnung. Ein Liter ist das, was in einer H-Milch-Packung drin ist, ein Meter ist ein sehr großer Schritt, und ein Kilo ist ein Kilo Zucker. Später lernt man dann, dass es sich ein bisschen komplizierter verhält, aber die meisten Einheiten sind immerhin so beschrieben, dass ein Wissenschaftler sie mit etwas Geduld und einem ordentlichen Labor selbst ausmessen kann, falls er von misstrauischem Wesen ist und nicht einfach hinnehmen will, was auf dem Lineal steht.

Um herauszufinden, wie lang eine Sekunde ist, zählt man die Schwingungen einer Mikrowelle, die mit dem Übergang zwischen den beiden Hyperfeinstrukturniveaus des Grundzustandes des Cäsiumnuklids ^{133}C in Resonanz ist. Wenn man bei 9 192 631 770 angekommen ist, ist wieder eine Sekunde um (→ Zeit). Mit Hilfe der Sekunde kann man jetzt bestimmen, wie lang ein Meter ist. Man sieht nach, wie weit ein Lichtstrahl im Vakuum im 299 792 458sten Teil einer Sekunde kommt. Das Experiment passt im Prinzip auf einen stabilen Küchentisch.

Nur für das Kilogramm muss der misstrauische Wissenschaftler sein Haus verlassen und sich nach Braunschweig in die Bundesallee 100 begeben, wo die Physikalisch-Technische Bundesanstalt ihren Sitz hat. Dort werden drei Duplikate des Pariser Urkilogramms aufbewahrt: der im Zweiten Weltkrieg beschädigte ursprüngliche deutsche Prototyp, der 1954 neu angeschaffte Ersatz und der Prototyp der DDR. Es sind kleine Zylinder von knapp 4 Zentimetern Höhe aus einer Platin-Iridium-Legierung. Allerdings wird man sich weigern, den nationalen Prototypen unter seinen zwei Glashauben hervorzuholen, nur weil irgendjemand ein Kilogramm abgemessen haben will. Man wird dem Besucher vielleicht ersatzhalber einen Vergleich mit einem der «Hauptnormale» anbieten, Edelstahlgewichte, die einmal im Jahr mit dem Prototypen verglichen werden, der wiederum ungefähr alle zehn Jahre zur Kontrolle nach Paris gebracht und dort mit dem Urkilogramm verglichen wird. Es ist alles ein wenig unbefriedigend.

Noch unbefriedigender: Auf das Urkilogramm ist kein Verlass. Ungefähr alle fünfzig Jahre werden möglichst viele Duplikate aus aller Welt nach Paris gebracht und dort mit dem Original verglichen. Das ist bisher dreimal geschehen: einmal kurz nach der Einführung, dann nach und nach in den Jahren um 1950 und um 1990. Bei der dritten Messung stellte sich heraus, dass das Urkilogramm und die Kopien sich auseinanderentwickelt hatten: Das Pariser Urkilogramm war relativ zu den Kopien um 50 Mikrogramm leichter geworden. Beziehungsweise kann es genauso gut sein, dass alle anderen Kopien schwerer geworden sind. Und da auch die einzelnen Kopien auseinanderdriften, ist nicht einmal auszuschließen, dass alle Prototypen ihr Gewicht in irgendeine Richtung verändert haben, das Pariser Urkilogramm nur eben etwas mehr oder weniger als die anderen. Man weiß es nicht, denn es gibt kein Ur-Urkilogramm, das als Schiedsrichter herhalten könnte. Das Pariser Urkilogramm *ist* die Definition des Kilogramms – wenn es sein Gewicht verändert, verändern alle Kilogramme der Welt ihr Gewicht. Noch schlimmer wäre, wenn das Urkilogramm geklaut würde, denn dann käme den Physikern im wahrsten Sinne des Wortes eine Basiseinheit abhanden.

Für die tägliche Praxis ist die Unzuverlässigkeit des Urkilogramms relativ folgenlos, denn Wissenschaftler und Techniker verwenden für ihre Alltagsarbeit genormte Edelstahlgewichte, deren höchste Qualitätsklasse E1 eine Abweichung von 500 Mikrogramm pro Kilogramm erlaubt. 50 Mikrogramm hin oder her spielen da keine Rolle, Kuchenrezepte gelingen nach wie vor. Aber es wird einfach nicht gern gesehen, wenn sich Grundlagen der Wissenschaft so undiszipliniert benehmen. Außerdem hängen viele andere Einheiten vom Kilogramm ab: Newton, Pascal, Joule, Watt, Ampere, Coulomb, Volt, Tesla, Weber und, da sie auf dem Watt basieren, sogar die Helligkeitseinheiten Candela, Lumen und Lux.

Was ist also los mit den Kilogramm-Prototypen? Im *Spiegel* hieß es im Jahr 2003: «Möglicherweise, so eine Erklärung, hatte man das Urkilogramm schlicht zu häufig geputzt und so ein paar Atome von der Oberfläche heruntergeholt.» (Mit «ein paar Atome» ist hier etwas in der Größenordnung von einigen Milliarden gemeint.) In der Tat werden alle Prototypen nicht im Vakuum, sondern an der Luft aufbewahrt, setzen dadurch im Laufe der Zeit Schmutz an und werden messbar schwerer. Man reinigt sie daher vor jedem Vergleichsvorgang. Das zuständige französische *Internationale Büro für Maß und Gewicht* (BIPM), das die Vergleiche durchführt, hat dafür eine eigene Putzmethode entwickelt, von der Zwangsneurotiker noch lernen können: Zuerst muss der beim Putzen eingesetzte Lederlappen gereinigt werden, und zwar dreimal hintereinander. Dann folgen mehrere komplizierte Waschvorgänge mit Äther, Ethanol und doppelt destilliertem Wasser, nach denen das Kilogramm erst einmal sieben bis zehn Tage ruhen muss. Da man einen Prototypen leicht vor und nach dem Putzen mit einem zweiten vergleichen kann, sind die Folgen dieser Reinigung präzise erforscht: Je nachdem, wie lange die letzte Wäsche zurückliegt, werden dabei zwischen 5 und 60 Mikrogramm Material entfernt. Ein zweiter Putzvorgang schafft noch einmal bis zu 10 Mikrogramm, ein dritter lohnt sich nicht. Danach werden die Prototypen sofort wieder schwerer; in den ersten drei Monaten nach dem Putzen etwas schneller, dann verlangsamt sich der Prozess. Allerdings hat die Kilogramm-Putzforschung ergeben, dass über die zwei Reinigungsvorgänge hinaus selbst energisches Reiben mit dem Lederlappen keine messbaren Auswirkungen auf die Masse der Prototypen hat. Die 50 Mikrogramm können also nicht einfach abgeschrubbt worden sein.

Einer Theorie zufolge ist das Pariser Urkilogramm gar nicht leichter geworden, sondern hat einfach *weniger zugenommen* als seine Kopien. Diese Hypothese fußt unter anderem auf der Tatsache, dass das Urkilogramm unter drei Glasstürzen aufbewahrt wird, alle Kopien aber nur unter zwei. Das Platin in der Platin-Iridium-Legierung verbindet sich zum Beispiel gern mit Quecksilberatomen aus der Umgebungsluft. Da in meteorologischen Laboren hin und wieder Quecksilberthermometer oder -barometer herunterfallen und zerbrechen, kann die Quecksilberbelastung dieser Räume recht hoch sein. Aber auch der Quecksilbergehalt in der ganz normalen Umgebungsluft ist – vor allem durch Kohlekraftwerke – in den letzten hundert Jahren stark angestiegen. Das Quecksilber begnügt sich nicht damit, eine dünne Schicht auf der Oberfläche der Legierung zu bilden. Das allein wäre schon unpraktisch genug, denn da es mit dem Platin eine dauerhafte

Verbindung eingeht, lässt sich das Quecksilber nicht einfach durch Putzen wieder entfernen. Aber es zieht auch ins Innere der Prototypen ein, wie die britischen Forscher Peter Cumpson und Martin Seah in den 1990er Jahren zeigen konnten. Selbst das wäre noch verkraftbar, wenn der Prozess wenigstens nach kurzer Zeit abgeschlossen wäre. Cumpson und Seah kamen allerdings zu dem Schluss, dass es bis zu 600 Jahre dauern kann, bis sich der Quecksilbergehalt stabilisiert. Man kann Kilogramm-Prototypen aber kaum nach der Herstellung erst einmal 600 Jahre ruhen lassen.

Es gibt noch viele andere Umwelteinflüsse, die dazu führen können, dass die Kilogramm-Prototypen leichter oder schwerer werden: Die Platin-Iridium-Legierung enthält im Neuzustand kleine Mengen Wasserstoff, der sich im Laufe der Zeit verflüchtigt, an der Luft langsam, im Vakuum etwas schneller. Aus Städten, Nadelwäldern und Massentierhaltungsbetrieben entweichen Kohlenwasserstoffverbindungen, die ins Labor eindringen, unter die Glasglocken schlüpfen und an den Kilogrammprototypen festkleben. Chemikalien aus der Umgebungsluft dringen zum Teil in das Material ein, zum Teil lagern sie sich so an, dass es keinen klaren Übergang zwischen Platin-Iridium-Legierung und Schmutz gibt. Vermutlich finden alle diese Prozesse (und noch ein paar unbekannte) gleichzeitig statt und zerren in verschiedenen Richtungen am Gewicht der Prototypen.

So kann es nicht weitergehen. Wenn selbst mit höchster Präzision gefertigte Kilogramm-Prototypen aus teuren Edelmetallen unter multiplen Glasglocken machen, was sie wollen, muss ein anderes Verfahren her. Experimente und Überlegungen dazu werden schon seit einigen Jahrzehnten angestellt. Das *Internationale Büro für Maß und Gewicht* sprach schließlich 2005 die offizielle Empfehlung aus, das Kilogramm so neu zu definieren, dass es von einer Fundamentalkonstante abgeleitet werden kann. Man fasste das Jahr 2010 für ein Ergebnis ins Auge, denn 2011 tagt die *Generalkonferenz für Maße und Gewichte*, die das neue Kilogramm dann verabschieden könnte.

Die Forderungen an die Neudefinition lauten: Das neue Kilogramm muss mit dem alten kompatibel sein. Es soll mit Hilfe einer möglichst robusten Apparatur von jedermann jederzeit und überall erzeugt werden können. Die Definition soll an Schulen und Universitäten gelehrt werden und daher für Studierende aller Fächer verständlich sein, und das neue Verfahren sollte präziser sein als das bisherige. Mindestens drei unabhängige Ergebnisse sind für die Neudefinition erforderlich, und eines davon muss eine Genauigkeit von 20 Mikrogramm pro Kilogramm oder weniger aufweisen.

Von ursprünglich vier Lösungsansätzen waren zum Entstehungszeitpunkt dieses Buchs noch zwei im Rennen: die Wattwaage und das Avogadro-Projekt. Die Wattwaage ist eine Art hyperkomplizierte Briefwaage, von der es bisher weltweit fünf Stück gibt. Die Waagen, die beim Vergleich der Kilogramm-Prototypen zum Einsatz kommen, sind Massenvergleichswaagen, also im Prinzip Geräte, wie man sie manchmal noch auf altmodischen Marktständen sieht: Auf die eine Waagschale kommt ein Gewicht mit der Aufschrift «1 kg», auf die andere das, was man mit dem Gewicht vergleichen möchte, zum Beispiel Kartoffeln oder eben ein anderes Kilogrammgewicht. Massenvergleichswaagen haben schon seit Jahrzehnten eine so hohe Präzision erreicht, dass sie Unterschiede von weniger als einem Mikrogramm pro Kilogramm feststellen können. Will man aber ein Kilogramm ohne jeden Vergleichsgegenstand bestimmen, braucht man eine Waage, die eine Aussage über die Masse eines einzelnen Dings treffen kann. Solche Waagen gibt es schon lange, aber Präzisionswaagen fürs Labor erreichen bestenfalls eine Genauigkeit im 100-Mikrogramm-Bereich. Schon für diese gebräuchlichen Varianten ist ein hoher Aufwand erforderlich;

zum Beispiel wird die Laborwaage vor Ort genau für die dort herrschenden Schwerkraftverhältnisse kalibriert, man kann sie nicht einfach ins Nachbarlabor tragen und dort verwenden. Die Wattwaage muss ebenfalls ohne ein Vergleichsgewicht auskommen, aber da von ihr eine wesentlich höhere Genauigkeit erwartet wird, vergrößern sich Gerät und Probleme entsprechend: Wattwaagen sind zwei Stockwerke hoch und kosten in der Anschaffung etwa 1,5 Millionen Dollar. Außerdem benötigt man für ihren Einsatz drei bis fünf Experten sowie ziemlich viel flüssiges Helium zur Kühlung der supraleitenden Magneten, die das Gewicht in der Waage halten. Die Bestimmung der Länge eines Meters ist ein beliebtes Experiment im Physikunterricht; die Bestimmung des Kilogramms mit der Wattwaage wird es sicher nicht werden.

Die Wattwaage soll nacheinander zwei Funktionen erfüllen: Zunächst benutzt man sie zur präziseren Bestimmung des Planck'schen Wirkungsquantums, von dem man an dieser Stelle nur zu wissen braucht, dass es eine wichtige →Naturkonstante in der Quantenmechanik darstellt. Dazu verwendet man ein letztes Mal einen der Kilogramm-Prototypen. Dann wird das Planck'sche Wirkungsquantum ein für alle Mal auf den Durchschnitt der besten Messungen festgelegt. Wenn alles geklappt hat, ist das Kilogramm jetzt als diejenige Masse definiert, bei der das richtige Planck'sche Wirkungsquantum herauskommt, wenn man sie mit einer Wattwaage vermisst.

Das Avogadro-Projekt nähert sich einer neuen Kilogrammdefinition ebenfalls auf Umwegen, indem es zunächst die Avogadro-Konstante neu und präziser als bisher bestimmt. Die Avogadro-Konstante ist gewissermaßen der Umrechnungsfaktor zwischen der Gewichtsskala der sichtbaren Welt und der der Atome. Sie gibt an, wie viele Atome in zwölf Gramm Kohlenstoff stecken, nämlich ungefähr 602 Trilliarden. Da Atome notorisch schwer zu zählen sind, kann man die Avogadro-Konstante bisher nur schätzen, und das Avogadro-Projekt ist ein Verfahren, zu einer solchen Schätzung zu gelangen. Zu diesem Zweck wurden unter der Koordination der Physikalisch-Technischen Bundesanstalt zwei Kugeln aus dem Silizium-Isotop 28 hergestellt, die ziemlich genau ein herkömmliches Kilogramm wiegen (Letzteres weiß man, weil man sie mit den Kilogramm-Prototypen Frankreichs, Deutschlands und Japans verglichen hat). Weil Silizium eine regelmäßige Kristallstruktur bildet, genügt es, das Volumen des einzelnen Siliziumatoms und das Volumen der Kugel zu kennen. Teilt man jetzt das Kugelvolumen durch das Atomvolumen, ergibt sich die Zahl der Atome in einem Kilogramm. Das Kochrezept wäre dann: Man nehme soundso viele Atome Silizium 28, fertig ist das Kilogramm.

Das Avogadro-Projekt ist auch nicht billiger als die Wattwaage, denn jede der zwei Kugeln hat ungefähr 3,2 Millionen Dollar gekostet. Schulklassen, die kein ganz so genaues Ergebnis brauchen, könnten aber einfach einen Würfel aus Kohlenstoff mit einer Seitenlänge von ungefähr 8,11 Zentimetern aussägen – die Details hängen davon ab, um welche Art Kohlenstoff es sich handelt und wie dessen Kristallstruktur aussieht. Dieser Würfel enthielte im Groben die erforderliche Anzahl von Atomen und wöge damit ein Kilogramm.

Von der Wattwaage am britischen *National Physical Laboratory* wurde 2007 vermeldet, sie erbringe Ergebnisse mit einer Genauigkeit von 70 Mikrogramm. Gleichzeitig war die Wattwaage des amerikanischen *National Institute of Science and Technology* (NIST) schon bei 36 Mikrogramm angekommen. Leider klafften die beiden Ergebnisse um 300 Mikrogramm auseinander. Die britische Wattwaage wurde 2009 aus Budgetgründen nach Kanada verkauft und war dort zum Entstehungszeitpunkt dieses Buchs noch nicht wieder in Betrieb; an den drei anderen Wattwaagen in Bern, Paris und Trappe wurde noch gebastelt. Auch die Ergebnisse aus dem Avogadro-Projekt hatten

2010 noch nicht die erforderliche Genauigkeit erreicht und wichen außerdem vom Ergebnis der einzigen funktionierenden Wattwaage ab.

Das Urkilogramm hat einen Vorteil: Sein Fehler ist gleich null, denn es verkörpert nun mal das Kilogramm. Das ist bei den beiden neuen Verfahren nicht der Fall. Sie bringen Messungenauigkeiten mit sich, die sich nicht vollständig aus der Welt schaffen lassen. Wattwaagen sind anfällig für Störungen durch entfernte Erdbeben, die Gezeiten, den Luftdruck, in der Nähe vorbeifahrende Züge und vieles mehr. Aber auch bei den Siliziumkugeln des Avogadro-Projekts müssen Fehlerquellen wie das Oxidieren der äußeren Siliziumschichten korrekt geschätzt und beim Berechnen der Ergebnisse einkalkuliert werden. Man kann nur festlegen, welchen Ungenauigkeitsbereich man zu tolerieren bereit ist, und dann versuchen, die Technik so weit zu verfeinern, dass die Schwankungen der Ergebnisse sich innerhalb dieses Bereichs bewegen. Wahlweise kann man die erforderliche Genauigkeit neu festlegen, ein Handgriff, mit dem das NIST 2006 aus schlecht übereinstimmenden Ergebnissen der Wattwaage akzeptable machte. Der amerikanische Mathematiker Theodore Hill (→Benfords Gesetz) bemängelt dieses Vorgehen: «Grundlagenphysik per Komiteebeschluss? In der Kilogrammbranche ist offensichtlich viel Politik im Spiel.»

Hill findet beide Verfahren viel zu kompliziert, zu anfällig und nicht zukunftssicher. Jeder Fortschritt in der Messtechnik würde wieder eine Änderung der Kilogrammdefinition nach sich ziehen. Außerdem hält er es für unmöglich, das neue Kilogramm «Schülern und Studierenden aller Fächer verständlich zu machen», wie es in der Vorgabe des BIPM heißt. Schon ihm als Mathematiker sei die Wattwaage komplett unverständlich. Zusammen mit seinem Kollegen Ron Fox hat er deshalb einen Gegenentwurf vorgelegt: Die Avogadro-Konstante soll einfach auf eine geeignete ganze Zahl festgelegt werden, so wie es bei der Lichtgeschwindigkeit und der Sekunde ja auch geschehen ist. Diese Zahl sollte der besseren Anschaulichkeit halber die Anzahl der Atome in einem Würfel beschreiben, also eine Kubikzahl sein. Im Bereich der bisherigen Annäherungen an die Avogadro-Konstante gibt es nur zehn Kubikzahlen. Fox und Hill schlagen vor, unter diesen zehn diejenige Zahl auszuwählen, die dem bisherigen besten Schätzwert am nächsten liegt, nämlich 844 468 893. Das Siliziumkugelexperiment könnte weiter genauso verlaufen wie bisher, aber jetzt würde die Avogadro-Konstante die Masse der Kugel bestimmen, und anstatt die Kugel abzuwiegen, würde man mit Hilfe der Kugel die Waage kalibrieren.

Der Vorschlag der beiden Mathematiker begeistert die zuständigen Physiker offenbar wenig. Es ist nicht anders als in anderen Branchen auch: Wenn man an Prestigeprojekten arbeitet, in die schon viel Geld geflossen ist, möchte man gern Ergebnisse sehen und eine Tafel «Hier entstand unter großen Mühen das neue Kilogramm» an sein Institut montieren. Dasselbe gilt natürlich für die Konkurrenz zwischen Wattwaage und Siliziumkugeln.

Anfang 2011 wurde der bisherige Zeitplan daher gekippt und die Neudefinition auf die übernächste Konferenz im Jahr 2015 verschoben. «Ich hoffe, dass dann die endgültige Entscheidung fällt», zitiert die BBC den ehemaligen BIPM-Direktor Terry Quinn. «Aber es ist Wissenschaft, also wer weiß.» Eines Tages wird es jedenfalls so weit sein, und das neue Kilogramm kann dann als externer Schiedsrichter zumindest Anhaltspunkte dafür liefern, was die Kilogramm-Prototypen unter ihren Glasstürzen so treiben, wenn niemand guckt.

Krieg

– All other trades are contained in that of war.
– Is that why war endures?
– No. It endures because young men love it and old men love it in them.
– Those that fought, those that did not.
– That's your notion.
Cormack McCarthy, «Blood Meridian»

Zum Krieg kommt es, so eine gängige Annahme, wenn ein Staat einem anderen Staat das Sandförmchen wegnimmt. Diplomatische Bemühungen um die Rückgabe des Sandförmchens scheitern, man haut einander mit der Plastikschaufel auf den Kopf, und es gibt Geschrei. Danach hat entweder derjenige das Sandförmchen, der sich am geschicktesten angestellt hat – die «rationalistische» Theorie des Krieges. Oder aber beide Seiten heulen und wünschen sich, sie hätten nie damit angefangen. Das ist die Theorie vom Krieg als irrationaler Eskalation.

Die Vorstellung vom Krieg als rationalem Mittel der Außenpolitik wurde in Europa populär, als man den Dreißigjährigen Krieg gerade so einigermaßen vergessen hatte. Führt ein Herrscher zur Durchsetzung seiner Interessen einen Krieg von überschaubarem Umfang, dann lässt sich das Geschehen mit Hilfe solcher Theorien gut erklären. Nach dem Ersten Weltkrieg aber wollten diese Deutungen nicht mehr so recht zu den Tatsachen passen, und es entstanden neue Theorien vom Krieg als letztmöglichem Ausweg in einer schwierigen Lage. In der zweiten Hälfte des 20. Jahrhunderts breitete sich dann schließlich die Ansicht aus, der Krieg sei in jedem Fall ein zu vermeidendes Debakel. Das hat unter anderem mit der Erfindung der Atombombe zu tun. Um bei der Sandkastenmetapher zu bleiben: Wenn nach der Auseinandersetzung das umstrittene Sandförmchen nicht mehr existiert und alle Nachbarhäuser in Schutt und Asche liegen, haben auch Außenstehende ein Interesse an der Vermeidung von Streit.

Seit einigen Jahrzehnten wird daher verstärkt daran geforscht, wie man Kriege verhindern könnte. Ein Ansatz ist dabei die statistische Analyse vergangener Kriege: Verschiedene Forschungseinrichtungen pflegen Datenbanken, in denen sie möglichst viele Details zusammentragen, die Einfluss auf das Kriegsgeschehen haben könnten. Zwar ist kein Krieg wie der andere, aber es gibt Gemeinsamkeiten zwischen Konflikten, und wenn es gelänge, die zugrundeliegenden Regeln besser zu verstehen, wären Kriege wahrscheinlich leichter zu beenden oder zu vermeiden. Die Kategorien wie «Krieg», «Bürgerkrieg», «Kriegsende», «Demokratie», «Diktatur», die über Aufnahme und Einordnung in eine solche Datenbank entscheiden, lassen allerdings Spielraum für Interpretationen, und so gibt es eine ganze Reihe dieser Projekte mit jeweils eigenen Datensammlungen.

Aus den darin zusammengetragenen Daten lassen sich Zusammenhänge in großer Menge ableiten. Nur ein paar Beispiele: Je höher die Zahl der Außengrenzen eines Landes, desto höher ist die Kriegswahrscheinlichkeit. Staaten mit mehr Macht und Status sind häufiger in Kriege verwickelt. Vorhandene Kriege in einer Region erhöhen die Wahrscheinlichkeit weiterer Kriege. Dauerhafte Rivalität zwischen zwei Staaten erhöht die Kriegswahrscheinlichkeit. Junge Demokratien sind dann besonders konfliktgefährdet, wenn die umliegenden Länder keine Demokratien sind. Ein hoher Anteil von Rohstoffexporten am Bruttoinlandsprodukt geht mit höherer Konfliktwahrscheinlichkeit einher, ebenso wie das Vorhandensein von genau zwei ethnischen Gruppen, eine ungleichmäßig im Land verteilte Bevölkerung, viel Verwandtschaft im Ausland oder bergiges Gelände. Politische Missstände hingegen scheinen zumindest bei Bürgerkriegen keine große Rolle zu spielen.

Diese Form der Analyse vergangener Kriege entspricht den im Kapitel →Übergewicht beschriebenen epidemiologischen Studien mit ihren Vor- und Nachteilen. Eine Vielzahl verwirrender Variablen ist zu berücksichtigen: der Reichtum der untersuchten Staaten, ihre politische Stabilität, die Vorgeschichte, der Zustand der Nachbarländer, klimatische und geographische Bedingungen, Entfernungen, Allianzen, militärische Verhältnisse und so weiter. Das macht die Verlockung für Forscher groß, so lange an den Daten herumzurechnen, bis das gewünschte Ergebnis herauskommt. Und beim Krieg ist es – anders als beim Übergewicht – aus praktischen, ethischen und finanziellen Gründen unmöglich, die so gewonnenen Hypothesen in kontrollierten Studien zu überprüfen. Man kann schlecht vier Regionen mit Freiwilligen bevölkern – zwei davon als Kontrollgruppe –, an den Parametern drehen und abwarten, ob es zum Krieg kommt. (Es dürfte sich nicht einmal um Freiwillige handeln, wenn man realistische Bedingungen schaffen will. Andererseits sind Zwangsumsiedlungen auch keine Lösung. Empirie ist ein schwieriges Geschäft.)

Deshalb lässt sich von allen so gewonnenen Erkenntnissen nur sagen, dass sie gleichzeitig mit einer höheren oder niedrigeren Kriegswahrscheinlichkeit auftreten (vorausgesetzt, die beteiligten Forscher haben im Statistiksemester aufgepasst, was nicht immer der Fall ist), und nicht, dass das eine Phänomen das andere auslöst. So gibt es zur oben erwähnten Beobachtung vom «Ressourcenfluch» die Erklärung, dass Rohstoffreichtum korrupte Regimes und Neid aus dem Ausland anzieht und damit Konflikte auslöst. Aber auch die umgekehrte Version klingt plausibel: Vielleicht sind es Konflikte und Korruption, die den hohen Anteil von Rohstoffexporten am Bruttoinlandsprodukt verursachen, weil die Wirtschaft sich nur dem einfachen Abbau der natürlichen Ressourcen widmen kann. Vermutlich ist man als Forscher dankbar für Korrelationen wie die einer höheren Kriegswahrscheinlichkeit in bergigem Gelände – immerhin ist in diesem Fall halbwegs klar, dass es nicht der Krieg ist, der das Land bergig macht.

Eine Vielzahl an konkurrierenden Erklärungen gibt es insbesondere für das Phänomen, dass demokratische Staaten keine Kriege gegeneinander führen. Nur einige Beispiele: Demokratien verfügen über größere Ressourcen und sind daher unattraktive Kriegsgegner. Die Signale der Kriegsbereitschaft oder -abneigung, die Demokratien aussenden, sind weniger leicht durch die Machthaber zu manipulieren, man kann einer Demokratie also bei Verhandlungen eher über den Weg trauen. Demokratie gibt denjenigen eine Stimme, die am wahrscheinlichsten unter einem Krieg zu leiden haben werden.

Falls der letzte Punkt eine Rolle spielt, wäre allerdings zu klären, warum Demokratien weiterhin gegen nicht-demokratische Länder in den Krieg ziehen. Denn Demokratien sind nicht generell netter, sie verhalten sich nur anderen Demokratien gegenüber friedlicher. Insgesamt führen sie nicht weniger Kriege als undemokratische Länder. Manche Forscher vermuten daher, die Staatsform sei nicht die Ursache des Phänomens, weil sich sonst ein allgemeiner Friedlichkeitseffekt einstellen müsste. Eine der alternativen Hypothesen lautet: Es ist nicht die Staatsform, die Demokratien davon abhält, anderen Demokratien den Krieg zu erklären, sondern die Ähnlichkeit der Länder. Dafür spricht, dass auch höchst undemokratische Staaten untereinander seltener Krieg führen, als zu erwarten wäre. Die Regel vom Demokratienfrieden wäre dann nur ein Sonderfall der Regel «Ähnliche Länder führen keinen Krieg gegeneinander».

Von Thomas L. Friedman, einem amerikanischen Journalisten, stammt die «Golden Arches Theory of Conflict Prevention»: Es gibt keinen Krieg zwischen Ländern mit McDonald's-Filialen. Hier ist immerhin klarer als bei der Demokratienregel, dass das nicht an McDonald's liegt. Der Geschichte war die 1998 aufgestellte McDonald's-Theorie allerdings egal. Kurz darauf bombardierte die NATO Serbien, es gab Krieg zwischen Israel und dem Libanon sowie zwischen Russland und Georgien, allesamt Länder mit McDonald's-Filialen. Ein ähnliches Schicksal kann auch der Demokratienregel noch bevorstehen, denn es fehlen nur etwa zehn Kriege zwischen demokratischen Ländern für einen Ausgleich der Statistik.

Allgemeine Wirtschaftsfaktoren spielen ziemlich sicher eine Rolle, unklar ist nur, an welcher Stelle der Kausalkette sie ins Spiel kommen. Ist die wirtschaftliche Entwicklung die Basis für eine stabile Demokratie, macht eine Demokratie reich, oder beides? Vielleicht ist auch ein dritter Faktor im Spiel, und wahrscheinlich sogar ein vierter bis achtzehnter. Zum Beispiel könnte der Betrieb einer Marktwirtschaft mit einer bestimmten Verhandlungs- und Vertragskultur einhergehen, die sowohl eine demokratische Staatsform als auch Frieden nach sich zieht.

Eigentlich müsste man als Erstes herausfinden, welches der beiden eingangs genannten Lager recht hat: Beruht Krieg auf rationalen Abwägungen? Oder sind es Fehleinschätzungen und Wahrnehmungsverzerrungen, die quasi versehentlich zum Krieg führen? Das ist zum Beispiel dann eine praxisrelevante Frage, wenn man eine Politik der Abschreckung betreiben möchte. Abschreckung funktioniert nur dann gut, wenn der Gegner die ungünstigen Kriegsvoraussetzungen korrekt erkennt und berücksichtigt. Generell wäre es zur Erhaltung des Friedens günstig, zu wissen, ob es eventuell gute Gründe für das gewaltsame Austragen von Konflikten gibt oder ob die Beteiligten friedliche Lösungen eigentlich vorziehen.

Anhänger der ersten Glaubensrichtung gehen davon aus, dass beide Seiten in einem Krieg sich gut überlegen, was es zu gewinnen und zu verlieren gibt. Die Kriegserklärung ist kein

Scheitern, sondern ein bewusster Schritt. Viele Brettspiele funktionieren auf diese Weise. Allerdings hat die psychologische und verhaltensökonomische Forschung in den letzten Jahrzehnten in zahllosen unterhaltsamen Studien belegt, dass Menschen nicht besonders gut zu rationalen Einschätzungen ihrer Situation und angemessener Planung in der Lage sind. Zwar wäre theoretisch denkbar, dass sich in einer größeren Gruppe – also zum Beispiel einer Regierung – die individuellen Fehleinschätzungen gegenseitig aufheben. Dazu müsste es sich um ein allgemeines Fehlen von Präzision handeln, es müssten zum Beispiel manche Regierungsmitglieder zu übermäßigem Optimismus neigen und andere zum Gegenteil, sodass sich im statistischen Mittel eine korrekte Einschätzung ergibt. Das ist aber nicht der Fall, es gibt eine Reihe von Trugschlüssen und Wahrnehmungsverzerrungen, die bevorzugt in eine bestimmte Richtung wirken (siehe auch →Wissen). Unangemessener Planungsoptimismus, der durch die Fakten nicht gestützt wird, ist eins dieser Probleme (und der Grund, warum viele Heiratende trotz Kenntnis der Scheidungsrate überzeugt sind, dass ihre Ehe ewig halten wird). Die größere Gruppe hat also wahrscheinlich in einigen Punkten auf dieselbe Art unrecht wie ein einzelner Mensch.

Ein Staat, der einem anderen den Krieg erklärte, hatte bis zum Jahr 1900 eine Chance von über 70 Prozent, als Sieger aus diesem Krieg hervorzugehen. Seit 1945 liegt diese Chance nur noch bei einem Drittel, und selbst bei militärischer Überlegenheit des Angreiferstaates kommt sie kaum über 40 Prozent hinaus. Der Nutzen des Krieges hat also stark nachgelassen. Nicht aber seine Beliebtheit: Seit 1920 kommt es im Schnitt alle zwei Jahre zu einem größeren Krieg zwischen Staaten. In einer rationalen Welt müsste das Kriegführen unbeliebter werden, sobald es sich weniger lohnt. Dass das nicht der Fall ist, spricht eher dafür, dass Krieg durch Fehleinschätzungen zustande kommt oder zwar durch rationale Überlegungen, die aber nichts mit einem zu erwartenden Sieg zu tun haben.

Möglicherweise sind Konflikte ja gar nicht die Ursache des Krieges, sondern werden absichtlich herbeigeführt oder als Vorwand benutzt, um einen Krieg zu beginnen, den zumindest manche Beteiligte einfach wollen. Zum Beispiel, um das Volk von Problemen im Landesinnern abzulenken oder weil man in den letzten Jahrzehnten sehr viel Geld für Rüstung ausgegeben hat und diese Ausgaben nicht umsonst gewesen sein dürfen. Vielleicht streiten sich Staaten mit einem starken Militär einfach öfter, so wie Menschen mit Rechtsschutzversicherungen bei Konflikten etwas für ihre jahrelang gezahlten Beiträge geboten bekommen wollen. Und schließlich möchten auch die Angehörigen der Streitkräfte mit den ganzen aufregenden Geräten wahrscheinlich nicht immer nur Manöver durchführen und Platzpatronen verschießen. Es kommt der Tag, da will die Säge sägen.

Unter bestimmten Bedingungen macht Krieg offenbar vielen Menschen Spaß, dafür sprechen zumindest einige Regalkilometer Kriegsliteratur und die allgemeine Begeisterung für Kriegsspiele. Zu diesen Bedingungen gehört es, dass man auf der Gewinnerseite kämpft und nach überschaubarer Zeit lebendig und im Besitz aller Körperteile wieder nach Hause kommt, wo man einen höheren Status genießt als zuvor. Es genügt, wenn der einzelne Kriegsteilnehmer die Chance auf einen so vorteilhaften Ausgang für größer hält als die mit dem Einsatz verbundenen Risiken oder seine Chancen, sich anderweitig Ansehen zu verschaffen. Und auch abgesehen von Fun und Status können diverse Interessengruppen vom Krieg oder dessen Verlängerung profitieren – zum Beispiel die Rüstungsindustrie und private Söldner, aber auch die Mitarbeiter von Hilfsorganisationen.

Wer daran glaubt, dass Krieg zumindest heimlich von einigen Beteiligten gar nicht so ungern gesehen wird, müsste sich also strategisch für mehr Transparenz, Rüstungskontrolle, niedrige Militärausgaben und besonders uncoole Uniformen einsetzen. Hilfreich wäre vermutlich auch mehr Forschung zur Frage, ob realistische Kriegsspiele der ohnehin vorhandenen Kriegslust ein gesundes Ventil bieten (das ist die auch im Zusammenhang mit Pornographie umkämpfte «Katharsistheorie») oder ob sie den Glauben an Gewalt als Mittel zur Konfliktlösung erst so richtig befördern.

1972 erweiterte der französische Soziologe Gaston Bouthoul die Diskussion um eine These, die heute unter dem Namen *Youth bulge* bekannt ist. Sie wurde in den 80er und 90er Jahren seitens der CIA weiter ausgebaut und ist in Deutschland vor allem durch das 2003 erschienene Buch «Söhne und Weltmacht» des Soziologen und Wirtschaftswissenschaftlers Gunnar Heinsohn bekannt. Krieg wird dieser Theorie zufolge durch einen Überschuss junger Männer ausgelöst, denen sich zu wenig Beschäftigungs- und Aufstiegsmöglichkeiten bieten. Bouthoul sah das Problem im «Anteil junger Männer zwischen 18 und 35 Jahren, der von wesentlichen Wirtschaftsfunktionen freigestellt ist». Heute setzt man die verdächtige Altersgruppe weiter unten an und vermutet Kriegsgefahr dort, wo die Altersgruppe der 15- bis 24-Jährigen einen Anteil von 20 Prozent an der Gesamtbevölkerung übersteigt.

Zu so einem relativen Jugendüberhang kommt es kurzfristig, wenn in einem Land mit hoher Geburtenrate die Kindersterblichkeit sinkt. Ein länger anhaltender Jugendüberhang entsteht, wenn die Sterblichkeit unter Erwachsenen hoch ist. Das ist in einigen Staaten Afrikas aufgrund von Aids der Fall. Anhänger der Youth-Bulge-Theorie führen unter anderem die Französische Revolution und die Napoleonischen Kriege auf die vorher stark gesunkene Kindersterblichkeit zurück. Es gibt Ausnahmen in beiden Richtungen. Bangladesch, China, Brasilien und Sambia haben einen ausgeprägten Jugendüberhang, aber dort herrscht schon lange Ruhe. Umgekehrt passen der Zweite Weltkrieg und einige andere Großkonflikte nicht in die These. Da aber auch die Vertreter der Youth-Bulge-These ihr Erklärungsmodell nicht für die letztgültige Erklärung sämtlicher Kriege halten, genügen ein paar Ausnahmen nicht für eine Widerlegung. Statistische Überprüfungen der Korrelation von *Youth bulge* und kriegerischen Auseinandersetzungen geben bisher mal der einen, mal der anderen Seite recht.

Der rationalistischen Kriegstheorie zufolge wäre es billiger und effizienter, statt des Krieges eine detaillierte Computersimulation zu veranstalten, deren Ergebnis beide Seiten dann akzeptieren wie in einem Brettspiel. (Nur den Wählern dürfte schwer zu vermitteln sein, warum man über Nacht weite Landstriche an den Nachbarn abtritt.) Falls die Anhänger des Youth-Bulge-Modells recht haben, genügt eine solche Simulation aber nicht. Ein wichtiger Nutzen des Krieges besteht dann gerade darin, dass Menschen sterben, und zwar auf beiden Seiten. Das macht es auch für die schwächere Seite attraktiv, sich auf einen Krieg einzulassen, denn hinterher sind viele Konkurrenten tot oder ausgewandert, und für die Überlebenden wird es leichter, sich Arbeit und Status zu verschaffen.

Der Jugendüberhang als Kriegsauslöser ist ein populärer Erklärungsansatz, weil insbesondere für Bürger jenseits der 25 der Verdacht naheliegt, dass junge Männer ein Hauptquell von Unannehmlichkeiten in der Welt sind. Im Unterschied zu Andersgläubigen oder Bewohnern anderer Länder darf man jungen Männern noch ungeniert und pauschal für alles Mögliche die Schuld geben. Sie haben keine Lobby und keinen Anspruch darauf, dass man ihnen *political correctness* entgegenbringt. Handelte es sich um junge Frauen, sähe die Sache vermutlich anders aus. Außerdem sieht «Krieg beruht auf Ursache X» in den Medien besser aus als «Krieg wird durch ein Zusammenspiel aus 25 bekannten und einer unbekannten Anzahl unbekannter Faktoren ausgelöst». Wenn Krieg eine überschaubare Ursache hat, dann lässt er sich leicht vorhersagen, und man braucht nur einen überschaubaren Aufwand zu seiner Vermeidung betreiben – in diesem Fall durch Familienplanung.

Kritiker der These wenden ein, es handle sich wie üblich um eine Korrelation und keinen Kausalzusammenhang. Länder, in denen viele 15- bis 24-Jährige leben, unterscheiden sich auch in anderen Punkten von Nationen mit geringem oder ganz fehlendem Bevölkerungswachstum. Der Jugendüberhang könnte ein Indikator möglicher Probleme sein, das macht ihn aber noch nicht zur Ursache. Außerdem ist pauschale Verdächtigung von Bevölkerungsgruppen auch dann unfein und wenig erkenntnisfördernd, wenn man die Gruppe zur Abwechslung durch Alter und Geschlecht definiert anstatt durch Hautfarbe oder Religion. Und schließlich kommt nicht immer, wenn die Jugend unzufrieden ist, gleich ein Krieg dabei heraus. Oft genug entstehen auch neue Musikrichtungen, friedliche soziale Umwälzungen oder das Internet.

Es sieht nicht so aus, als gäbe es eine einzelne notwendige oder hinreichende Ursache für Kriege. Ähnlich wie bei der → Erdbebenvorhersage kann man statistische Vorhersagen treffen, wie viele Kriege in den nächsten Jahren ausbrechen werden, aber wann und wo das passieren wird, ist eine viel schwieriger zu beantwortende Frage. Die Kriegsvorhersage ist aber ein noch wesentlich komplizierteres Geschäft als die Erdbebenvorhersage. Schon die Frage nach dem Warum ist bei Erdbeben einfacher zu beantworten, und nach aktuellem Wissensstand sind bei Erdbeben immerhin keine persönlichen Entscheidungen im Spiel.

Eines Tages wird sich das alles bessern, immerhin verfügen wir heute auch über eine recht zuverlässige Wettervorhersage und müssen uns nicht mehr auf Regeln verlassen, die mit

«Kräht der Hahn auf dem Mist» beginnen. Wer seine Chancen auf ein friedliches Leben optimieren möchte, lässt sich bis zur Klärung der Details am besten erst mal in einem von Demokratien umgebenen, überwiegend flachen, gleichmäßig besiedelten Land mit uncool gekleideter Armee und geringen Rohstoffexporten nieder, in dem nicht allzu viele junge Männer wohnen.

Lebenserwartung

Ich warte auf den Tod und auf Journalisten.

Jeanne Calment

Dass wir eines Tages sterben werden, gilt als einigermaßen gesichert. Zumindest ist von den bisher geborenen Menschen noch niemand nachweislich älter als 122 Jahre geworden – in diesem Alter starb 1997 die oben zitierte Rekordhalterin Jeanne Calment. Das Argument ist nicht ganz wasserdicht, beispielsweise stand lange Zeit kein Mensch auf dem Mond, ohne dass sich so die prinzipielle Unmöglichkeit menschlichen Auf-dem-Mond-Stehens hätte beweisen lassen. Aber verglichen mit dem Unwissen, das sich rund um das Ende unseres Lebens anhäuft, ist das Sterben selbst eine relativ gut belegte Tatsache. Umstritten hingegen ist nicht nur, warum das Leben eigentlich enden muss und ob nach dem Sterben noch etwas passiert, sondern auch, warum und wohin sich der Zeitpunkt dieses Endes verschiebt.

Die Lebenserwartung hat sich weltweit in den letzten 200 Jahren fast verdoppelt. 1840 lag sie für Mädchen in Nordeuropa zum Zeitpunkt der Geburt bei etwa 45 Jahren. Heute in Deutschland geborene Mädchen haben voraussichtlich 82 Jahre vor sich. Diese Vorhersage beruht auf der Annahme, dass die Lebensumstände und Sterblichkeitsraten von heute konstant bleiben. Allerdings weiß man über diese Umstände eines ziemlich genau: Konstant bleiben war bisher nicht ihre Stärke.

Stellen Sie sich vor, Sie sind Teilnehmer einer Quizshow. Ihre Aufgabe ist es, die bisherige Entwicklung der Lebenserwartung in den Industrieländern in einer Kurve darzustellen. Sie beginnen mutig mit einem steilen Anstieg irgendwo im 19. Jahrhundert, als man die Bazillen und die Nützlichkeit des Händewaschens entdeckt. Im 20. Jahrhundert werden die Antibiotika erfunden, das Sterben an Infektionskrankheiten lässt nach, Sie vermerken einen weiteren Sprung in der Kurve. In jüngerer Zeit ist das Leben bekanntlich ungesünder geworden, es gibt kaum etwas, wovon man nicht Krebs bekommt, also wird die Kurve sich gegen Ende etwas abflachen. Richtig? Der Showmaster schüttelt den Kopf und überreicht Ihnen eine Solartaschenlampe als Trostpreis.

In Wirklichkeit ist die gesuchte Kurve gar keine Kurve, sondern eine gerade Linie. In den Rekordhalterländern ist die Lebenserwartung in den letzten 150 Jahren gleichmäßig um etwa drei Monate pro Jahr gestiegen. Für die Forschung wäre es angenehmer, wenn die Entwicklung in eindeutigen Sprüngen verlaufen würde, weil die Ursachen der allgemeinen Lebensverlängerung dann offensichtlicher wären. Aber in der komplizierten Welt, in der wir stattdessen leben, ist umstritten, welche Faktoren eigentlich für den Anstieg der Lebenserwartung verantwortlich sind. Es ist ein schwieriges Unterfangen, aus den vorhandenen Daten etwa den Einfluss des medizinischen Fortschritts zu ermitteln. Menschen beharren ohne Rücksicht auf die Bedürfnisse der Forschung darauf, immer mehrere Aspekte ihres Verhaltens auf einmal zu verändern, und zwar nicht etwa zur selben Zeit wie ihre Nachbarn. Wissenschaftler hätten es leichter, wenn alle Bürger eines Landes gleichzeitig in Fünfjahresschritten eine und nur eine ihrer Gewohnheiten ändern würden.

Weil sich das aber nicht einmal in Diktaturen bewerkstelligen lässt, wissen wir zum gegenwärtigen Zeitpunkt nur, dass wir unsere hohe Lebenserwartung einem komplexen Zusammenspiel aus medizinischen Fortschritten, Hygiene, verbessertem Schutz vor Unfällen, gesünderer Ernährung und günstigeren Lebensgewohnheiten verdanken. Die Medizin spielt dabei nicht die Hauptrolle – die wenigen Studien, die sich darum bemühen, ihren Einfluss näher zu bestimmen, führen nur etwa 20 bis 40 Prozent des Zuwachses auf den Einfluss besserer medizinischer Versorgung zurück.

Entsprechend schwierig ist es umgekehrt, herauszufinden, warum die Lebenserwartung in manchen Ländern hinter dem Trend zurückbleibt. Auffällig sind hier insbesondere die Niederlande und die USA, wobei die Lebenserwartung dort nicht etwa sinkt oder stagniert – sie steigt lediglich langsamer als in den übrigen Industrienationen. Auch die Entwicklung der Lebenserwartung in Russland ist verwirrend, denn zum einen war sie in den letzten 25 Jahren starken Schwankungen unterworfen, zum anderen sterben gerade Männer in Russland ungewöhnlich früh, im Schnitt mit 61 Jahren. Einer Theorie zufolge ist der hohe Alkoholkonsum der Russen zu einem Großteil für diese Lebensverkürzung verantwortlich, aber da die wenigsten Patienten ehrliche Auskunft über ihr Trinkverhalten erteilen, ist auch diese Frage wieder nicht so leicht zu klären.

«Noch kennen wir die Voraussetzungen des besonders langen Lebens nicht», schreiben die Altersforscher James W. Vaupel und Kristin G. von Kistowski. «Die Wissenschaft hat wenig mehr zu bieten, als in jenen Ratschlägen steckt, die Mütter gern erteilen: viel Gemüse essen, überhaupt maßvoll und regelmäßig essen, sich viel, aber nicht zu viel bewegen, nicht rauchen und nicht betrunken Auto fahren, lesen und sich bilden, sich bei Kälte eine Mütze aufsetzen – und das Leben genießen.»

Fest steht, dass es hilfreich ist, eine Frau zu sein – westdeutsche Frauen lebten 1950 knapp vier Jahre länger als Männer, heute ist der Abstand auf über sechs Jahre gewachsen. Mit den Spekulationen, wie es dazu kommt, ließe sich ein weiterer Lexikonbeitrag füllen. Studien in Klöstern, wo der Lebenserwartungsabstand zwischen Mönchen und Nonnen nur etwa ein Jahr beträgt, deuten jedenfalls darauf hin, dass die Lebensweise eine größere Rolle spielt als die biologische Veranlagung. Auch in Zwillingsstudien sieht es so aus, als gehe nur etwa ein Viertel der Variation in der Langlebigkeit auf genetische Unterschiede zurück.

Der Anstieg der Lebenserwartung ist bisher nicht zum Stillstand gekommen, und er wird es voraussichtlich auch nicht in naher Zukunft tun. Wenn ein Ende der Entwicklung in Sicht wäre, müsste die Lebenserwartung in den Erstweltländern langsamer steigen als in den weiter zurückliegenden Ländern; die Kurve würde abflachen. Eine solche Abflachung ist aber nirgends in Sicht – im Gegenteil, gerade in den führenden Ländern und bei den ohnehin schon langlebigeren Frauen steigt die Lebenserwartung besonders schnell.

Das hat Forscher nicht davon abgehalten, ein solches Ende immer wieder anzukündigen. Die Altersforscher Stuart Jay Olshansky und Kollegen etwa kündigten 2005 an, die Lebenserwartung der Amerikaner werde künftig nicht nur nicht weiterwachsen, sondern sogar zurückgehen, und zwar wegen des →Übergewichts weiter Bevölkerungsteile. Die knapp hundertjährige Geschichte solcher Vorhersagen ist allerdings bisher nicht sehr erfolgreich verlaufen. Der Versicherungsstatistiker Louis Dublin errechnete 1928, dass der Anstieg der

Lebenserwartung bei 64,75 Jahren zum Stillstand kommen werde – sie lag damals in den USA bei 57 Jahren. Die Frauen Neuseelands hatten Dublins Vorhersage allerdings schon zum Zeitpunkt der Veröffentlichung überholt. Er korrigierte seine Aussage, isländische Frauen bewiesen, dass auch der neue Wert von 69,93 Jahren zu niedrig lag, Dublin erhöhte auf 70,8 Jahre, die Frauen Norwegens wurden umgehend noch älter. Anderen Forschern erging es nicht besser. Bisher dauerte es im Schnitt fünf Jahre, bis Vorhersagen einer konkreten Obergrenze von den Tatsachen überholt wurden. Die Vereinten Nationen haben in ihren regelmäßig überarbeiteten «World Population Prospects» die geschätzte Obergrenze der durchschnittlichen Lebensdauer bei Frauen seit 1973 um fünfzehn Jahre verschoben. Wenn die bisherige Entwicklung anhält, steht Frauen in einigen Ländern in der zweiten Hälfte des 21. Jahrhunderts ein hundertjähriges Leben bevor.

Ob es dazu tatsächlich kommt, ist eine Frage, für deren Antwort sich neben den beteiligten Forschern auch Versicherungen und Politiker interessieren. Versicherungen würden gern ihre Beiträge entsprechend gestalten, Politiker möchten bei ihrer Planung von Altersvorsorge und Rentenalter wenigstens nur so weit wie üblich danebenliegen und nicht noch weiter. Unter den Forschern wiederum gibt es zwei Lager: Auf der einen Seite stehen diejenigen, die an eine charakteristische, festgelegte Lebenserwartung des Menschen glauben und davon ausgehen, dass wir diesen Maximalwert in naher Zukunft erreichen. Die Gegner dieser These verweisen auf die geringe Haltbarkeit aller bisherigen Vorhersagen. Einerseits scheinen die Anhänger der «Das geht nicht mehr lange so weiter»-Theorie den gesunden Menschenverstand auf ihrer Seite zu haben; schließlich behauptet kaum jemand ernsthaft, der Mensch sei eventuell unsterblich. Andererseits ist genau der Umstand, dass sich diese Hypothese so richtig *anfühlt*, ein Teil des Problems. Menschen neigen auf den verschiedensten Gebieten zu der nicht immer gut fundierten Annahme, erstens werde sich in Zukunft alles genauso weiterentwickeln wie bisher, zweitens aber nur noch für kurze Zeit, und dann sei drittens der Ofen aus. Tatsächlich befinden wir uns aber nicht kurz vor dem Ende aller denkbaren Entwicklungen, sondern mittendrin. Daher ist nicht nur umstritten, an welchem Punkt die menschliche Lebenserwartung zum Stillstand kommen wird, sondern auch, ob damit überhaupt zu rechnen ist.

Betrachten wir zum Vergleich die Frage, ob es eine Bestzeit im Hundertmeterlauf gibt, die niemand mehr unterbieten kann. Hier ist klar, dass der Rekord nicht eines Tages bei null Sekunden liegen wird. Die Verbesserungsmöglichkeiten gelten schon seit einiger Zeit als weitgehend ausgereizt. Trotzdem gelang es Usain Bolt 2008, nicht nur den Rekord zu brechen, sondern dabei auch die Vorhersagen über den Haufen zu werfen: Seine Zeit von 9,69 Sekunden tauchte im gängigen Modell erst im Jahr 2030 auf, und die vorausgesagte «endgültige Rekordzeit» (um die 9,45 Sekunden) musste weiter nach unten korrigiert werden. Das Blog *Wired Science* zitierte in diesem Zusammenhang den Physiologen und Biomechaniker Peter Weyand mit der Aussage, mathematische Modelle könnten nie vorhersagen, wie schnell Menschen eines Tages laufen werden. «Vorhersagen sind eine schöne Sache», so Weyand, «aber mit Wissenschaft hat das wenig zu tun. Man setzt dabei voraus, dass alles, was in der Vergangenheit passiert ist, in Zukunft genauso weitergehen wird.»

Diesen Gefallen aber tut die Zukunft dem Menschen nur selten. Und nicht nur die Techniken und Praktiken, die zu den jeweiligen Rekorden führen, verändern sich, auch auf die Rahmenbedingungen ist kein Verlass. Im 19. Jahrhundert wurde das jeweils schnellste Passagierschiff auf der Transatlantik-Route von Europa nach New York mit dem «Blauen Band» ausgezeichnet. Die Reisezeit verkürzte sich von über zwei Wochen im Jahr 1838 auf knapp vier Tage im Jahr 1952. Danach wurde das «Blaue Band» nicht mehr verliehen. Die großen Auswanderungswellen waren vorbei, Passagierflüge in die USA waren erschwinglich geworden, und es interessierte einfach niemanden mehr, wie viele Tage die Schiffsreise dauerte.

Mit zunehmendem technischen Fortschritt auf einem bestimmten Gebiet müssen ursprünglich simple Fragen immer stärker durch Definitionen und Regelwerke eingegrenzt werden. Diesen Prozess kann man bei vielen olympischen Disziplinen beobachten, und auch in der Zukunft des 100-Meter-Rekords wird es in erster Linie das Internationale Olympische Komitee sein, das die Grenzen vorgibt. Heute bestimmt das Dopingverbot die erreichbare Bestzeit wesentlich mit, in Zukunft werden Beschränkungen für den Einsatz neuer Biotechnologien durch Sprinter hinzukommen.

Womöglich entscheidet sich auch die Frage nach der Lebenserwartung eines Tages auf diese etwas unbefriedigende Art. Jeder Mensch kann sich nach dem dritten Bier problemlos Zukunftsszenarien ausmalen, die Forscher zur Einführung neuer Fußnoten an ihrer Lebenserwartungsdefinition nötigen. Wenn sich jedes Organ im Labor erzeugen oder zum Nachwachsen bewegen ließe wie die Zähne eines Hais, wäre das Alter zumindest reicher Menschen bald so schwer zu benennen wie das eines historischen Schiffs, bei dem jedes Stück Holz mehrmals ausgetauscht wurde. Und falls sich eines Tages doch noch herausstellen sollte, dass man das menschliche Denkvermögen aus dem Gehirn heraus- und in ein Gerät hineinlocken kann, werden ebenfalls neue Definitionen fällig.

Übrigens ist auch die Lebenserwartung von Hauskatzen in den letzten 40 Jahren um etwa zehn Jahre angestiegen. Aus den zwei Datenpunkten Mensch und Katze darf man allerdings nicht gleich ableiten, dass einfach alles immer älter wird und die Eintagsfliege demnächst in Dreiwochenfliege umbenannt werden muss. Die Frage nach der maximal erreichbaren Lebensdauer hat jedenfalls im Vergleich zu vielen anderen offenen Forschungsfragen einen wesentlichen Vorzug: Sie lässt sich wahrscheinlich durch Abwarten beantworten. Im besten Fall wird uns das Ergebnis – wie beim «Blauen Band» – eines Tages einfach nicht mehr so interessieren.

Links und rechts

> *Er wusste, dass eine von beiden Pfoten die rechte war, und er wusste auch, dass, sobald man festgestellt hat, welche die rechte war, die andere die linke sein musste, nur konnte er sich nie entsinnen, auf welcher Seite man anfangen musste.*
>
> A. A. Milne, «Pu, der Bär»

Zu den großen Fragen der Menschheit gehört – neben «Woher kommen wir?», «Wohin gehen wir?» und «Nehmen wir das Auto, oder wollen wir unterwegs was trinken?» – auch die Spiegelfrage: «Warum vertauscht ein Spiegel links und rechts, nicht aber oben und unten?» Jeder Mensch, der diese Frage für sich selbst entdeckt und beantwortet hat, hat dabei tiefe Einsichten in die Natur des Universums erhalten und ist der Erlösung durch Weisheit einen guten Schritt nähergekommen. Wem die Frage hier zum ersten Mal begegnet, der hat seine Chance auf Erlösung leider verspielt und muss auf die Antwort noch bis zum Ende des Beitrags warten. Na ja, es gibt Schlimmeres.

Die Lechts-rinks-Schwäche zum Beispiel, eine kuriose psychologische Störung, an der Umfragen zufolge zwischen 20 und 30 Prozent der Bevölkerung zumindest zeitweise leiden und die kurzzeitig oder dauerhaft zu Verwirrungen darüber führt, an welcher Hand der Daumen links ist (es ist die rechte). Sie hat mit dem Spiegelproblem gemein, dass sie nur links und rechts betrifft und nicht auch oben und unten, ist aber für Betroffene in der Regel deutlich lästiger als ein Spiegel. Das kann jeder bestätigen, der schon mal Fischmesser (rechts) mit Fleischgabel (links) verwechselt hat.

Was bei der Richts-lenks-Schwäche eigentlich kaputt ist im Kopf, weiß die Hirnforschung bislang nicht so genau. Das liegt zum Teil daran, dass die Forscher schon gar nicht so genau wissen, wie die Unterscheidung von links und rechts eigentlich normalerweise funktioniert. Viel von unserem Wissen über die normale Funktion des Gehirns hat die Wissenschaft paradoxerweise aus Läsionsstudien gelernt, also aus kaputten Gehirnen. Eins der berühmtesten gehörte dem Gleisarbeiter Phineas Gage, dem bei einem Unfall eine Metallstange durch die Stirn getrieben wurde und der sich daraufhin seltsam verhielt. Die zusehenden Gleisarbeiter haben vermutlich die Achseln gezuckt und gesagt: «Wenn mir eine Stange durch die Stirn flöge, benähme ich mich auch seltsam», und weiter am Gleis gearbeitet. Hirnforscher aber schlossen aus dem Vorfall, dass der beschädigte Stirnlappen für die Dinge zuständig gewesen sein muss, die Gage nach dem Unfall schlechter konnte als vorher, nämlich Zukunftsplanung und verantwortliches Handeln. Mit diesem schönen Kniff hat die Neurowissenschaft über die Jahrzehnte anhand von Unfallopfern und Schlaganfallpatienten eine lange Liste von Hirnregionen gesammelt, deren Beschädigung spezifische Ausfälle verursacht.

Lästig an der Methode war nur, dass man immer warten musste, bis mal jemandem was Interessantes passiert. Das änderte sich Mitte der 1980er Jahre, als eine britische Forschergruppe in Sheffield erstmalig gezielt mit Magnetfeldern auf Köpfe schoss. Mit Hilfe einer magnetischen Spule, die in der für Handbewegungen zuständigen Region gegen den Kopf gehalten wurde, konnte die Gruppe Handbewegungen auf der gegenüberliegenden Körperseite auslösen (→Rechts und links). Man stellt sich das so vor, dass die Magnetfelder im drunterliegenden Gehirn elektrische Felder erzeugen, die die zuständigen Gehirnzellen dazu bringen, Signale auszusenden, obwohl sie selbst das gar nicht wollen. Der so magnetisch angefeuerte Mensch hat übrigens den Eindruck, dass sich seine Hand ohne sein Zutun bewegt hat.

In den darauffolgenden Jahren wurde diese Methode, die man transkranielle Magnetstimulation, oder kurz TMS, nennt, weiterentwickelt, und heutzutage lassen sich nicht nur Gehirnregionen per Magnetpuls zur Aktivität anregen, sondern auch im Rahmen sogenannter «virtueller Läsionen» zeitweise ausknipsen. Dass man nicht genau weiß, was dabei eigentlich mit den Neuronen passiert oder wie lange die Effekte anhalten, stört die Anwender nicht weiter, und die Kritiker kann man praktischerweise mit einem Magnetpuls über dem Sprachzentrum zum Verstummen bringen – oder eben mit dem Hinweis, dass es nicht so furchtbar wichtig ist, *wie* die magnetischen Pulse das Gehirn verändern, sondern *dass* sie es tun und was dann passiert.

Mit dieser magnetischen Schrotflinte hat man nun Probanden virtuelle →Löcher in die Großhirnrinde geschossen, da, wo Hinterhaupts-, Schläfen- und Scheitellappen zusammentreffen, eine Ortsbeschreibung so zauberhaft schön, man möchte sie gleich nochmal hinschreiben. Und dieser Magnetbeschuss im Dreilappeneck führt tatsächlich zu einer vorübergehenden Renks-lichts-Schwäche, allerdings ironischerweise vorwiegend, wenn der Beschuss auf einer der beiden Kopfseiten erfolgte: Die Neigung, rechts und links zu velwechsern, wohnt selbst eher auf der rechten Seite des Gehirns und findet deshalb vermutlich abends öfter mal nicht nach Hause.

Das führt gradewegs zu einem weiteren ungeklärten Rechts-links-Problem, der Lateralität der menschlichen Gehirnfunktionen nämlich. Die populären Behauptungen dazu sind zwar überwiegend Mythen – weder ist die rechte Hirnhälfte ein brotloser Künstler, noch die linke ein analytischer Meisterdetektiv –, aber dass die beiden Hälften verschiedene Tätigkeitsschwerpunkte haben, ist unbestritten, und einige dieser Schwerpunkte kennt man auch schon. Die linke Hemisphäre dominiert zum Beispiel das Sprechen, die rechte die Orientierung im Raum sowie die Wahrnehmung und Produktion von Musik, die linke arbeitet eher seriell und widmet sich Details in Folge, während die rechte eher aufs Ganze sieht. Das alles weiß man aus Untersuchungen von «Split Brain»-Patienten, denen aus medizinischen Gründen die Verbindung zwischen den beiden Hirnhälften durchtrennt werden musste – oft, um epileptische Anfälle zu unterbinden. So getrennte Menschen verhalten sich auf den ersten Blick ganz normal, jedenfalls nicht anders als vor der Operation, aber schaut man genauer hin, stellt man Merkwürdiges fest: Es scheint, als teilten sich in solchen Patienten zwei Gehirne einen Körper. Durch geschickte Wahl der Versuchsanordnung kann man gezielt mit der einen oder der anderen Hälfte in Kontakt treten, was – wie zu erwarten – zu sehr seltsamen Situationen führt.

In einem der berühmtesten Experimente wird den Probanden in ihrem linken und in ihrem rechten Gesichtsfeld je ein Bild gezeigt. Die linke Gehirnhälfte sieht nur das rechte Bild, in diesem Fall eine Schneelandschaft, und die rechte Hälfte sieht links ein Huhn (zu dieser Vertauschung von links und rechts gleich mehr). Fordert man nun den Probanden auf, mit der rechten und der linken Hand je ein zum Bild passendes Kärtchen aus einem Sortiment auszuwählen, dann wählt die linke Gehirnhälfte, die das Huhn gesehen hat, ein Hühnerbein und die rechte, die die Schneelandschaft sah, eine Schippe. Interessant wird es nun, wenn man den Probanden bittet, die Wahl der Schippe zu erklären. Die linke Hirnhälfte steuert die Sprache, deshalb ist sie es, die antwortet, und zwar, dass man mit einer Schippe prima den Hühnerstall ausmisten kann. Das ist zwar plausibel, gleichzeitig aber auch von der linken Hirnhälfte, die vom Schnee nichts gesehen hat, ausgedacht. Das vielleicht pikanteste Detail des Experiments ist, dass den Probanden – genauer gesagt ihrer linken Hirnhälfte – diese Erfindung nicht bewusst ist.

Hierin liegt ein möglicher Schlüssel dazu, warum es diese Lateralisierung der Gehirnfunktionen überhaupt gibt: Im Zuge der Evolution der höheren Gehirnfunktionen, besagt eine Theorie, hätte es ziemliches Durcheinander im Kopf gegeben, wenn beide Hälften nebeneinanderher dieselben Verarbeitungen durchgeführt hätten und am Ende womöglich zu unterschiedlichen Ergebnissen gekommen wären. Bei der Lösung von Konflikten hilft es bekanntlich, wenn man einen der Konfliktpartner wegevolviert, und so kam es, dass viele höhere Funktionen auf nur einer Seite bearbeitet wurden. Das klingt logisch, deshalb muss es aber noch lange nicht wahr sein. Es gibt ein Detail, das die ganze Geschichte gleich wieder fragwürdig erscheinen lässt: Starke Lateralisierung nämlich tritt überwiegend bei Rechtshändern auf – bei Linkshändern ist die Verteilung der Gehirnfunktionen sehr viel ausgewogener. Wenn aber parallele Verarbeitung zu innerer Verwirrung führt und die innere Verwirrung dazu, dass man vom Tiger gefressen wird oder vom Baum fällt, dann wäre seltsam, dass Linkshänder nicht längst aufgegessen sind.

Aber das ist nicht das Einzige, was an der Aufteilung der Menschen in Rechts- und Linkshänder sonderbar ist. Menschen halten sich ja gerne mal für was Besonderes, die Liste der Fähigkeiten und Eigenschaften, von denen man irgendwann mal dachte, der Mensch allein habe sie, ist lang, aber die Liste derer, bei denen das auch tatsächlich stimmt, wird beständig kürzer. Händigkeit stand wie praktisch alles andere auch mal auf der ersten der beiden Listen. Erst dachte man, Tiere hätten keine Händigkeit und das Auftreten beim Menschen hinge mit der lateralisierten Entwicklung der Sprache zusammen. Dann machten sich Biologen die Mühe, tatsächlich nachzusehen, und es stellte sich heraus, dass nahezu alle Tiere Asymmetrien aufweisen. Bei den meisten untersuchten Spezies benutzen Individuen bevorzugt eine Hand, Pfote, Tatze oder Flosse, aber ob das dann die linke oder rechte ist, verteilt sich in der Population zufällig und hängt mehr davon ab, mit welcher Seite das junge Tier seiner Mutter zuerst die Hand gibt, als von genetischen Einflüssen. Als man in den 70ern versuchte, rechtspfötige Mäuse zu züchten – aus wissenschaftlicher Neugier, nicht etwa, weil die beim Mäuseboxen einen Vorteil hätten –, klappte das überhaupt nicht: Die Pfötigkeit der Maus und vieler anderer Tiere ist tatsächlich nicht nachweisbar genetisch bedingt, sondern scheint zufällig zu sein.

Deutlich weniger zufällig geht es beim Menschen zu, wo eine große Mehrheit rechtshändig ist, wiederum eine Mehrheit des Rests linkshändig und die übrigen entweder wechselhändig sind, also für verschiedene Aufgaben verschiedene Hände bevorzugt benutzen, oder – und das kommt am seltensten vor – echt beidhändig. Genaue Zahlen sind dazu nicht zu bekommen, weil es gar kein allgemein akzeptiertes Kriterium für Händigkeit gibt, aber der Anteil an Rechtshändern liegt beim Menschen in der Größenordnung von 80 bis 90 Prozent, und diese Verhältnisse bleiben auch über Kulturgrenzen hinweg stabil. Frauen sind statistisch ein bisschen weniger rechtshändig als Männer, was möglicherweise mit dem Sexualhormon Testosteron zusammenhängt, dem Frauen im Mutterleib weniger ausgesetzt sind als Männer. Was das für die Entwicklung der Embryonen bedeutet, ist allerdings schon in der Geschlechtsforschung sehr umstritten, und eindeutige Belege sind schwer zu bekommen.

Man weiß also ein bisschen was darüber, womit Rechts- oder Linkshändigkeit so zusammen auftritt, aber im Ganzen tappt man im Dunkeln, was den Grund für die überwiegende Rechtshändigkeit des Menschen angeht. Klar ist nur, dass die Händigkeit auch irgendwie mit der Asymmetrie zwischen linker und rechter Gehirnhälfte zu tun hat. Zum Beispiel sind, wie oben erwähnt, Linkshänderhirne weit weniger lateralisiert als Rechtshänderhirne. Aber auch da ist reichlich unklar, wozu das eigentlich gut sein könnte. Oder, wenn es womöglich zu gar nichts gut sein sollte, wozu das dann wieder gut ist.

Interessanterweise sind die einzigen Tiere, bei denen annähernd vergleichbare Verhältnisse gefunden wurden, Papageien, die Klugscheißer unter den Vögeln. Die meisten Papageienarten benutzen fürs Aufsammeln der Dinge, die Papageien gut finden, nämlich die linke Kralle. Man fragt sich natürlich sofort, warum sie die linke und nicht wie Menschen die rechte Seite bevorzugen und was das eigentlich für Dinge sind, die Papageien so gut finden, dass sie sie aufsammeln wollen. Man wird nicht sonderlich überrascht sein, dass es auf diese Fragen – bis auf die letzte – noch keine sonderlich plausiblen Antworten gibt. Eine Theorie besagt, dass Vorlieben für bestimmte Krallen bei Vogelarten auftreten, die ihre Krallen zum Beispiel zum Scharren nach Futter oder beim Fressen benutzen. So findet man bei Hühnern eine Vorliebe für die rechte Kralle, bei Tauben dagegen keine. Wenn das ein allgemeines Prinzip sein sollte, wäre jedoch nicht einzusehen, dass außer den Menschen keine Primaten gefunden wurden, bei denen klare Händigkeit auftritt. Die Antwort auf die Frage nach den Aufsammelvorlieben von Papageien ist übrigens: Das hängt vom Papagei ab.

Aber zurück zur oben aufgeworfenen Vertauschung von links und rechts im Sehsystem und bei der Körpersteuerung:

Bei den allermeisten Tierarten ist die linke Gehirnhälfte für die rechte Körperhälfte zuständig und umgekehrt, und auch das Sehfeld ist so aufgeteilt: Was links zu sehen ist, wird vom rechten Gehirn bearbeitet. Warum das so ist, ist unbekannt. Physiologisch funktioniert es jedenfalls so, dass die Nervenfasern des Rückenmarks auf einer bestimmten Ebene im Hirnstamm mit ihrer eigenen Körperseite nichts zu tun haben wollen und demonstrativ die Seite wechseln. Vielleicht leiden sie auch nur an Rents-lichks-Schwäche und verlaufen sich. Das kann im Hirnstamm schon mal passieren. Beim Sehnerv ist die Sache deutlich weniger dramatisch, weil die Sehnerven sich ohnehin hinter den Augen im «optischen Chiasma» treffen. Dort wechseln dann einfach die Fasern, die jeweils von der Netzhauthälfte kommen, die der Nase näher ist, die Seite. Die nasennahe Netzhaut des linken Auges sieht die linke Welthälfte und die des rechten die rechte. Weil genau diese Fasern aber auf dem Weg zum Gehirn die Kopfseite wechseln, sieht jetzt die linke Gehirnhälfte die rechte Welthälfte und umgekehrt. Wollte man stattdessen die linke Hirnhälfte die linke Welthälfte sehen lassen, müssten einfach nur die Fasern der nasenfernen Netzhäute die Seite wechseln, was auch nicht mehr oder weniger Arbeit wäre.

Eine der schlüssigeren Theorien für diese Dekussation, das Vertauschen von Körper- und Hirnhälfte: In grauer Vorzeit lebte einmal ein flunderartiges Tier, das seines Flunderdaseins überdrüssig wurde. Wenn aufrecht schwimmende Fische sich flach legen, wandert das Auge, das dann eigentlich unten läge, an die Oberseite, und weil manche Flundern sich linksrum und andere sich rechtsrum legten, gibt es heutzutage Linksaugenflundern und Rechtsaugenflundern. Im Einklang mit der Verwirrung in der Vogelklassifikation, wo Amseln Drosseln sind, nennt man die Linksaugenflundern übrigens Butte. Taxonomen wollen offenbar auch ihren Spaß haben.

Die vorgeschichtliche Flunderartige nun könnte beim evolutionären Abheben vom Meeresboden einen dummen Fehler gemacht haben und, statt sich wieder so aufzurichten, wie sie sich hingelegt hatte, andersrum schwimmen gegangen sein, was insgesamt dann zu einer Vertauschung der Körperseiten geführt hätte. Dass diese Theorie eine der plausibleren zur Erklärung der Dekussation ist, sagt allerhand über die nahezu komplette Ratlosigkeit, die die Wissenschaft angesichts der Dekussation beschleicht.

Eine naheliegende Frage angesichts all der Links-rechts-Verwirrungen im menschlichen Kopf wäre die nach der Bedeutung von links und rechts in der Welt außerhalb dieses verwirrten Menschenkopfes, in der Physik zum Beispiel oder in der Milch. Darum geht es im Spiegelbild dieses Artikels, unter → Rechts und links.

Dieser Eintrag hier endet dagegen mit der versprochenen Erklärung der großen Spiegelfrage. Die Antwort darauf, warum Spiegel links und rechts, nicht aber oben und unten vertauschen, ist, wie so oft bei kniffligen Fragen: Sie war falsch gestellt. Spiegel vertauschen nämlich weder das eine noch das andere, sondern vorne und hinten. Dass es uns so scheint, als vertauschte der Spiegel links und rechts, liegt daran, dass Menschen ungefähr symmetrisch sind (außer sie sind verheiratet oder arbeiten im Sägewerk) und man sich den von vorne auf hinten gestülpten Menschen im Spiegel deshalb wie jemanden vorstellen kann, der sich einfach umgedreht hat. Aber hätte sich der Mensch vor dem Spiegel tatsächlich umgedreht, wäre der Ehering oder der fehlende Finger an der anderen Hand, und es würde so aussehen, als hätte der Spiegel rechts und links vertauscht. Hat er aber gar nicht. Sondern nur demonstriert, dass, wenn ein rechts-links-verwirrter Affe in einen Spiegel schaut, kein Durchblick rauskommen kann.

Loch

Denn unsre Sprache ist von den Etwas-Leuten gemacht; die Loch-Leute sprechen ihre eigne.

Kurt Tucholsky, «Zur soziologischen Psychologie der Löcher», 1931

Löcher sind rätselhafte Dinge. Man kann nicht einmal diesen einfachen Satz sagen, ohne ein Paradoxon zu erzeugen, denn wie kann etwas, das nichts ist, ein Ding sein? Solange man nicht weiter darüber nachdenkt, ist alles in Ordnung. Die Welt ist offenbar voll von Löchern, vor allem wenn man die ganze Lochverwandtschaft (Höhlen, Tunnel, Gruben, Ritzen usw.) dazuzählt. Löcher scheinen eine Form zu haben, eine Größe, einen Aufenthaltsort – und sie haben eine Geschichte: Löcher können entstehen, indem man ein Stück Holz mit einer Bohrmaschine traktiert, sie können sich verändern, und sie können verschwinden, zum Beispiel wenn man sie zustopft. Alles Eigenschaften, die man von normalen Dingen kennt. Daher kommt es einem intuitiv nicht so falsch vor, ein Loch genauso zu behandeln wie, sagen wir, einen Schrank oder irgendein anderes Objekt. Aber ein Loch ist kein Objekt, oder wenn es eines ist, dann besteht es aus nichts – und damit gehen die Schwierigkeiten los.

Für die Philosophen gehört das Problem zum Teilgebiet der Ontologie, die Wissenschaft, die untersucht, welche Sachen es gibt und welche nicht. Vereinfacht gesagt werden zwei Positionen über Löcher vertreten: Es gibt sie, oder es gibt sie nicht. Kann man Löcher vollkommen ausmerzen beziehungsweise auf die Eigenschaften materieller Objekte reduzieren, oder muss man ihnen einen Sonderstatus einräumen? Diese Frage ist keinesfalls neu, sondern wird seit ein paar tausend Jahren diskutiert. In der mittelalterlichen Scholastik gehörten Löcher zu den «Privationen» (lateinisch für «Beraubung») – wir sprechen von Privationen, als seien sie etwas, aber eigentlich handelt es sich um das Fehlen von etwas. Davon gibt es noch mehr, Blindheit zum Beispiel oder der Name einer Person, den man eigentlich kennen sollte, aber wieder vergessen hat. Nach Thomas von Aquin gibt es diese Privationen, aber nicht in dem Sinne, wie es Tintenfische oder Vorschlaghämmer gibt. Löcher haben einen Sonderstatus; es gibt sie nur in einem eingeschränkten Sinne: weil es möglich ist, über sie Aussagen zu treffen wie «ein Loch ist im Käse».

So ähnlich klingt auch die Theorie der italienischen Philosophen Roberto Casati und Achille C. Varzi, der eine in Paris, der andere in New York tätig. Zusammen haben sie 1994 ein ganzes Buch über Löcher geschrieben. Auch Casati und Varzi räumen Löchern einen Sonderstatus in der Welt ein: Es gibt Löcher, sie sind keine materiellen Objekte, benehmen sich aber in vieler Hinsicht so.

Die amerikanischen Philosophen David und Stephanie Lewis vertreten die Gegenseite; sie erklären das Loch allein über die Materie, die das Loch umgibt. In einem im Jahr 1970 erschienenen Essay diskutieren die fiktiven Charaktere Argle und Bargle über Löcher. Argle streitet die Existenz von Löchern zunächst ab, weil er nur an die Existenz von materiellen Dingen glaubt, sieht aber bald ein, dass er sich in Widersprüche verwickelt, die sich nicht so einfach beseitigen lassen. Zum Beispiel kann man Löcher offenbar zählen, genau wie materielle Objekte, irgendwas muss da also sein, um sich zählen zu lassen. Im Folgenden behauptet Argle, dass Löcher in der Tat materielle Objekte sind. Die Materie sei aber nicht im Loch, sondern um das Loch herum. Das Loch, meint er, *ist* die das Loch umhüllende Materie.

Diese Lösung ist weder befriedigend noch unumstritten. Man hört selten, ein Loch im Käse bestehe aus Käse, und doch wäre das in diesem Fall die richtige Beschreibung. Bei Höhlen haben wir dieses Problem interessanterweise nicht; Höhlen können aus Kalkstein oder aus Eis bestehen, also aus dem umgebenden Material. Außerdem muss Argle die Alltagssprache verbiegen, um sich nicht zu widersprechen. Weil das, was das Loch umgibt, jetzt identisch ist mit dem Loch, muss man den Ausdruck «umgibt» umdefinieren zu «ist identisch mit»; man bräuchte also auf einmal zwei Bedeutungen des Wortes «umgibt», nur um zu vermeiden, dass ein Loch sich selbst umgibt. Ob solche Tricks erlaubt sind oder nicht – darüber werden sich Argle und Bargle am Ende nicht einig.

Der Vorteil der scholastischen Position: Sie hat solche sprachlichen Verrenkungen nicht nötig. Löcher dürfen genau das sein, was wir im normalen Sprachgebrauch darunter verstehen. Unsere alltägliche Art, über Löcher zu reden, als seien sie Objekte, gerät jedoch aus einer anderen Richtung unter Beschuss. Es ist nämlich nicht klar, wie wir Löcher wahrnehmen, also wieso wir überhaupt so viel über sie zu wissen scheinen, wenn sie doch aus nichts bestehen. Löcher gehören ins Reich der Gestaltpsychologie, einer im frühen 20. Jahrhundert entstandenen Lehre, die sich unter anderem mit Dingen befasst, die wir erkennen, obwohl sie nicht direkt mit unseren Sinnen wahrgenommen werden können. Ein anderes Beispiel für so ein Ding ist Bewegung in Filmen – was in Wirklichkeit eine schnelle Abfolge von Einzelbildern ist, sieht für uns aus wie eine fließende Bewegung. Was wir sehen, ist also eine Illusion; wir bauen uns aus den einzelnen Sinneswahrnehmungen eine Welt zusammen, die mehr enthält, als diese Sinneswahrnehmungen direkt mit sich bringen. Unter anderem eben Löcher.

Wie dieses Zusammenbauen funktioniert, das ist die Frage. Im Falle von Löchern spielt der Rand eine zentrale Rolle, genau wie von Argle vorgeschlagen. Die Form und Größe von Löchern kann eigentlich nur über ihren Rand wahrgenommen werden, weil es da im Loch sonst nichts gibt. Oder wie Tucholsky sagt: «Das Merkwürdigste an einem Loch ist der Rand. Er gehört noch zum Etwas, sieht aber beständig in das Nichts, eine Grenzwache der Materie.»

Aber haben Löcher überhaupt einen Rand? Ein altes Prinzip der Gestaltpsychologie sagt, dass nur richtige Objekte einen Rand haben können, Objekte wie die berühmte Vase, erfunden vom dänischen Gestaltpsychologen Edgar Rubin: eine weiße Vase auf schwarzem Grund – oder aber zwei schwarze Gesichter in Seitenansicht auf weißem Grund. Mit etwas geistiger Anstrengung kann man zwischen beiden Bildern hin- und herschalten, man sieht aber nie beide gleichzeitig. Die Information über Vase oder Gesicht wird nur über den Rand vermittelt, die Grenze zwischen schwarz und weiß. Man kann zeigen, dass Leute, die bisher nur die Vase im Bild erkannt haben, sich hinterher auch nur an die Vase erinnern und nicht nachträglich die Gesichter daraus konstruieren können. Weiße Vasen sind ja auch wichtiger als schwarzer Hintergrund. Der Rand gehört offenbar nur entweder zur Vase oder zu den Gesichtern, je nachdem, was man gerade sieht, aber nie zum Hintergrund oder zu Objekt *und* Hintergrund.

Das ergibt auch Sinn: In einer Welt voller Objekte, die sich gegenseitig im Weg stehen, ist ein Rand in den meisten Fällen ein Zeichen dafür, dass ein Ding vor irgendeinem Hintergrund steht. Nur selten passen diese Dinge so zusammen wie Puzzleteile, wo ein Rand eines Teils gleichzeitig der Rand eines anderen Teils ist. Es erscheint angemessen, den Rand – und mit ihm die Information über Position, Form und Größe – dem Ding zu geben und nicht den leeren Räumen zwischen den Dingen. Wir haben nicht einmal Worte für diese Leere; wir kennen zwar Töpfe, aber wie heißt der Raum zwischen den Töpfen?

Diese Fokussierung auf Objekte ist übrigens nicht selbstverständlich, man kann das auch anders sehen. So erklärt Lao-

Tse, der leere Raum zwischen den Töpfen sei in Wahrheit die Essenz der Töpfe. Diese Zwischenräume beziehungsweise unsere Wahrnehmung derselben heißen im Japanischen «Ma», ein Wort, für das es im Deutschen keine Entsprechung gibt, weil wir die Zwischenräume ignorieren. Wenn eine Katze auf dem Fußboden sitzt, wollen wir dingbesessenen Nichtjapaner die Katze streicheln, nicht das Ma ringsherum. Die Kontur der Katze wird darum als Katze interpretiert und nicht als katzenförmiges Loch im Teppich.

Leider funktioniert das alles nicht mehr, wenn man wirklich ein Loch im Teppich hat. Das nämlich können wir genauso gut «sehen» wie Objekte. Experimente mit in Karton gestanzten Löchern zeigen, dass sich die Testpersonen an die Form von Löchern ebenso gut erinnern können wie an die Form von Objekten. Es gibt eine Reihe weiterer Ähnlichkeiten in der Loch- und Objektwahrnehmung, zum Beispiel können wir die Ähnlichkeit von zwei Konturen für Löcher und Objekte gleich gut beurteilen. Diese Parallelen führen zu einem Paradoxon, das im Jahr 1999 dem amerikanischen Psychologen Stephen E. Palmer auffiel: Wenn der Rand zum umgebenden Objekt gehört und nicht zum Loch und der Rand außerdem die Information über die Form enthält, wie sehen wir dann das Loch? Oder anders gefragt: Gehört der Rand vielleicht doch zum Loch?

Eine Frage, der Marco Bertamini, ein Psychologe an der University of Liverpool, seit einigen Jahren nachgeht. Er hat sich Experimente ausgedacht, die klar zeigen, dass sich Löcher eben doch anders verhalten als Objekte, auch wenn diese Unterschiede schwieriger zu finden sind als die Gemeinsamkeiten. Bertamini und seine Kollegen verwenden zur Demonstration dieser Unterschiede Löcher und Objekte in zwei verschiedenen Formen: «Fass» und «Sanduhr». Die Fässer sind konvex, also nach außen gewölbt – in der Mitte breiter als oben und unten. Die Sanduhren dagegen haben eine konkave Stelle, sie sind in der Mitte auf beiden Seiten nach innen gewölbt und schmaler als oben und unten, wie eine Sanduhr eben. Noch eine Besonderheit: Die Wölbung, ob konkav oder konvex, sitzt auf beiden Seiten des Fasses beziehungsweise der Sanduhr nicht genau auf der gleichen Höhe. Wie genau die Wölbungen aussehen, ist bei jedem Objekt oder Loch ein wenig anders.

Bertamini zeigt seinen Testpersonen, bei denen es sich wie immer in psychologischen Experimenten um Studenten handelt, viele solcher Fässer und Sanduhren, entweder als Objekt oder als Loch. Anschließend will er von den Probanden wissen, ob die Wölbung von Fass oder Sanduhr auf der linken Seite höher oder niedriger sitzt als auf der rechten, und er misst, wie lange sie für die Beantwortung dieser Frage brauchen. Die Theorie wäre, dass diese Zeitspanne einem etwas darüber mitteilt, wie gut man Details über die Form von Löchern oder Objekten wahrnimmt.

Dabei kommt etwas Interessantes heraus: Die englischen Studenten können offenbar die Form der konvexen Fässer leichter erkennen, wenn es sich um Objekte handelt. Andererseits können sie konkave Sanduhrformen besser erkennen, wenn sie als Loch auftreten. Die Unterschiede zwischen Loch und Objekt sind nicht groß, weniger als eine Zehntelsekunde, aber deutlich mehr als die Messungenauigkeit. Daraus lernt man zunächst, dass wir überhaupt Löcher von Objekten unterscheiden. Und das Ergebnis deutet darauf hin, dass wir das Loch nicht direkt als solches wahrnehmen, sondern nur auf Umwegen.

Um diese zweite Schlussfolgerung zu verstehen, muss man sich eines klarmachen: Wenn ein Loch eine konkave Form hat, dann hat der Rand der Aussparung genau die gegensätzliche Form, ist also konvex. Unabhängig von diesen Lochgeschichten geht man schon länger davon aus, dass das Gehirn konvexe Formen lieber hat als konkave. Für Bertamini ist die Sache damit klar: Seine Studenten «sehen» das konkave Loch schneller als das konkave Objekt, weil sie in Wahrheit die konvexe Form erkennen, die das Loch umgibt. Mit anderen Worten: Der Rand gehört nicht zum Loch, sondern zum umgebenden Objekt. Palmers Paradoxon ist gelöst.

Allerdings nur zur Hälfte. Wenn der Rand zum umgebenden Objekt gehört, dann ist immer noch nicht geklärt, wie wir ein Loch in der Form von Rubins Vase als Vase erkennen können und nicht nur als zwei Gesichter, was die korrekte Lesart wäre, wenn man das Objekt erkennt und nicht das Loch. Offenbar wird die Lochform nur indirekt erkannt eine These, die durch ganz andere Experimente bestätigt wird. Nur ein Beispiel: Wenn man eine bestimmte Form in einer Menge aus anderen Formen sucht, dann fällt das leichter, wenn man Objekte sucht und nicht Löcher. Die Lochwahrnehmung erfordert zusätzliche Arbeit. Das Loch selbst wäre dann ein Konstrukt unseres Gehirns, in gewisser Weise eine Illusion, genau so, wie die Gestaltpsychologie sich das vorstellte.

Die Details dieses Extraaufwandes zur Locherkennung sind unklar. Bertamini spekuliert ein wenig: Entweder veralbern wir uns selbst und bilden uns kurzfristig ein, das Loch sei eben ein Objekt und das Objekt der Hintergrund, auch wenn wir eigentlich wissen, dass es anders ist. Oder aber wir sehen wirklich den Rand des Objekts und rechnen dann hinterher daraus die Form des Lochs aus – aus den zwei Gesichtern wird die Vase. Beides sind bislang unbewiesene Behauptungen; eventuell wird man sich die Gehirne der Probanden von innen ansehen müssen, wobei auch das nicht unproblematisch ist (→ Funktionelle Magnetresonanztomographie).

Zum Glück bietet die Welt normalerweise deutlich mehr Informationen zur Locherkennung als die stark vereinfachten Anordnungen in psychologischen Experimenten. Stephen Palmer demonstriert mit Hilfe von noch mehr Studenten, dass auch Informationen über die Raumtiefe eine Rolle spielen, Schatten zum Beispiel, die uns mitteilen, welcher Teil eines Bildes weiter weg ist und damit zum Hintergrund gehört. Außerdem sieht man natürlich auch *in* einem Loch irgendwas, eine weitere wichtige Information. Wenn man an einer Stelle am Dach blauen Himmel mit Wolken sieht, dann kommt das Gehirn, das schlaue Ding, schnell auf die Idee, dass es sich um ein Loch handelt, Rand hin oder her.

Jetzt, wo wir wissen, dass Löcher nur indirekt wahrgenommen werden, weil ihr Rand in Wahrheit zum umgebenden Objekt gehört, könnte man eventuell noch einmal die ontologischen Positionen in der Lochfrage genauer betrachten. Die schon erwähnten Casati und Varzi meinen, man solle Löcher und ihre Eigenschaften ernst nehmen: «Man kann klar sagen, dass Löcher Formen haben – Formen, die wir erkennen, messen, vergleichen und ändern können», so argumentieren die beiden. Das scheint nicht zu stimmen; wir erkennen gar nicht die Lochform, sondern eben die Umgebung, was deutlich besser zur materialistischen Sichtweise des Ehepaars Lewis passt. Inwieweit die psychologischen Experimente für ontologische Fragen relevant sind, ist allerdings fraglich. Soll man die schwerwiegende Entscheidung, ob es Löcher gibt oder nicht, von ein paar englischen Studenten abhängig machen?

Obwohl überall anerkannt wird, dass Löcher unglaublich interessant sind, gibt es bislang nicht gerade viele Experten, die sich dem Loch und seiner Wahrnehmung widmen. Wer sich vorstellen kann, ein paar Jahre lang Löcher herzustellen, sei es aus Pappe oder am Computerbildschirm, um sie dann Studenten zu zeigen, der sollte dies unbedingt tun. Denn, um zum letzten Mal Tucholsky zu zitieren: «Loch ist immer gut.»

Mathematik

Leonard: At least I didn't have to invent 26 dimensions to get the math to work.
Sheldon: I didn't invent them. They're there.
Leonard: Yeah? In what universe?
Sheldon: In all of them, that's the point!
The Big Bang Theory

Was ist die Zahl 7? Diese Frage im Bekanntenkreis zu stellen, ist ein Partyspiel von unterschätztem Unterhaltungswert. Im besten Fall erzielt man zunächst verstörte Gesichter und kurze Zeit später widersprüchliche Antworten. Die einen werden sagen, dass die Zahl 7 so ein Ding ist wie ein Tisch oder ein Stuhl, nur unsichtbar, andere meinen, die Zahl 7 sei nur ausgedacht, und wieder andere behaupten, dass es die Zahl 7 überhaupt nicht gibt. Selbst wenn zwei Personen am Anfang der Diskussion scheinbar der gleichen Meinung sind, stellt sich oft innerhalb weniger Minuten heraus, dass sie etwas ganz anderes *meinen*. Vielleicht ist es beruhigend zu wissen, dass Philosophen über diese Frage auf ganz ähnliche Art diskutieren, wenn auch mit ausgefeilteren Argumenten. Das liegt vermutlich einfach an der jahrelangen Übung.

Die Zahl 7 gehört zu den unübersichtlichen Gerätschaften, die in mathematischen Formeln herumstehen. Das Problem ist nicht nur, die Natur und Existenz der Zahl 7 zu erklären, sondern die von Zahlen überhaupt, oder noch allgemeiner: die aller mathematischen Objekte, also Zahlen, Funktionen, Mengen, Dreiecke, Vektoren, Folgen, Matrizen und so weiter. Egal, wie man diese Objekte am Ende erklärt, man darf sie dabei nicht kaputtspielen. Die Mathematik muss weiterhin funktionieren, unter anderem, weil man sie dringend für unsere liebgewonnenen naturwissenschaftlichen Theorien benötigt.

Naturgesetze enthalten neben den handelsüblichen mathematischen Konstrukten wie Zahlen und Grundrechenarten auch Logarithmen, Sinusfunktionen, Kreuzprodukte, Ableitungen und Integrale, mit anderen Worten: kompliziertes Zeug, bei dem der Laie schon mal dem Gedanken verfällt, man könne es eventuell einfach abschaffen. Dagegen würden aber nicht nur Mathematiker, sondern auch Physiker, Astronomen, Chemiker und ein paar andere Berufszweige protestieren. Man könnte einwenden, diese Dinge seien von Mathematikern nur erfunden worden, weil man sie für die anderen Wissenschaften gebraucht hat, aber das stimmt nicht. Viele phantastisch nutzlos anmutende mathematische Objekte wurden erst von Mathematikern «erfunden», und Jahre später stellte sich heraus, dass man sie dringend in der Physik braucht.

In irgendeiner Form *gibt* es dieses mathematische Zeug da draußen, jedenfalls behaupten das die Leute, die man am besten als «Platonismus und Söhne GmbH» zusammenfasst, eine altehrwürdige Firma in der Philosophie, die seit mehr als 2000 Jahren im Geschäft ist. Ihre Palette aus Theorien geht zurück auf die Ideenlehre des griechischen Philosophen Platon, in der die Welt aus zwei Teilen besteht: der Welt der Gegenstände (das ist alles, was wir mit unseren Sinnen wahrnehmen können) und der Welt der Ideen, die abstrakte Ideale enthält, das Gute, das Schöne, das Wahre und ähnlich zweifelhafte Gestalten. Die Platonisten behaupten, dass es mathematische Strukturen in einer Art Extrawelt tatsächlich gibt, und zwar unabhängig von mehr oder weniger intelligenten Wesen, die Mathematik betreiben. Mathematiker erfinden ihre Formeln nicht, sondern sie entdecken sie in dieser Extrawelt, so wie Zoologen neue Tiere im Dschungel entdecken. Einziger Unterschied: Die Extrawelt der Mathematiker kann man weder riechen noch hören noch sehen noch anfassen, man kann nicht hinfahren, und sie ist für alle Ewigkeiten gleich.

Eine solche immaterielle Extrawelt hat viele schöne Vorteile, wenn man erklären will, wie Mathematik funktioniert. Ein gutes Beispiel ist die im «Lexikon des Unwissens» erklärte Riemann-Hypothese, eine im Jahr 1859 von Bernhard Riemann angestellte Vermutung über die Nullstellen der sogenannten Riemann'schen Zetafunktion. Auch wenn wir noch nichts über den Wahrheitsgehalt der Vermutung wissen, für Platoniker ist sie eindeutig entweder wahr oder falsch, und zwar heute schon. Es wäre in der Tat seltsam zu behaupten, die Riemann-Hypothese sei erst dann wahr, wenn jemand sie zweifelsfrei beweist. Der Platoniker kann auch leicht erklären, warum so viele absurde mathematische Konstrukte in der Physik auftauchen: Sie waren einfach schon immer da und wurden nicht erst nach und nach von Mathematikern erfunden.

Vielen wird unbehaglich zumute, wenn sie von einer immateriellen Welt hören, in der Zeug wie die Zahl 7 oder der Satz des Pythagoras herumliegen. Ist das nicht verdächtig nahe an abergläubischem Hokuspokus? Wenn man damit mal anfängt, wird man nicht als Nächstes an Astrologie, Erdstrahlen und den Klabautermann glauben? Grund dieses Unbehagens ist die Ansicht, dass es etwas nur geben kann, wenn man es anfassen oder zumindest mit irgendwelchen wissenschaftlichen Geräten wie Teleskopen oder Teilchenbeschleunigern untersuchen kann. Das muss aber nicht so sein. Der Platoniker könnte erwidern: Naturgesetze sind ebenfalls immateriell und abstrakt, man kann sie nicht anfassen, und doch gibt es sie. Platonische Mathematik kann man verwenden, ohne deshalb gleich an den Weihnachtsmann glauben zu müssen.

Der Platonismus hat jedoch ein ganz anderes Problem. Wenn wir eine neue Art Giraffe entdecken, dann nur, weil wir das Tier sehen oder ein Buch lesen, in dem jemand beschreibt, die Giraffe gesehen zu haben. Mit anderen Worten:

Es gibt einen kausalen Zusammenhang zwischen der Giraffe und unserem Wissen über die Giraffe. Wenn man sich auf den Standpunkt stellt, dass kausale Zusammenhänge der einzige Weg sind, Wissen über die Welt zu erhalten, dann ist vollkommen unklar, wie das bei der Zahl 7 oder anderen mathematischen Strukturen funktionieren soll, weil wir mit ihnen eigentlich nicht in Kontakt treten können. Wie kommt es, dass wir so viel über diese unantastbare Sonderwelt zu wissen scheinen?

Der Platonist könnte sich herausreden, die Art und Weise, wie wir mit der Zahl 7 interagieren, sei noch nicht bekannt. Das Argument ist legitim, denn woher wir von etwas wissen, egal, was es ist, wissen wir nicht so genau (→Wissen). Aber es ist trotzdem ein wunder Punkt für den Platonismus. Der englische Mathematiker Sir Roger Penrose glaubt, dass der menschliche Verstand in der Lage ist, einen direkten Kontakt zur platonischen Welt herzustellen. «Wenn man eine mathematische Wahrheit ‹sieht›», so Penrose, «dann stößt das Bewusstsein vor in die Welt der Ideen.» Wie das funktionieren soll, ist unklar, man bräuchte zunächst einmal eine Ahnung, wie das Bewusstsein funktioniert, ein weiteres großes Fragezeichen. Wenn Penrose recht hat, dann ist der Verstand nicht einfach nur ein komplizierter Computer, sondern hat zusätzlich noch eine Verbindung zu platonischen Extrawelten – wie Antennen, nur ganz anders.

Rings um den Hauptgeschäftssitz von «Platonismus und Söhne» bieten Tante-Emma-Läden und Straßenhändler ein reichhaltiges Sortiment an Alternativen zum Angebot der Platonisten an. Für jeden Geschmack ist etwas dabei. Man kann zum Beispiel behaupten, dass die Mathematik sich in Wahrheit nicht von den anderen Naturwissenschaften unterscheidet und nur so tut, als sei sie etwas Besonderes. Die Mathematik wäre dann nicht mehr die Grundlage der Physik, sondern umgekehrt: Mathematische Strukturen würden nur existieren, weil es sie in den Naturgesetzen gibt. Damit wäre das große Problem des Platonismus gelöst: Wir müssten nicht umständlich Kontakt mit einer immateriellen Welt aufnehmen. Wie die Gesetze der Physik würde sich uns die Mathematik durch Experimente, Messungen und Beobachtung der Natur offenbaren. Wer sich für solche Theorien interessiert, der wird eventuell später im Kleingedruckten feststellen, dass er eine eingeschränkte Mathematik gekauft hat, die nur das enthält, was in der Natur auftaucht. Zum Beispiel hat die Natur nur endlich viele Dinge, das heißt, man hätte nur endlich viele Zahlen zur Verfügung. Wenn man sich mit dem Platonisten zum Wettzählen trifft, dann müsste man an irgendeiner Stelle aufhören, während der Platonist noch unendlich viele Runden weiterzählen kann – eine deprimierende Niederlage.

Andere Experten verkaufen Mathematik als eine Art Brettspiel mit einer besonders umständlichen Anleitung. Die Zahl 7 ist nichts als ein Spielstein, ein Symbol, das man nach bestimmten Regeln auf einem komplizierten Spielfeld der Mathematik hin- und herschiebt. Eine Regel für die 7 lautet zum Beispiel: «Wenn man sie mit zwei multipliziert, kommt 14 heraus.» Das einzige Problem: Der Verkäufer dieser Theorie *behauptet* zwar, dass es einen Satz Regeln gibt, auf dem die gesamte Mathematik beruht, aber er liefert diese Anleitung nicht mit. Zu Hause packt man die ganzen brandneuen Zahlen und Symbole dann aus und weiß nicht, wie man sie zusammenbauen soll. Nach jahrelangen Versuchen, die gesamte Mathematik auf ein paar wenige Anweisungen zurückzuführen, kam im Jahr 1931 der Österreicher Kurt Gödel und zeigte mit seinem «Unvollständigkeitssatz», dass es so eine Anleitung nicht gibt. Die Theorie wurde daraufhin vom Markt genommen beziehungsweise nur noch in eingeschränkter Form angeboten.

Weiterhin erhältlich dagegen ist die Ansicht, dass die Zahl

7 und die gesamte Mathematik ein Konstrukt sind, das es zwar gibt, aber nur in den Köpfen der Leute, die sich damit befassen – kein Brettspiel, keine Extrawelten, nur Gedanken. Im Gegensatz zu den Platonisten behaupten diese Leute, eine mathematische Aussage sei wirklich erst dann wahr, wenn jemand sie bewiesen hat. Die Riemann-Hypothese und alle anderen bisher unbewiesenen Vermutungen in der Mathematik wandern damit in eine ominöse Zwischenwelt, in der es weder wahr noch falsch gibt. Würde man alle intelligenten Wesen aus dem Universum entfernen, würde damit auch die Mathematik verschwinden. Wer damit klarkommt, muss sich noch mit ein, zwei anderen kleinen Problemen auseinandersetzen: Wenn die Zahl 7 eine Idee im Kopf ist und sonst nichts, dann muss es irgendwie mehrere davon geben. Schließlich können zwei Leute durchaus gleichzeitig den Gedanken «7» haben. Es gibt keinerlei Hinweise darauf, dass die 7 eine Art Staffelstab ist, den immer nur einer festhalten kann. Gibt es also nicht nur eine, sondern viele verschiedene Siebenen? Wie soll man sich das vorstellen? Außerdem müsste man sich wiederum mit endlich vielen Zahlen begnügen, denn kein Mensch kann unendlich viele Ideen haben.

Und schließlich gibt es eine ganze Reihe von Verkaufsständen von Leuten, die behaupten, dass es die Zahl 7 überhaupt nicht gibt. Der Zoo an mathematischen Objekten wäre so etwas wie eine Herde Einhörner oder eine Rotte Welthunde oder ein Schwarm Vampire oder sonst irgendwas, das nur in Sagen oder Märchen vorkommt. Wenn es aber keine Zahlen und Rechensymbole gibt, was bedeuten dann mathematische Aussagen wie 1 + 1 = 2? Wenn man dieser Theorie folgt, dann gibt es nur einen Ausweg – alle diese Aussagen sind genauso falsch wie die Aussage «ein Einhorn hat 4 Beine», weil es eben keine Einhörner gibt, auf die sich die Aussage beziehen könnte. Die gesamte Mathematik ein einziges Lügengebäude. «Das ist mir zu verrückt», hört man die potenziellen Käufer murmeln, «da mache ich nicht mit.» – «Verrückt, vielleicht», erwidert der Anbieter, «aber bedenken Sie, wie verrückt all die anderen Theorien sind. Sehen Sie sich ruhig um, und Sie werden feststellen, dass meine noch am vernünftigsten ist.»

Wenn man wirklich die Existenz von mathematischen Objekten abstreitet, muss man irgendwie erklären, wieso diese Objekte in Naturgesetzen auftauchen, die wohl kaum Einhorncharakter haben können. An einem der Stände wird dem interessierten Käufer darum gleich noch eine Physik versprochen, die ganz ohne Mathematik auskommt. Leider ist eine solche Physik bisher nur in Bruchstücken erhältlich, und es ist ungewiss, ob sie je fertig wird.

Wem eine der beschriebenen Varianten gefällt, der sollte sich nicht gleich von den teilweise bedenklichen Mängeln abschrecken lassen. Zu jeder Theorie gibt es verschiedene Versionen, die zum Teil extra ausgedacht worden sind, um eines oder mehrere der geschilderten Probleme zu beseitigen. Und wenn das nicht ausreicht, kann man sich eine verbriefte Zusatzmeinung kaufen, die es einem erlaubt, das Problem zwar nicht zu lösen, aber doch zu ignorieren oder es für unsichtbar zu erklären.

An dieser Stelle verlassen wir den Jahrmarkt der Theorien über die Zahl 7 und alle anderen mathematischen Konstrukte. Es ist nicht ungewöhnlich, wenn man angesichts der Vielfalt der Meinungen verwirrt ist und sich irritiert fragt, ob man jetzt durch all diese philosophischen Erörterungen schlauer ist als zuvor. Das hat eventuell damit zu tun, dass die Eingangsfrage einfach schwer zu beantworten ist, oder um Ludwig Wittgenstein zu zitieren: «Ein philosophisches Problem hat die Form: Ich kenne mich nicht aus.» Es ist wichtig, jede einzelne Position gründlich zu durchleuchten, Schwächen herauszustellen und Alternativen zu erarbeiten, und genau das passiert in der

Philosophie der Mathematik. Außerdem kann man alle diese Theorien daran messen, ob sie das große, logische Gedankengebäude der Mathematik intakt lassen. Das führt zum Beispiel dazu, dass die vorhin erwähnten Brettspieltheorien ins Hintertreffen geraten, weil sie sich nicht mit Gödels Unvollständigkeitssatz vertragen.

Die meisten Mathematiker arbeiten zu Bürozeiten so, als wären sie Platoniker. Fragt man sie dann nach Feierabend, sieht das Meinungsbild weniger klar aus. Einige, wie Roger Penrose oder Kurt Gödel, bleiben harte Vertreter des Platonismus. Andere rutschen nervös auf ihrem Stuhl hin und her und geben schließlich zu, eine andere Ontologie sympathischer zu finden.

Die meisten philosophischen Argumente gegen den Platonismus sind mindestens ein paar Jahrzehnte alt, manche Jahrhunderte. Daneben gibt es auch brandneue Stimmen gegen den Platonismus, und sie kommen aus einer vollkommen anderen Richtung. Der französische Neuropsychologe Stanislas Dehaene interessiert sich dafür, was eigentlich im Gehirn abläuft, wenn wir mathematisch denken. Er zeigt, dass diverse Tierarten über rudimentäre Rechenfähigkeiten verfügen. Auch Säuglinge, die weder sprechen können, noch in die Schule gehen, können schon ein wenig zählen, so behauptet er: Verbirgt man zunächst ein Objekt, dann ein weiteres hinter einem Schirm, dann erwarten sie, zwei Objekte zu sehen, wenn der Schirm wieder entfernt wird. Wir wissen das, weil sie länger hinsehen, wenn man eines der Objekte heimlich entfernt, sodass nur noch eins übrig bleibt. Sie erwarten zwei, bekommen nur eins, sind überrascht und starren daher ein wenig länger. Außerdem findet der Umgang mit Zahlen im Gehirn an spezifischen Stellen statt, was man durch neuronale Abbildungsverfahren wie →Funktionelle Magnetresonanztomographie herausgefunden hat.

Dehaene folgert aus alldem, dass wir keine platonischen Extrawelten brauchen. Zahlen, so sagt er, sind nichts als ein Konstrukt unserer Gehirne, eine Position, die uns schon bei den Philosophen begegnet ist. Wir verfügen über die Fähigkeit des Zählens, weil sie uns einen evolutionären Vorteil verschafft. Wenn zwei Tiger sich hinter einem Felsen verstecken und einer wieder rauskommt, dann ist es nützlich, wenn man ausrechnen kann, wie viele noch im Hinterhalt liegen. Die Fähigkeit unseres Gehirns, mit Zahlen umzugehen, ist eng damit verbunden, dass wir in einer Welt leben, die voll ist mit abzählbaren Objekten.

Mit Hilfe der Hirnforschung kann man vermutlich irgendwann erklären, wie die Zahlen in unseren Kopf kommen. Ob sie uns sagen kann, was Zahlen letztlich sind, erscheint fraglich. Der Platonist würde nie bestreiten, dass irgendwas im Gehirn abläuft, wenn man über Zahlen nachdenkt, und er hat auch kein Problem damit, dass sich diese Fähigkeit im Laufe der Evolution entwickelt. Er würde trotzdem dabei bleiben, dass sowohl die Zahlen im Gehirn als auch die Abzählbarkeit von physikalischen Objekten letztlich ihren Ursprung in einer abstrakten, platonischen Welt haben, die praktischerweise in keinem Gehirnscanner sichtbar ist. Der Platonismus ist eben nicht so einfach totzukriegen.

Es sei denn, morgen stehen die →Außerirdischen vor der Tür. Nachdem wir den üblichen Smalltalk über die Mondphasen und den Sonnenwind hinter uns haben, kommt das Gespräch auf Mathematik. Es stellt sich heraus, dass die Außerirdischen völlig andere mathematische Konzepte haben als wir. Vielleicht zählen sie so wie wir, eventuell addieren und subtrahieren sie auch noch, aber darüber hinaus kennen sie weder komplexe Zahlen noch Logarithmen noch fraktale Geometrie. Stattdessen haben sie irgendwelches anderes Zeug. Oder schlimmer, es stellt sich heraus, dass sie noch nie etwas von

Mathematik gehört haben und trotzdem in der Lage waren, Raumschiffe zu bauen und im Weltall herumzufliegen. Für die Platonisten wäre das ein Debakel. Denn wenn Mathematik aus unveränderlichen, immateriellen Strukturen besteht, die das Fundament des Universums bilden, dann kommt man ohne Mathematik nicht weit.

An diesem Punkt hätten die Platonisten nur noch zwei Optionen. Entweder sie machen ihren Laden dicht und suchen sich andere Betätigungsbereiche, zum Beispiel als Straßenmusikanten. Oder aber sie verstecken die Außerirdischen in einem geheimen Bunker irgendwo in der Wüste und tun so, als sei nichts geschehen.

Megacryometeore

This is the Voice of Doom speaking! Special bulletin! Flash! The sky is falling! A piece of it just hit you on the head! Now be calm. Don't get panicky. Run for your life!

Foxy Loxy zu Chicken Little, «Chicken Little», 1943

«Megacryometeore» ist der im Jahr 2002 eingeführte Fachbegriff für «große fliegende Eisbrocken», wobei diese Eisbrocken streng genommen erst dann ins Visier der Wissenschaft geraten, wenn sie nicht mehr herumfliegen, sondern jemandem vor die Füße gefallen sind. Oder auf die Windschutzscheibe oder durchs Dach in die Küche. Am nächsten Tag sieht man die Betroffenen in der Zeitung mit beiden Händen ein Stück Eis in die Kamera halten. Das geschieht gar nicht so selten: Aus den letzten zehn Jahren sind weltweit um die hundert Fälle dokumentiert. In Zeitungsberichten ist dabei häufig von Rekordhaltern um die 200 Kilogramm die Rede. Da das Eis beim Aufprall zersplittert, lassen sich Größe und Gewicht des ursprünglichen Blocks allerdings meistens nur schätzen. Relativ gut belegt sind einige Funde, die vor dem Auseinanderbrechen 50 bis 100 Kilogramm gewogen haben könnten.

Im 20. Jahrhundert maß man dem Phänomen keine große Bedeutung bei. Man ging davon aus, dass herabfallende Eisbrocken von Flugzeugen stammen, ohne diese Vermutung weiter zu überprüfen. Abwasser aus Flugzeugtoiletten, leckende Wassertanks oder Eis, das sich irgendwo an Flugzeugen bildet und dann abbricht, galten als Ursache des Übels. Das änderte sich erst, als in Spanien im Januar 2000 zehn Tage lang Eisstücke vom Himmel fielen, die zwischen 300 Gramm und über 3 Kilogramm wogen. «Die Vereinte Linke (IU) verlangte im Parlament von der Regierung eine Erklärung», so berichtete der *Spiegel*, aber die Regierung blieb eine Antwort schuldig. Das Problem betrifft nicht nur Spanien; auch in Argentinien, Australien, Deutschland, Großbritannien, Kanada, Kolumbien, Indien, Italien, Japan, Mexiko, Neuseeland, den Niederlanden, Österreich, Portugal, Spanien, Südafrika, Schweden und den USA gab es Eiseinschläge.

Das gehäufte Auftreten der spanischen Fälle brachte die Forschung in Gang. Der spanische Geologe Jesús Martínez-Frías nahm sich der Sache an, gab den Megacryometeoren ihren Namen und gründete die *International Working Group Fall of Blocks of Ice* (IWGFBI). Dank seiner Arbeit ist inzwischen klar, dass zumindest die untersuchten Eisfunde weder aus Flugzeugtoiletten oder -wasserleitungen noch aus dem Weltall stammen können. Ihre chemische Zusammensetzung entspricht der des Regenwassers in der jeweiligen Region. Martínez-Frías und seine Coautoren nehmen daher an, dass sich die Megacryometeore nach demselben Prinzip wie Hagelkörner aus Wasserdampf in der Atmosphäre bilden. Dafür spricht auch ihre innere Struktur: Wie Hagelkörner weisen viele Megacryometeore zwiebelartige Schichten auf, wie Hagelkörner enthalten sie Luftblasen und Staubpartikel. Trotzdem gibt es mehrere Probleme: Megacryometeore fallen gern bei blauem Himmel und Sonnenschein. Hagelkörner jedoch entstehen in Gewittern und nur dort. Auch kommt ein Hagelkorn selten allein.

Die typischen Schichten eines Hagelkorns lagern sich ab, während es eine Weile im Innern einer Gewitterzelle Aufzug fährt: Es fällt als Eis aus höheren Luftschichten, nimmt unten mehr Wasser auf und wird vom Aufwind wieder nach oben gerissen, wo das neue Wasser gefriert. Erst wenn das Hagelkorn zu schwer für den Aufwind wird, fällt es zu Boden. Einzelne Hagelkörner können unterwegs aneinander festfrieren und kommen dann als größere, unregelmäßig geformte Stücke am Boden an. Der Weltrekordhalter unter den Hagelkörnern fiel 2003 in den USA und maß knapp 18 Zentimeter im Durchmesser.

Wie in Abwesenheit von Gewitterwinden und bei blauem Himmel wesentlich größere Eisstücke entstehen sollen, ist erklärungsbedürftig. Martínez-Frías und seinen Kollegen zufolge haben sich die Wetterverhältnisse in den entscheidenden Luftschichten durch die globale Erwärmung verändert. Der Ort dieser Veränderungen ist die Obergrenze der untersten Atmosphärenschicht, der Troposphäre. Die Troposphäre ist je nach Region und Jahreszeit etwa 8 bis 18 Kilometer dick und wird auch Wetterschicht genannt, weil sich in ihr der überwiegende Teil des Wetters abspielt. Der Übergang von der Tropo- zur Stratosphäre, die sogenannte Tropopause, so die Forscher, sei in den letzten Jahrzehnten kälter, feuchter und windiger geworden. Insbesondere zur Zeit der spanischen Eisvorfälle sei die Troposphäre wärmer und die Stratosphäre kälter als sonst gewesen. In einer solchen Situation könnten einzelne Eiskristalle mehrfach durch feuchte, kalte Luftschichten geweht worden sein und – genau wie ein Hagelkorn im Gewitter – neue Eisschichten angesetzt haben. Der Meteorologe Roy W. Spencer hält dem entgegen, dass die in Spanien beobachteten Bedingungen nicht sehr ungewöhnlich sind, sondern mit vielen Wetterfronten einhergehen. Andere Kritiker wenden ein, selbst wenn der Prozess so funktionierte wie beschrieben, könnten nur große Schneeflocken entstehen.

Sind also doch die Flugzeuge schuld? Dass sich regelmäßig Eisbrocken von Flugzeugen lösen und auf die Erde fallen, ist unstrittig. Man erkennt die Flugzeugherkunft daran, dass das Eis gelb, braun oder durch Desinfektionsmittel blau gefärbt ist. Flugzeuge entleeren ihre Toiletten zwar nicht im Flug, wie manchmal zu lesen ist, aber die Anschlussventile, durch die die Abwassertanks am Boden geleert werden, schließen in großer Höhe nicht immer so dicht wie am Flughafen. Flüssigkeit kann nach außen sickern und in der kalten Umgebungsluft am Flugzeug festfrieren. Beim Landeanflug tritt das Flugzeug in wärmere Luftschichten ein, der Eisklumpen löst sich und fällt zur Erde. Der Konstanzer *Südkurier* berichtete im Januar 2009 von einem Hausbesitzer aus Denkingen bei Tuttlingen, auf dessen Grundstück mehrmals im Jahr gefrorene Fäkalienbrocken niedergehen. Auch in den benachbarten Gemeinden, die im Bereich der Einflugschneise zum Flughafen Zürich-Kloten liegen, fällt immer wieder Unerfreuliches zu Boden.

Megacryometeore unterscheiden sich in ihrer Zusammensetzung eindeutig von diesen euphemistisch «Blue Ice» genannten Funden. Aber dass mittelgroße Eisbrocken sich an Flugzeugen bilden und von dort zu Boden fallen können, ohne unterwegs zu schmelzen, ist ein Punkt für die Anhänger der Flugzeugtheorie. Wenn keine leckenden Sanitärinstallationen im Spiel sind, frieren vielleicht einfach Niederschläge oder Luftfeuchtigkeit am Flugzeug fest? In diesem Fall wäre zu klären, an welchen Stellen eines Flugzeugs Eisblöcke der nötigen Struktur und Größe entstehen können. Es ist zwar eine bekannte Tatsache, dass sich an Flugzeugen Eis bilden kann, wenn sie bei Temperaturen zwischen 0 °C und −6 °C durch feuchte Luft oder Niederschlag fliegen. Dabei entstehen allerdings üblicherweise dünne Eisplatten oder Raureifbeläge, keine großen Brocken.

Martínez-Frías und seine Kollegen wenden ein, dass bei den meisten Megacryometeorfunden weder ein Flugzeug in Sichtweite war, noch nachträglich ein Überflug zum fraglichen Zeitpunkt festgestellt werden konnte. Das muss allerdings nicht viel heißen. Auch bei «Blue Ice»-Funden, für die es keine andere Quelle als ein Flugzeug geben kann – es sei denn, man glaubt an Ufos mit irdischen Toiletten an Bord –, lassen sich die Verursacher aus verschiedenen Gründen nur schwer identifizieren. Ein großer, unregelmäßiger Eisklumpen erreicht beim Sturz eine Höchstgeschwindigkeit von knapp 200 km/h und braucht bei einer Reiseflughöhe von zehn Kilometern drei Minuten bis zum Boden. Das Flugzeug legt knapp 1000 Kilometer pro Stunde zurück, es ist daher im Moment des Eisaufpralls schon 50 Kilometer weit weg und mit bloßem Auge nicht mehr erkennbar. Erschwerend kommt hinzu, dass die Windrichtungen und -geschwindigkeiten in den durchquerten Luftschichten ganz unterschiedlich sein können und das Eis daher nicht unbedingt auf einer einfach zu berechnenden Bahn zu Boden fällt.

Im fiktiven Karussell der sich wiederholenden Argumente kommt jetzt ein Gegner der Flugzeughypothese nach vorne gefahren. Er deutet auf mehrere Sammlungen mit Berichten über Eis, das vom Himmel fiel, bevor es Flugzeuge gab. Am Abend des 13. August 1849 beispielsweise ging ein unregelmäßig geformter Eisbrocken von knapp sieben Metern Umfang auf dem Grundstück eines Mr. Moffat im schottischen Ballachulish nieder. Aber das Argumentenkarussell dreht sich weiter, die nächste Figur erklärt, dass einzelne Anekdoten nichts beweisen, historische Quellen alles Mögliche behaupten und die zitierten Berichtsammlungen von Ufo-Forschern und anderen zweifelhaften Personen angelegt wurden.

Die nächste Schnitzfigur ist ein historisch gebildeter Diskussionsteilnehmer, der darauf hinweist, dass man in jungen Forschungsgebieten oft auf Augenzeugenberichte aus dem Volke angewiesen ist. Tatsächlich sah es in der Frühgeschichte der Meteoritenforschung nicht anders aus. Die Berichte über vom Himmel fallende Feuerbälle, mit denen sich der deutsche Physiker Ernst Florens Chladni im 18. Jahrhundert befasste, galten seinen Zeitgenossen als Zeugnisse bäurischen Aberglaubens. Nachdem er 1794 die umstrittene These veröffentlichte, es handle sich um Steinbrocken aus dem Weltall, wurden Meteoritenereignisse jedoch aufmerksamer beobachtet und dokumentiert, andere Forscher begannen, die Gesteinsfunde zu analysieren, und fünfzig Jahre nach Chladnis Veröffentlichung war der außerirdische Ursprung der Meteoriten unter Wissenschaftlern weitgehend akzeptiert.

Zum Schluss fährt auf dem Argumentenkarussell ein ganzer Stammtisch vorbei. Seine Mitglieder heben an beweglichen Armen Maßkrüge zum Mund und rufen: «Klar, mit Chladni identifiziert sich jeder gern! Aber was ist mit den Legionen von Forschern, deren Arbeit man nicht ernst nimmt, weil sie nämlich einfach nicht recht haben? Auf hundert von denen kommt nur ein einziger Chladni! Und überhaupt, Klimawandel, wenn wir das schon hören! Heutzutage muss der Klimawandel ja immer herhalten, wenn Wissenschaftler gern Fördergelder haben und in der Zeitung stehen wollen! Und alles von unseren Steuern! Prost!» Das Glockenspiel läutet, die Türen schließen sich, und beim nächsten Eisbrocken geht alles wieder von vorne los.

Martínez-Frías und Kollegen haben eine Tabelle der bekannten Megacryometeor-Ereignisse zusammengestellt, die einen steilen Anstieg der Häufigkeit seit den 1950er Jahren zeigt. Den Autoren zufolge spricht diese Zunahme für einen Zusammenhang mit der globalen Erwärmung. Allerdings passt die Beobachtung genauso gut zur Flugzeug-Theorie: Der Flugverkehr hat in derselben Zeit erheblich zugenommen. Noch unpraktischer: Da die Weltbevölkerung sich im selben Zeitraum fast verdreifacht hat und das Nachrichtenwesen ausgebaut wurde, ist es heute erstens wahrscheinlicher, dass ein herabstürzender Eisbrocken überhaupt jemandem vor die Füße fällt, zweitens, dass eine Zeitung darüber berichtet, und drittens, dass Megacryometeorforscher von diesem Zeitungsbericht erfahren. In den letzten zehn Jahren ist die selbstverstärkende Wirkung von Zeitungsartikeln über Megacryometeore hinzugekommen. Ihre Veröffentlichung hat dazu geführt, dass andere Journalisten solche Fälle als Medienthema erkennen und ebenfalls darüber berichten. Denkbar ist also auch, dass die Eisbrocken heute mit genau derselben Häufigkeit zur Erde stürzen wie im Jahr 1950.

Immerhin steht fest, dass tatsächlich hin und wieder größere Eisstücke vom Himmel fallen, die weder aus Abwasser bestehen, noch aus den Tiefkühltruhen von Spaßvögeln stammen. Der Rest bleibt strittig, aber Megacryometeore sind ein demokratisches Rätsel: Jeder hat die – wenn auch kleine – Chance, dabei zu sein, wenn der nächste in einem Vorgarten zersplittert. Vorausgesetzt, Sie standen nicht direkt am Einschlagsort, sondern ein paar Schritte daneben, können Sie dann persönlich mithelfen, das Unwissen in der Welt zu verringern. Notieren Sie die Uhrzeit. Halten Sie nach Flugzeugen und Kondensstreifen Ausschau, und zwar nicht nur direkt über Ihnen, sondern auch am Horizont. Fotografieren Sie die Einschlagstelle, wenn sich das ohne großen Zeitverlust einrichten lässt – am besten zusammen mit einem Gegenstand zum Größenvergleich. Stecken Sie ein möglichst großes Stück Eis in eine unbenutzte Plastiktüte, ohne es mit bloßen Händen zu berühren. (Dabei geht es nicht so sehr darum, dass das Eis Ungesundes enthalten könnte, sondern darum, dass an Ihren Händen Substanzen kleben, die die spätere Analyse erschweren.) Legen Sie die Plastiktüte in ein Gefrierfach, das idealerweise minus 20 Grad haben sollte. Wenn Schäden entstanden sind, verständigen Sie die Polizei, ansonsten das nächstbeste meteorologische Institut und die Nachrichtenkanäle Ihrer Wahl. Das Zurechtlegen von Sätzen wie «Im ersten Moment wusste ich überhaupt nicht, was geschehen war», «Es hörte sich an wie eine Bombe» oder «Tot hätte ich sein können!» ist optional.

Naturkonstanten

I believe there are 15,747,724,136,275,002,577,605,653,961,181,555,468, 044,717,914,527,116,709,366,231,425,076,185,631,031,296 protons in the universe and the same number of electrons.

Sir Arthur Eddington, «The Philosophy of Physical Science», 1939

Naturkonstanten heißen G, α, c, m_e oder $\hbar$ und tauchen in physikalischen Gleichungen so zuverlässig auf wie Ratten auf Mülldeponien. Die Anziehungskraft zwischen zwei Körpern zum Beispiel berechnet sich als Produkt der Massen, geteilt durch das Quadrat ihres Abstandes mal eine Naturkonstante – die Gravitationskonstante G, die 0,00000000006673 Kubikmeter pro Kilogramm pro Quadratsekunde beträgt.

Die Anwesenheit von Konstanten in Naturgesetzen ist keineswegs selbstverständlich. Für Leute, die den Anspruch haben, die Welt zu erklären, ist das Auftauchen von krummen und mysteriösen Zahlen in den sauberen Theorien ein Ärgernis. Naturkonstanten sind die Lücken in den Theorien, Stellen, an denen die Theorie nicht weiterweiß. Über den Konstanten in den Naturgesetzen muss man sich die Gedankenblase «Vorläufig, bitte nochmal nachdenken» vorstellen. Andere formulieren es positiver und beschreiben Konstanten als eine Art Fenster, das uns einen Blick auf die Welt erlaubt. Zunächst jedoch müssen die Laborleute ran und jede einzelne der Konstanten mühselig ausmessen. Die erwähnte Gravitationskonstante G wurde erstmals im Jahr 1798 von dem englischen Physiker Henry Cavendish bestimmt, mit Hilfe eines Apparats, der vor allem aus Kugeln und Drähten besteht. Ohne Frage würden Physiker ein Naturgesetz vorziehen, das ohne Drähte auskommt.

Mit jeder neuen Theorie entstehen neue Konstanten. Die Spezielle Relativitätstheorie zum Beispiel führt die Lichtgeschwindigkeit im Vakuum (c = 299 792 458 Meter pro Sekunde) als Naturkonstante ein. Man wusste zwar seit dem 17. Jahrhundert, dass Licht eine Geschwindigkeit hat, aber ihren Status als Konstante verdankt diese Geschwindigkeit Albert Einstein. Andere Konstanten verschwinden, wenn die dazugehörigen Theorien durch neue ersetzt werden, was eine übermäßige Vermehrung der Konstanten zum Glück verhindert. So verlor die Schwerebeschleunigung auf der Erde (g = 9,81 Meter pro Quadratsekunde) ihren Status als Naturkonstante, weil sie sich aus dem Newton'schen Gravitationsgesetz als Spezialfall ableiten lässt, wozu man lediglich Masse und Radius der Erde benötigt – und die neue Konstante G.

Die Naturkonstantenforschung ist keine eigenständige Disziplin, sondern immer gekoppelt an ein theoretisches Konstrukt – man nimmt die faulen Stellen der jeweiligen Theorie unter die Lupe. Die Anzahl der Naturkonstanten, die wirklich diesen Namen verdienen, also fundamentale Eigenschaften des Universums sind, hängt davon ab, welche Theorie über das Universum man für richtig hält. Es gibt gute Gründe, an zwei, drei oder gar keine fundamentalen Konstanten zu glauben. Die zurzeit üblichen Modelle zur Beschreibung der Welt benötigen allerdings mindestens 22, darunter so wenig bekannte wie den Weinbergwinkel, den man unter anderem bei der Beschreibung des radioaktiven Zerfalls von Elementen braucht.

Wenn Konstanten entstehen und wieder verschwinden, ist es auch nicht mehr so verwunderlich, dass die heute gebräuchlichen Naturkonstanten nicht unbedingt konstant sein müssen – so bizarr sich das anhört. Eigentlich können wir nur dann sicher sein, dass eine Konstante konstant ist, wenn wir genau wissen, was sie bedeutet und wo sie herkommt. Solange wir das nicht verstanden haben, können die Naturkonstanten machen, was sie wollen.

Der englische Physiker Paul Dirac gehörte zu denen, die als Erste über variable Konstanten spekulierten. In seiner «Hypothese der großen Zahlen» stellte er fest, dass das Verhältnis aus der elektrischen Anziehung zwischen Proton und Elektron und der Schwerkraft – eine Naturkonstante – ungefähr genauso groß ist wie das Alter des Universums, wenn man die Einheiten geschickt wählt. Beide Zahlen liegen im Bereich von 10^{40}, einer Eins mit vierzig Nullen. Dirac hielt dies nicht für Zufall, sondern für einen Fall von veränderlichen Naturkonstanten – die Gravitationskonstante entwickle sich invers proportional zur Zeit und werde mit zunehmendem Alter des Universums immer kleiner. Die meisten seiner Kollegen tun solche Mutmaßungen als Zahlenmystik ab. Der zugrundeliegende Ansatz jedoch ist nicht so abwegig: Naturkonstanten sind vielleicht nicht einfach irgendwelche Zahlen, sondern physikalische Parameter, die sich mit dem Universum entwickeln. Es ist also sicher eine gute Idee, nachzusehen, ob sie an anderen Orten und zu anderer Zeit noch dieselben sind.

Viele Naturkonstanten entziehen sich einer sinnvollen Kontrolle, weil sie zu eng an die menschengemachten Maßeinheiten gebunden sind. Ein Beispiel ist die Längeneinheit Meter:

Bis 1960 war das Meter anhand eines Metallbarrens definiert. Die Länge eines solchen Barrens wird unter anderem durch die Größe seiner Atome bestimmt, die wiederum von diversen Naturkonstanten abhängt. Verändern sich die Naturkonstanten, dann verändert sich auch der Längenstandard, den man zur Messung der Naturkonstanten benötigt, und am Ende ist man genauso schlau wie am Anfang. Meistens konzentriert man sich daher auf Naturkonstanten, die die angenehme Eigenschaft haben, ohne Maßeinheit auszukommen; sogenannte dimensionslose Konstanten.

Besonderer Aufmerksamkeit erfreut sich die dimensionslose «Feinstrukturkonstante» α, die unter anderem die Stärke der elektrischen Abstoßung und Anziehung und die Stärke der Wechselwirkung zwischen Elektron und Photon festlegt. Sie beträgt fast exakt 1/137, also 0,0073. Eine praktische Eigenschaft der Feinstrukturkonstante: Sie taucht fast überall auf, wo etwas mit Atomen passiert. Atome sind recht weit verbreitet im Universum, was eine Messung von α erleichtert. Die Feinstrukturkonstante hängt von diversen anderen Konstanten ab, einschließlich der Lichtgeschwindigkeit und der Ladung des Elektrons, die man weniger leicht überprüfen kann. Sollte α nicht konstant sein, dann ist eine dieser anderen Konstanten schuld.

In den letzten Jahrzehnten ist die empirische Verifizierung der Feinstrukturkonstante in Fahrt gekommen, vor allem, weil man zwei hervorragende Laboratorien für solche Tests gefunden hat. Eines davon liegt in der Region Oklo im westafrikanischen Staat Gabun. Oklo ist bisher der einzige Ort auf der Welt, an dem man natürliche Kernreaktoren gefunden hat. Vor geschätzten zwei Milliarden Jahren passierte dort unterirdisch genau das, was heute in Atomkraftwerken abläuft – nur ohne Betonkuppel, Kühlwassertürme und Bürgerproteste.

Der Boden in Oklo verfügte damals über eine ungewöhnlich

hohe Konzentration des Uranisotops mit dem Atomgewicht 235 – 3 Prozent des gesamten Urans, normal wären 0,7 Prozent. Uran 235 ist das gleiche Isotop, das man in Atomkraftwerken als Ausgangsmaterial verwendet, und es zerfällt anspruchslos von alleine. Wenn man jedoch eine Kettenreaktion auslösen will, sodass der Zerfall eines Atoms automatisch den Zerfall weiterer Atome nach sich zieht, muss man das Uran in einem Material lagern, das die bei der Spaltung entstehenden Neutronen abbremst. In Oklo wurden Neutronen durch Grundwasser abgebremst. Die Bedingungen waren so günstig, dass der natürliche Reaktor ein paar hunderttausend Jahre lang genug Energie produzierte, um circa zehn Einfamilienhäuser zu heizen. Leider verdampfte dabei allmählich das neutronenbremsende Wasser, und der Reaktor brachte sich selbst zum Stillstand. Heute findet man im Boden von Oklo die typischen Abfälle von Kernreaktionen.

Der russische Physiker Alexander Shlyakhter zeigte im Jahr 1976, wie man mit Hilfe der Bodenproben von Oklo die Feinstrukturkonstante messen kann. Man macht sich dabei zunutze, dass der Zerfall eines Isotops von Samarium – einem Zwischenprodukt des Uranzerfalls – extrem empfindlich auf Änderungen der Konstante reagieren würde, wenn sie sich denn ändert. Aus der chemischen Zusammensetzung des Bodens im Oklo-Reaktor kann man zumindest theoretisch ableiten, welchen Wert die Konstante hatte, als der Reaktor noch funktionierte. Diese Analyse ist leider alles andere als trivial. Man muss unter anderem verstehen, was genau in Oklo vor zwei Milliarden Jahren ablief, insbesondere wie sich die Neutronen damals benommen haben. Außerdem benötigt man ein solides Modell der Vorgänge in Atomkernen. Diese Schwierigkeiten halten Wissenschaftler jedoch nicht davon ab, regelmäßig neue Feinstrukturkonstanten aus den Gruben von Oklo zutage zu fördern.

Die meisten Physiker sehen auf der Grundlage der Oklo-Bodenproben keinen Anlass, an der Konstanz der Konstante zu zweifeln. Im Moment sieht es so aus, als sei α seit zwei Milliarden Jahren mindestens bis auf circa 0,00001 Prozent konstant. Ab und zu jedoch melden sich Leute zu Wort, die ausgehend von den Oklo-Daten glauben, eine Veränderung in der nächsten Stelle hinter dem Komma festgestellt zu haben. Ob das stimmt oder nicht, darüber wird heftig diskutiert, aber alle scheinen sich darin einig zu sein, dass das letzte Wort in der Angelegenheit noch nicht gesprochen ist.

Die anderen Orte, die uns einen Blick in die Vergangenheit von α ermöglichen, sind leider deutlich weiter weg als Gabun – so weit, dass man die Hilfe von Astronomen benötigt. Quasare sind die Kerne von speziellen Galaxien und außerdem die hellsten Objekte im Universum (abgesehen von kurzzeitigen Explosionen). Sie verschleudern so viel Licht, dass wir sie auch noch in Entfernungen von mehr als 12 Milliarden Lichtjahren sehen können. Ihre Energie beziehen Quasare aus dem freien Fall von Materie. Wenn eine Tasse aus großer Höhe auf die Erde fällt, dann wird ihre Bewegungsenergie schlagartig in eine andere Form umgewandelt, die eventuell zur Zerstörung der Tasse führt. Ersetzt man die Tasse durch einen Strom aus Gas, die Erde durch ein Schwarzes Loch, die einfachen Gesetze der fallenden Tasse durch wesentlich kompliziertere und bläst alles auf unvorstellbare Dimensionen auf, dann hat man so etwas Ähnliches wie einen Quasar konstruiert. Die Energie wird in diesem Fall als Licht abgestrahlt und landet nach geraumer Zeit in unseren Fernrohren.

Auf dem Weg dorthin muss das Licht allerdings oft durch intergalaktische Nebelschwaden, die zwischen uns und den Quasaren liegen. Wir wissen das, weil die Atome in diesen Wolken aus Gas Licht verschlucken, das dann im Teleskop nicht mehr ankommt. Welche Sorten Licht die Atome verschlucken, hängt auf subtile Art wieder von der Feinstrukturkonstante ab, die man daher präzise ableiten kann.

Die Elektronen in Atomen befinden sich auf verschiedenen Energieniveaus, so wie sich die Bewohner eines Mehrfamilienhauses auf mehrere Etagen verteilen. Will ein Elektron eine Etage nach oben, so benötigt es eine bestimmte Menge an Energie, die es sich zum Beispiel von Licht holen kann. Jedes Lichtteilchen trägt eine exakt festgelegte Energiemenge, die nur von seiner Frequenz abhängt. Deswegen verschlucken Atome Licht bei spezifischen Frequenzen. Analysiert man das Licht eines Quasars, so ist er bei bestimmten Frequenzen weniger hell als sonst, weil die erwähnten Wolken Atome enthalten, die genau dieses Licht wegnehmen. Die Stellen, an denen Licht fehlt («Absorptionslinien»), kann man für alle möglichen Atome in Ruhe auf der Erde ausmessen und dann mit den Quasardaten vergleichen. Anhand der Absorptionslinien kann man nicht nur die Anwesenheit von bestimmten Atomen überprüfen, sondern auch jede Menge nützliche Dinge messen, z. B. die Temperatur des Gases, die Entfernung der Wolke – und eben die Feinstrukturkonstante, weil sie die Abstände zwischen den Elektronenetagen regelt.

Weil die Quasare oft mehrere Milliarden Lichtjahre entfernt sind, ist das Licht, das wir empfangen, auch mehrere Milliarden Jahre alt. Wir sehen also nicht nur in die Ferne, sondern auch in die Vergangenheit, viel weiter zurück als mit dem Oklo-Reaktor. Die bisher beste Methode, um aus Quasarlicht α zu ermitteln, stammt von einem australischen Team unter der Leitung von John K. Webb. Der Schlüssel zum Erfolg ist hier die Analyse von ganzen Serien aus Absorptionslinien und mehreren Atomarten auf einen Schlag. Leider ist auch hier der Weg zur Feinstrukturkonstante unangenehm kompliziert und abhängig von unserem Wissen über die Innereien der Atome, mit denen man es zu tun hat. Außerdem ist die erforderliche

Messgenauigkeit unverschämt hoch, und schon winzige unerkannte Fehler machen alles kaputt.

Mit ihrer neuen Technik bewaffnet begaben sich die Australier zum Riesenteleskop «Keck», das seit Anfang der 1990er Jahre auf einem erloschenen Vulkan in Hawaii steht und mit Hilfe eines zehn Meter großen Spiegels Licht einsammelt. Und tatsächlich: Webb, der Doktorand Michael Murphy und diverse Kollegen fanden 2001 erstmals eine Veränderung von α in der Gegend von knapp 0,001 Prozent, und zwar für Quasare, die 6 bis 12 Milliarden Lichtjahre entfernt sind. Zunächst waren die Australier misstrauisch, aber ein Test nach dem anderen bestätigte ihr Ergebnis. Die Konstante ist offenbar nicht konstant.

So einfach jedoch funktioniert Wissenschaft nicht, insbesondere nicht, wenn man an ihren Fundamenten rüttelt. Die Leute nehmen die Sensation erst mal zur Kenntnis und warten ab, ob andere Forscher mit anderen Riesenteleskopen das Ergebnis bestätigen. Der natürliche Gegenspieler des amerikanischen Keck-Teleskops ist das europäische «Very Large Telescope» (VLT), das in der Atacama-Wüste in Chile steht. Zwischen 2004 und 2006 wurden diverse Versuche unternommen, mit dem VLT das Gleiche zu tun wie mit dem Keck, und alle Messungen ergaben dasselbe Ergebnis: α steht wie eine Eins und ändert sich nicht – im krassen Widerspruch zum Keck-Resultat.

Widersprüchliche Ergebnisse sind immer interessant, weil sie erst zu langen Debatten und dann oft zu neuen Ideen führen. Bisher steht es unentschieden zwischen den Australiern und ihren Kontrahenten. Auffällig ist jedenfalls, dass die zwei Teleskope unterschiedliche Ergebnisse liefern. Manche sehen darin einen klaren Hinweis auf unentdeckte systematische Fehler bei einem der beiden. Webb und Co. gehen mittlerweile einen Schritt weiter. Sie analysieren die VLT-Daten mit ihrer eigenen Methode und finden, Überraschung, eine variable Feinstrukturkonstante – aber in die andere Richtung. Bei den Keck-Quasaren war α in der Vergangenheit kleiner, bei den VLT-Quasaren größer. Während Keck auf der Nordhalbkugel der Erde steht und daher vor allem Objekte in der Nordhälfte des Himmels beobachten kann, sieht das VLT in Chile vor allem die Quasare im Süden, weshalb man viele dieser Objekte nur von einem der beiden Teleskope aus beobachten kann. Nimmt man einmal an, dass beide Ergebnisse stimmen, dann bedeutet es, so Webb in einer Publikation aus dem Jahr 2010, dass α nicht nur zeitlich, sondern auch räumlich variabel ist – nämlich im Norden anders als im Süden. Das macht die Sache natürlich weder einfacher noch den Diskussionsbedarf kleiner.

Mit den Quasaren kann man übrigens noch ganz andere Naturkonstanten nachmessen, zum Beispiel das dimensionslose Verhältnis von Protonen- und Elektronenmasse. Auch da gab es schon Meldungen von Variationen, aber es sieht wohl so aus, als sei der Wert mindestens bis auf 0,001 Prozent konstant. Ähnliches gilt für die Gravitationskonstante. Offenbar leben wir nicht in dem Universum, das sich Dirac vorgestellt hat – die Schwerkraft ist haltbarer, als er dachte.

Man kann Konstanten übrigens auch ohne die Hilfe von Afrika und Quasaren messen. Nur noch ein Beispiel aus dem Sammelsurium an Methoden: Man lässt verschiedene Atomuhren gegeneinander um die Wette laufen und sieht nach, welche als erste ins Ziel kommt. Weil Atomuhren wiederum vom Inneren der Atome abhängen (→ Zeit), kann man daraus auf umständliche Art und Weise ein paar Konstanten ableiten. Mit dem Überprüfen von Naturkonstanten kann man als Physiker problemlos seinen Unterhalt verdienen.

Abgesehen von der Frage, ob unsere Konstanten wirklich Konstanten sind, steht noch ein anderes großes Problem im Raum: Warum haben die Konstanten genau die Werte, die sie haben? Namhafte Physiker haben sich in dunklen Stunden an dieser Frage abgearbeitet. Der Engländer Arthur Eddington zum Beispiel schaffte es, einen Zusammenhang zwischen der Feinstrukturkonstante und der Anzahl der Protonen im beobachtbaren Universum an den Haaren herbeizuziehen und erntete dafür einigen Spott in Physikerkreisen.

Irgendeinen Wert müssen die Dinger ja schließlich haben, könnte man naiv erwidern, aber das ist zu kurz gedacht. Wären die Konstanten nur ein klein bisschen verstellt – es gäbe uns nicht. Man muss nur leicht an den Massen von Elementarteilchen oder an der Stärke ihrer Wechselwirkung (z.B. an der Feinstrukturkonstante) drehen, und Atome stürzen zusammen, Sterne funktionieren nicht mehr richtig, und auch sonst geht alles den Bach runter. Komplizierte Chemie, wie sie für die Entstehung von Leben notwendig ist, steht in vielen der verstellten Universen nicht auf dem Stundenplan. Offenbar ist unser Universum so eingestellt, dass es gerade uns geben kann. Insofern müssen die Konstanten genau die Werte haben, die sie haben, damit wir uns diese Sorgen überhaupt machen können.

Trotzdem muss es eine Erklärung geben, es gibt schließlich immer eine. In diesem Fall sogar zwei: Auf der einen Seite könnte das Universum eben exakt so eingerichtet sein, dass unsere Existenz möglich ist, eine Hypothese, die die Menschheit in direkten Zusammenhang mit dem Ursprung des Universums bringt und meist einen intelligenten Designer verlangt. Bei Designer denkt man automatisch an Götter, die über den physikalischen Gesetzen stehen, aber es wäre auch denkbar, dass unser Universum von hochentwickelten → Außerirdischen zusammengeschraubt wurde. Oder aber in einer Art Computer simuliert wird, warum nicht.

Auf der anderen Seite könnten einfach alle Welten mit allen möglichen Kombinationen aus Naturkonstanten existieren. In solchen «Multiversums»-Theorien – es gibt ziemlich viele verschiedene davon – wohnen wir in dem einen Universum von Abermillionen, in dem es Strom aus der Steckdose und fließendes Wasser gibt. Falls das so ist, könnten wir aus den Naturkonstanten eventuell etwas über unsere Nachbaruniversen lernen. Der amerikanische Astronom Fred Adams zum Beispiel rechnete im Jahr 2008 aus, dass ein Viertel der möglichen Kombinationen aus Naturkonstanten die Entstehung von Sternen erlaubt. Wer sich also jemals in ein anderes Universum verirrt, hat gewisse Chancen, dort ebenfalls einen Sternenhimmel vorzufinden.

Ob Design oder Multiversum: Die Frage, warum wir existieren, ist zumindest hart am Limit dessen, was man mit den Mitteln der Physik beantworten kann. Schnell gerät man in zweifelhafte Kreise und muss den Rest seines Lebens als Philosoph arbeiten. Keine schöne Aussicht, wenn man bedenkt, wie viel Spaß man in Hawaii oder Westafrika haben könnte.

Orgasmus, weiblicher

> *Wie wunderbar ist es, dass Mann und Frau wichsen können! Es ist ein Genuss, wenn man allein ist, eine große Kompensation für Ärger und Gram, und eine erfreuliche Bereicherung in der Gesellschaft anderer.*
>
> Walter in «Mein geheimes Leben» (1888–1892)

«Warum gibt es eigentlich den Orgasmus?» ist eine Frage, die unter Laien viel seltener diskutiert wird als beispielsweise «Warum gibt es eigentlich das Schnabeltier?», und das, obwohl der Orgasmus insgesamt häufiger und nicht nur in Australien auftritt. Wenn es dann doch zu einer Diskussion kommt, hört man oft die Antwort: «weil er Spaß macht». Spaß aber ist für die Natur kein Argument, wie man unschwer an der Existenz von Rückenschmerzen, Nieselregen und → Erdbeben erkennen kann. Warum Männer Orgasmen haben, lässt sich noch relativ einfach erklären: Der Orgasmus dient als Anreiz, die sexuelle Betätigung nicht abzubrechen und die Frau möglichst nicht weggehen zu lassen, bevor die Übertragung von Keimzellen an einen hoffentlich zur Fortpflanzung geeigneten Ort abgeschlossen ist.

Anders bei der Frau, zu deren erfolgreicher Vermehrung es genügt, alle paar Jahre einmal Sex zu haben, der so lange dauert, dass der männliche Samenerguss stattfinden kann. Dafür würde es ausreichen, wenn Frauen Sex milde amüsant finden würden, etwa so wie eine Rückenmassage. Schließlich kratzen wir uns auch freiwillig, wenn es juckt, und wir essen, wenn uns danach ist, ohne eine Kratz- oder Essklimax als Belohnung zu verlangen. Zur Steigerung der Fortpflanzungsmotivation könnte man irgendwo am Körper eine empfindliche Stelle vorsehen, die, wenn man sie kitzelt, im Kopf Interesse an sexueller Betätigung weckt. Tatsächlich scheinen Forscher ohne große Streitereien hinzunehmen, dass diese Art Evolutionsdruck für die Klitoris verantwortlich sein könnte. Aber das erklärt noch nicht, warum dasselbe Organ, wenn man es ein wenig länger kitzelt, auch einen Orgasmus zustande bringt. Das Argument «Es wäre doch aber gemein und ungerecht, wenn nur Männer einen Orgasmus hätten!» ist der Natur nämlich egal, schließlich ist es auch ungerecht, dass viele Affen seidige Greifschwänzchen haben, Menschen aber nicht.

Während Laien sich damit zufriedengeben, dass Orgasmen überhaupt existieren, haben sich Forscher verschiedener Fachbereiche in den letzten Jahrzehnten einige Erklärungen für das Phänomen ausgedacht, und zwar mindestens 21 Stück. Die amerikanische Wissenschaftsphilosophin Elisabeth Lloyd hat sie für ihr 2005 erschienenes Buch «The Case of the Female Orgasm» aufgelistet und begründet, warum ungefähr zwanzigeinhalb davon nicht viel taugen.

19 dieser Hypothesen erklären den weiblichen Orgasmus auf unterschiedlichen Umwegen als evolutionäre Anpassungsleistung. (Im Konzept «evolutionäre Anpassung» verstecken sich wiederum einige grundlegende Fragen, die im Kapitel → Brüste nachzulesen sind.) In etwa der Hälfte dieser Theorien hat sich der Orgasmus im Zusammenhang mit der monogamen Paarbindung entwickelt. Für die evolutionäre Nützlichkeit der Paarbindung gibt es eine Vielzahl möglicher Begründungen, unter anderem die lange Unselbständigkeit von Kleinkindern, deren Überlebenschancen steigen, wenn sich beide Elternteile um sie kümmern. Die sexuelle Betätigung, so das Modell, festigt diese Bindung stärker, wenn sie beiden Partnern möglichst viel Vergnügen bereitet.

Diese Hypothese bringt zwei Probleme mit sich: Zum einen spricht wenig dafür, dass die Fähigkeit zum Orgasmus die Treue zu einem bestimmten Partner steigert. Ein Interesse am Orgasmus könnte genauso gut den Seitensprung fördern und damit die Untergrabung der Paarbindung. Zum anderen begründen die Paarbindungstheorien lediglich, warum Frauen beim Geschlechtsverkehr Orgasmen haben. Wir erinnern uns: Die ursprüngliche Aufgabe war eigentlich, den weiblichen Orgasmus zu erklären, Punkt. Wer nur den Orgasmus beim Geschlechtsverkehr erklärt, geht implizit von vornherein davon aus, dass der weibliche Orgasmus eine evolutionäre Anpassung ist, und setzt damit das voraus, was eigentlich erst zu beweisen wäre.

Außerdem sind «Orgasmus» und «Orgasmus beim Geschlechtsverkehr» offenbar auch technisch nicht einfach gleichzusetzen. Beim Geschlechtsverkehr brauchen Frauen 10 bis 20 Minuten bis zum Orgasmus, beim Onanieren hingegen nicht länger als Männer, nämlich im Schnitt vier Minuten. Die Techniken, die die überwiegende Mehrheit dabei einsetzt, haben – anders als beim Mann – mit dem Geschehen beim Geschlechtsverkehr eher wenig zu tun, im Klartext: Das Einführen von Gegenständen in die Vagina ist nicht so beliebt, wie man erwarten könnte. Die Klitoris wiederum sitzt nicht da, wo die Evolution sie eigentlich hätte anbringen müssen, wenn das Erzeugen von Orgasmen beim Verkehr ihre Hauptaufgabe wäre. Befragungen (auf deren Probleme wir noch zu sprechen kommen) ergeben ziemlich einhellig, dass nur eine Minderheit halbwegs zuverlässig durch Geschlechtsverkehr zum Orgasmus gelangt. Das alles ist nicht leicht mit Erklärungen in Einklang zu bringen, denen zufolge sich der weibliche Orgasmus im Zusammenhang mit dem Fortpflanzungsakt entwickelt hat.

Ein anderes Problem aller Anpassungstheorien sind die fehlenden Anzeichen dafür, dass die Orgasmusfähigkeit Einfluss auf den Fortpflanzungserfolg hat. Bis ins 19. Jahrhundert gingen Rechtsmediziner davon aus, dass bei Vergewaltigungen mangels Orgasmus der Frau keine Schwangerschaft entstehen kann. Wurde eine Frau durch eine Vergewaltigung schwanger, war offenbar ihre «Liebeshitze» hinzugekommen, es handelte sich also nach damaligem Rechtsverständnis nicht mehr um eine Vergewaltigung. Heute weiß man, dass Frauen problemlos ohne Orgasmus schwanger werden. Im Zusammenhang mit Kinderwunschbehandlungen taucht öfter der Ratschlag auf, nach der künstlichen Befruchtung zu onanieren, weil der Orgasmus die Erfolgswahrscheinlichkeit erhöhen soll, aber für eine Wirksamkeit dieser Technik gibt es keine Belege. Das bedeutet nicht, dass diese Belege nicht noch auftauchen könnten, aber nach derzeitigem Wissensstand hat der weibliche Orgasmus keine Auswirkungen auf die Wahrscheinlichkeit, schwanger zu werden.

Als konkrete Begründung für die Befruchtungshilfetheorie wird angeführt, dass sich beim Orgasmus «der Muttermund senkt und dadurch tiefer ins Sperma eintaucht» oder die Gebärmutter durch rhythmische Kontraktionen staubsaugerartig das Ejakulat aus der Vagina pumpt. Zwar sinkt beim Orgasmus tatsächlich der Druck in der Gebärmutter, wie C. A. Fox und Kollegen 1970 in einem Versuch herausfanden, bei dem sie ein Messgerät in der Gebärmutter einer Frau platzierten (bei der es sich vermutlich um Fox' Ehefrau Beatrice handelte, «ohne deren Hilfe diese Forschungsarbeit nicht möglich gewesen wäre»). Dem Ejakulat scheint dieser Unterdruck allerdings egal zu sein, dafür sprechen jedenfalls Experimente der Sexualwissenschaftler Ernst Gräfenberg (nach dem der G-Punkt benannt ist), William Masters und Virginia Johnson. Sie brachten Röntgenkontrastflüssigkeit in einem Pessar vor dem Gebärmutterhals an, die dort jedoch tatenlos liegen blieb und keine Anstalten machte, sich aufsaugen zu lassen. Auch hilft dem Sperma die Hilfestellung vielleicht gar nicht weiter, denn der Gedanke liegt zwar nahe, dass die Fruchtbarkeit steigt, wenn das Sperma schneller Richtung Ei befördert wird, aber Forschung besteht nicht aus naheliegenden Gedanken, und untersucht hat den Sachverhalt bisher offenbar noch niemand.

Vor denselben Problemen stehen die Anhänger der in den letzten Jahren beliebten «Spermakonkurrenz»-Orgasmustheorien. Das Modell sieht vor, dass Weibchen mit Hilfe des Orgasmus das Sperma genetisch überlegener Männchen zügiger Richtung Ei transportieren. Das ist dann von Interesse, wenn mehrere Kopulationen mit unterschiedlichen Partnern in einem kurzen Zeitraum stattfinden. Dieser Brauch wird bei vielen Tierarten gepflegt. Er ist auch bei Menschen nach Ansicht der Spermakonkurrenzanhänger beliebt genug oder war es wenigstens in jüngerer evolutionärer Vergangenheit, um einen solchen Mechanismus lohnend erscheinen zu lassen. Spermakonkurrenz ist bei Tieren gut belegt, ob es sie beim Menschen überhaupt gibt, ist aber umstritten, erst recht als Erklärung des weiblichen Orgasmus. Falls es sich tatsächlich so verhalten sollte, dass genetisch besser ausgestattete Männer für mehr Frauenorgasmen sorgen, benötigt diese – noch zu belegende – Theorie jedenfalls als Grundlage ebenfalls einen noch zu erklärenden Staubsaugermechanismus.

Wer die Hypothesen vom Orgasmus als Befruchtungshilfe besser belegen wollte, müsste also erstens zeigen, dass beim Orgasmus Flüssigkeit in die Gebärmutter gesaugt wird, zweitens, dass sich dadurch die Befruchtungswahrscheinlichkeit erhöht, und drittens, dass durch diese erhöhte Befruchtungswahrscheinlichkeit Frauen mit Orgasmen ihre Gene erfolgreicher unters Volk bringen. Auch das versteht sich nicht von selbst, denn die erfolgreiche Befruchtung ist nicht unbedingt der Engpass der Vermehrung, wie wir im Kapitel →Brüste gesehen haben.

Dass es beim Orgasmus zu rhythmischen Kontraktionen der weiblichen Geschlechtsorgane kommt, ist unumstritten. Vielleicht, so vermuteten einige Forscher in den 1980er Jahren, ist der weibliche Orgasmus ja nur eine Hilfestellung für den Mann? Dagegen spricht, dass die Weibchen einiger Tierarten, darunter auch Primaten, genau diese Kontraktionen auch ohne Orgasmus zustande bekommen. Bei mehreren anderen Primatenarten hingegen haben Verhaltensforscher inzwischen das Auftreten von Orgasmen beobachtet (und in Experimenten ausgelöst; ein überraschender Aspekt des Primatologen-Berufsbilds). Da Äffinnen auf die Frage «Wie war ich?» keine brauchbare Antwort geben, beruhen diese Orgasmusidentifikationen auf Indizien wie vaginalen und analen Spasmen und dem «Klimaxgesicht» und lassen entsprechend Raum für Streitigkeiten. Die Primatinnen verursachen zusätzliche Erklärungsmühe, indem sie diese Orgasmusanzeichen gern beim Masturbieren und bei homosexuellen Praktiken zeigen, aber selten bis gar nicht bei der klassischen Kopulation.

Einer Hypothese des Sexualwissenschaftlers Milton Diamond und der Anthropologin Sarah Blaffer Hrdy zufolge ist gerade die Unzuverlässigkeit des weiblichen Orgasmus eine evolutionäre Anpassungsleistung. Mensch und Tier halten an einer gelernten Verhaltensweise dann am hartnäckigsten fest, wenn sie in unregelmäßigen Abständen belohnt wird. Elisabeth Lloyd wendet gegen diese Theorie ein, im Tierversuch funktioniere diese Art der Konditionierung nur, wenn das gewünschte Verhalten zunächst ganz regelmäßig verstärkt wird. Anfangs belohnt man das Tier jedes Mal, wenn es das Richtige tut, später nur noch in unregelmäßigen Abständen. Gegen Lloyds Einwand spricht wiederum, dass Psychologen dieselbe Erklärung auch für andere menschliche Verhaltensweisen heranziehen, ohne dass sich dagegen bisher großer Widerspruch erhoben hat. Insbesondere in der Erklärung der Automatenspielabhängigkeit spielt die unregelmäßige Belohnung eine wichtige Rolle, und Automaten konditionieren ja auch nicht jeden Neuling zunächst einmal mit einer Gewinnserie.

Der Anthropologe und Evolutionspsychologe Donald Symons plädiert dafür, den weiblichen Orgasmus gar nicht als Anpassungsleistung zu betrachten, sondern auf die gleiche Art zu erklären wie die Tatsache, dass Männer Brustwarzen haben: Das Vorhandensein von Brustwarzen ist für Frauen wichtig, weil sie zum Stillen benötigt werden. Brustwarzen aber werden bereits angelegt, bevor sich in der achten Schwangerschaftswoche männliche und weibliche Embryonen unterschiedlich zu entwickeln beginnen. Auf diese Art bekommen Männer quasi als Nebenergebnis des Selektionsdrucks auf die Frau ebenfalls Brustwarzen mit auf den Weg, es schadet ja nichts. Männliche und weibliche Genitalien entwickeln sich aus denselben Bauteilen, und es scheint eine gemeinsame neurologische Grundlage für den Reflex zu geben, der die Muskelkontraktionen beim Orgasmus beider Geschlechter auslöst.

«Es gibt keine überzeugenden Belege dafür», schreibt Symons, «dass die natürliche Auslese orgasmusfähige Frauen bevorzugt, weder in der Entwicklung der Säugetiere noch im menschlichen Stammbaum. Ebenso wenig lässt sich belegen, dass die weiblichen Genitalien irgendeiner Säugetierart durch natürliche Auslese auf größere Effizienz beim Orgasmus hin entwickelt wurden.» Für Symons ist der weibliche Orgasmus ein Potenzial, das bei allen Säugetieren vorhanden ist, aber nur bei einigen wenigen Arten aktiviert und genutzt wird.

Christopher Ryan, selbst Autor eines Buchs über die Frühgeschichte der menschlichen Sexualität, übt in einer Amazon-Rezension scharfe Kritik an Elisabeth Lloyds Zusammenfassung der Forschungslage: «Lloyds Argumentation beruht auf Studien aus Großbritannien und den USA – zwei der sexuell unterdrücktesten Kulturen, die es je auf diesem Planeten gab. (...) Sie behauptet schlicht, dass nur etwa 20 Prozent aller Frauen immer oder fast immer beim Verkehr zum Orgasmus kommen, ohne diese Daten in einen kulturellen Kontext einzuordnen; mir als Leser kommt das eklatant unwissenschaftlich vor.»

Es gibt zwar nicht viele Studien aus anderen Ländern, aber die vorhandenen Daten deuten eher auf eine international vergleichbare Unzuverlässigkeit des weiblichen Orgasmus hin als auf einen Sonderstatus der angelsächsischen Länder. Dass die Forschungslage insgesamt zu wünschen übriglässt, kann man kaum Lloyd anlasten, die selbst auf die Probleme sexualwissenschaftlicher Datenerhebung hinweist. Zum einen ist das Feld der Sexualwissenschaften weltweit unterbesetzt und produziert insgesamt nur wenige empirische Studien, sodass über grundlegende Fragen heute nicht viel mehr als zu Kinseys Zeiten bekannt ist. Und der Großteil der vorliegenden Studien beschränkt sich auf das Befragen von Studenten oder Patienten, die sich wegen sexueller Probleme in einer Klinik eingefunden haben.

Diese Stichproben sind weit davon entfernt, repräsentativ für die Gesamtbevölkerung zu sein, allerdings ist es generell keine triviale Aufgabe, eine Studie «repräsentativ» zu machen. Angenommen, man wollte etwas über das Sexualleben der Deutschen herausfinden: Die einzige Stichprobe, die mit absoluter Sicherheit exakt den Verhältnissen in Deutschland entspricht, umfasst alle 80 Millionen Einwohner. Wer weniger betrachtet, muss Entscheidungen darüber treffen, in welcher Hinsicht die Stichprobe repräsentativ sein soll. Es ist praktisch unmöglich, in einer Stichprobe alle Verhältnisse der Religionen, Regionen, politischen Überzeugungen, Gesundheitszustände, Ernährungsgewohnheiten, Linkshänderanteile und bevorzugte Gummibärchenfarben korrekt abzubilden, und wer weiß, ob sich nicht doch einer dieser Aspekte als wichtig für die zu untersuchende Frage erweist?

Zu diesen grundsätzlichen Schwierigkeiten kommen zwei Umfragenprobleme, die Sexualwissenschaftler stärker betreffen als andere: Erstens weigert sich ein mittelgroßer Teil der mühsam hergestellten repräsentativen Stichprobe einfach, am Telefon Fragen zum Sexualleben zu beantworten, und womöglich ist bei diesen Antwortverweigerern ja alles ganz anders als bei denen, die bereitwillig Auskunft geben. Zweitens verhält es sich mit Umfrageteilnehmern wie mit den Patienten von Dr. House: «Alle lügen», und zwar insbesondere dann, wenn eine bestimmte Antwort den Befragten besser aussehen lässt – also eigentlich immer. Wenn der Forscher also nicht persönlich dabei war, um den Orgasmus zu bezeugen (wobei er sich nicht auf den Augenschein verlassen darf, sondern physiologische Reaktionen nachmessen sollte), sind Auskünfte zur Orgasmuszuverlässigkeit und -häufigkeit für die Wissenschaft gerade mal besser als nichts.

Man könnte jetzt einwenden, dass es vielleicht auch Wichtigeres zu tun gibt als das Nachzählen von Orgasmen. Aber Sexualtherapeuten werden regelmäßig von Frauen aufgesucht, die beim Verkehr nicht oder nur mühsam zum Orgasmus kommen und sich deshalb Sorgen machen. Die offizielle Vorstellung davon, was den Normalzustand darstellt und was als «dysfunktional» gilt, ist für das Privatleben der Bürger wichtiger und folgenreicher als, sagen wir, das genaue Gewicht eines → Kilogramms. Falls eines Tages doch jemand eindeutig nachweist, dass der weibliche Orgasmus nur ein Versehen der Evolution ist, sollten wir allerdings schon mal über die Gründung von Bürgerinitiativen zu seiner dauerhaften Erhaltung nachdenken. Nur für alle Fälle.

Qualia

«Aber das ist nicht die Frage. Ich möchte wissen, wie es für eine Fledermaus *ist, eine Fledermaus zu sein.»*

Thomas Nagel

In der Sprache des sogenannten gesunden Menschenverstandes – der ja in der Regel weder gesund ist, noch viel mit Verstand zu tun hat – sind die sogenannten Qualia diejenigen Teile des bewussten Erlebens, die seine Beschaffenheit und Substanz ausmachen. Es geht mit anderen Worten hier nicht um die Tatsache, dass zum Beispiel die Schmerzen in der Hand das Kind dazu bringen, die Hand eilig von der Herdplatte zu ziehen, sondern um den Gegenstand der wohl einfallslosesten Interviewfrage aller Zeiten: «Wie hat sich das angefühlt?»

Das Wort Qualia selbst hat übrigens trotzdem nichts mit Qual zu tun (das vom protogermanischen «kwilan» kommt), sondern mit dem lateinischen Wort für «so beschaffen», «qualis», das auch in der «Qualität» steckt. Und der Singular von Qualia, auch wenn man aufgrund klassischer Bildung vielleicht Qualium erwarten könnte, lautet Quale. Merke: ein Quale, viele Qualia, keine Qualen.

Das spezielle Wie der Qualia – man spricht auch vom subjektiven Bewusstsein – ist ein bisschen wie Speiseeis: Es gibt die Qualia in ganz vielen Farben und Geschmacksrichtungen. Die Erscheinung roter Farbe ist ein in der Fachliteratur oft benutztes Beispiel, aber jeder Sinneseindruck und jeder bewusste Gedanke hat ein zugehöriges Quale, und wenn man Qualia wahrnehmen kann, dann gibt es sogar für die Wahrnehmung von Qualia ein Quale.

Und das gilt nicht nur für Menschen. Der Philosoph Thomas Nagel von der New York University hält in einem berühmten Aufsatz das Interviewmikrophon sogar einer Spezies unter die Hufeisennase, die gar nicht in vernünftiger Tonlage antworten kann, und fragt: «Wie fühlt es sich an, eine Fledermaus zu sein?» Die Antwort steht noch aus.

Auf den ersten Blick erscheint es vielleicht, als sei das alles gar kein Problem, die Dinge fühlen sich eben irgendwie an und fertig, aber das stimmt natürlich nicht so ganz. Es stimmt nämlich gar nicht. Dass wir das Problem zunächst nicht sehen, liegt in der *Theory of Mind* begründet, die uns im Kapitel über →Funktionelle Magnetresonanztomographie schon begegnet ist: Wir erleben uns selbst als Personen mit einem Körper, und wir legen diese Annahme auch bei der Beobachtung anderer zugrunde: Der Mensch hat ein Ich, und dieses Ich kontrolliert einen Körper, der es mit Sinneseindrücken versorgt, die das Ich dann mittels seines Bewusstseins wahrnimmt. Und diese geistige Instanz, die da wahrnimmt, erzeugt eben auch die Qualität dieses Wahrnehmens, die damit auch eine Eigenschaft geistiger Vorgänge wäre. So weit, so bereits unrettbar verfahren.

Denn unserer Vorstellung von der materiellen Wirklichkeit liegt die Physik zugrunde und, vielleicht noch grundlegender, der Gedanke der Kausalität und Gesetzmäßigkeit an sich. Wenn der Körper auf eine bestimmte Weise agieren soll, oder wenn man spricht, müssen sich Muskeln bewegen. Das tun Muskeln aber nur, wenn sie durch elektrische und biochemische Signale dazu ermuntert werden. Wenn diese Signale von geistigen Prozessen ausgelöst werden sollen – wenn man sich zum Beispiel entscheidet, eine heiße Herdplatte anzufassen –, müssen diese geistigen Prozesse kausal auf den Körper einwirken. Dann sind es aber keine geistigen Prozesse mehr, weil das Attribut «geistig» ja gerade einen Gegensatz zur physikalischen Körperlichkeit darstellen sollte. Wenn man gerne das Geistige retten möchte, weil man zum Beispiel an eine unsterbliche Seele glaubt, klafft zwischen diesem Geistigen und den Nervensignalen und der verbrannten Hand eine kausale Erklärungslücke. Philosophen nennen sie die «ontologische Lücke», vermutlich, weil das ganz lustig klingt.

Darüber, wie man diese lustige Lücke schließen könnte, herrscht das Gegenteil von Einigkeit. Das ist natürlich kein Wunder, eine Lücke ist schließlich ein → Loch und damit an sich schon ein seltsames Gerät, aber die ontologische Lücke hat es zusätzlich in sich. Eine Zeitlang wurde sie häufig mit der Behauptung geschlossen, dass das Bewusstsein eben gar keine kausale Kraft habe und ein sogenanntes Epiphänomen sei. Epiphänomene sind Dinge, die gewissermaßen nebenbei entstehen, während eigentlich was ganz anderes passiert. Zugvögel fliegen zum Beispiel oft in V-Formation, der deutlich besseren Aerodynamik wegen. Die Tatsache, dass dabei für uns der Buchstabe V lesbar wird, könnte man ein Epiphänomen des Formationsflugs nennen. Es folgt daraus nämlich nicht, dass als Nächstes O-, G-, E- und L-Formation geflogen würden. Wenn Bewusstsein zwar geistige Substanz, aber ein Epiphänomen ist, dann wird es zwar von der materiellen Welt verursacht, hat aber selbst keinerlei kausale Kraft. Das heißt, ob ein bestimmtes Erlebnis im Bewusstsein stattgefunden hat oder nicht, kann das Verhalten des Organismus in keiner Weise verändern. Dann gibt es keine ontologische Lücke mehr, weil die ja gerade auf der kausalen Wirkung des Geistigen beruhte.

Wenn man aber Qualia und das subjektive Bewusstsein zu einem Epiphänomen erklärt, kommt man ebenfalls in sonderbare Schwierigkeiten, nur in andere. Zum Beispiel würde das bedeuten, dass man zwar subjektive Erlebnisse haben, aber hinterher nicht darüber reden kann. Denn wie erwähnt, bewegt sich kein Muskel ohne kausale Ursache, und wenn man den Mund aufmacht aufgrund eines Erlebnisses, dann hatte das Ergebnis also kausale Kraft. Und schon gähnt wieder die Lücke.

Ein anderer Ausweg ist, die Existenz von Qualia gleich komplett zu leugnen. Wenn es die eine Seite der ontologischen Lücke gar nicht gibt, dann gibt es auch die Lücke nicht, weil eine Lücke mit nur einer Seite eher ein Rand ist. Die Debatte darum, ob es Qualia gibt, und wenn ja, was sie nun eigentlich sind, kann entsetzlich verwirrend sein, aber trotzdem macht sie eine Heidenfreude. Es wimmelt in ihr nämlich von Dingen, die sonst nur in eher philosophiefernen Filmen und Büchern vorkommen. Neben Nagels Fledermaus – die übrigens illustrieren soll, dass Qualia objektiv nicht zugängliche Privaterfahrungen sind und sich der Untersuchung prinzipiell entziehen – gibt es da ganze Armeen philosophischer Zombies, eine Farbenforscherin, die im Leben noch nie eine Farbe gesehen hat, Qualophile und Qualophobe. Es ist ein regelrechter Zirkus, mit anderen Worten.

Manege frei: Wenn man versucht, die Existenz von Qualia als rein geistige Entitäten im Gegensatz zum materiellen Rest der Welt zu behaupten, kommt man, wie oben angedeutet, der ontologischen Lücke wegen in Teufels Küche. Aber das muss doch gar kein Problem sein, könnte man denken. Dann sind diese Qualia eben nichts Geistiges, sondern vollständig in einer naturwissenschaftlichen Beschreibung der Welt enthalten – dass diese Beschreibung noch nicht annähernd existiert, stört in dem Fall nicht weiter, wichtig ist nur, dass sie möglich ist. Philosophen können sich an dieser Stelle in endlose Diskussionen darüber verstricken, was man damit meint, dass ein Ding durch ein anderes erklärt wird, und ob die Qualia dann mit Vorgängen im Gehirn identisch sind und was genau das eigentlich heißen sollte, aber wir sehen uns lieber die Farbforscherin Mary an, die der australische Philosoph Frank Cameron Jackson 1982 erfunden hat.

Mary, so geht das Gedankenexperiment, weiß alles, was es über das Farbensehen zu wissen gibt, hat aber ihr ganzes Leben in einem Raum verbracht, in dem es keine Farben gibt, weil Jackson alles in Grautönen angestrichen hat, einschließlich Mary selbst. Diese graue Farbforschungsstätte verlässt Mary nun eines Tages, nachdem sie ihrem Erfinder ein graues Betäubungsmittel verabreicht hat. Vor der Tür bekommt sie als Begrüßungsgeschenk eine reife, knallrote Tomate gereicht. Die kritische Frage des Gedankenexperiments ist nun: Hat Mary, als sie zum ersten Mal das Rot der Tomate gesehen hat, neues Wissen erworben? Wenn ja, argumentiert Jackson, dann muss es also erstens die Qualia wirklich geben, weil Mary durch das bloße Erleben der Rotwahrnehmung etwas gelernt hat, und das geht nur, wenn es dieses Erleben auch tatsächlich gibt. Und zweitens muss dieses Erfahrungswissen, das Quale des Farbensehens, über das bloß naturwissenschaftlich Beschreibbare hinausgehen, denn diese Beschreibung hatte Mary ja schon vor ihrer Begegnung mit der Tomate komplett verfügbar. Hallo, ontologische Lücke!

Damit steckt man natürlich erst mal in einer Falle: Folgt man dem Argument, muss es Qualia geben, und sie können nicht physikalisch sein. Der ontologischen Lücke wegen können sie aber auch nicht *nicht* physikalisch sein. Schachmatt. Man kann dieser scheinbaren Sackgasse allerdings leicht entgehen, indem man Jacksons Ausgangsargument einfach nicht mitmacht. Ein möglicher Einwand ist, dass Mary eben nichts gelernt hat, als sie die Tomate sah. Es ist nämlich gar nicht leicht, genau zu formulieren, welcher Natur dieses neue Wissen eigentlich sein sollte. Würde man Mary fragen, wie es sich angefühlt hat, zum ersten Mal Rot zu sehen, würde sie vermutlich feststellen, dass sie alles, was sie darauf explizit antworten kann, schon vorher gewusst hat. Rot sieht warm und aufregend aus, es macht mich ein bisschen aggressiv, und wenn ich mir einen Sportwagen kaufen würde, sollte er am besten diese Farbe haben. Aber weil sie ja alles über Farben schon vorher wusste, kann nichts davon sie überrascht haben. Das widerspricht natürlich unserer Intuition, wonach es einen Unterschied macht, das Erlebnis selbst zu haben, auch wenn man es in allen Details vorhersagen konnte. Auf die Rolle der Intuition kommen wir gleich zurück.

Zunächst einmal offenbart dieser Einwand ein grundsätzliches Problem von Gedankenexperimenten. Während richtige Experimente in den Worten Max Plancks Fragen an die Natur sind und Messungen die Aufzeichnung der Antwort, sind Gedankenexperimente letztlich Fragen ans eigene Gehirn. Und wenn man Gehirne fragt statt der Natur, muss man aufpassen, denn anders als die Natur können Gehirne lügen. Vielleicht ist das sogar ihre Hauptaufgabe (→ Wissen). Aber bevor wir uns das Problem der Gedankenexperimente näher ansehen, gibt es ein weiteres Gedankenexperiment, diesmal mit den versprochenen Zombies.

Dieses Argument existiert in vielen Varianten, entwickelt unter anderen von Thomas Nagel (dem Mann mit der Fledermaus) und dem britischen Philosophen Robert Kirk (der für seine Zombies bekannt wurde). Der Kern ist die Vorstellung, dass es zwei Menschen geben könnte, die in jedem kleinsten körperlichen Detail und in ihrem Verhalten übereinstimmen, aber der eine hat bewusstes Erleben und der andere nicht. Die Kopie ohne bewusstes Erleben nennt man einen Zombie, genauer gesagt einen philosophischen Zombie, um sie von den gehirnverzehrenden Untoten zu unterscheiden, die man aus dem Alltag kennt. Das Zombie-Argument besagt nun, dass die *Vorstellbarkeit* eines solchen philosophischen Zombies, also die Vorstellbarkeit exakt gleicher materieller Vorgänge mit und ohne Bewusstsein, bedeutet, dass das Bewusstsein über diese körperlichen Zustände und Vorgänge hinausgeht und etwas substanziell anderes sein muss. Wer diese Folgerung über die Beschaffenheit von Dingen aus bloßen Vorstellbarkeiten verwirrend findet, ist damit nicht allein. Man könnte sich fragen, ob philosophische Zombies die Gehirne ihrer Opfer nicht bloß auf andere Weise fressen als ihre Kollegen aus den Horrorfilmen.

Historisch geht diese Sorte von Argumenten auf drei Vorlesungen des amerikanischen Philosophen Saul Kripke zurück, die er 1970 in Princeton hielt und die unter dem Titel «Naming and Necessity» 1980 veröffentlicht wurden. Darin greift Kripke zurück auf René Descartes, der in seinen «Meditationen» als Erster argumentierte, dass Körper und Geist getrennt sein müssen, weil er selbst sie sich deutlich getrennt vorstellen könne. Kripke erweiterte dieses Argument beträchtlich und versuchte zu zeigen, dass jede Behauptung einer Identität – zum Beispiel die zwischen Geist und Körper – entweder in allen vorstellbaren Welten wahr sein muss oder in keiner davon. Woraus im Umkehrschluss folgt: Wenn die Behauptung in einer vorstellbaren Welt falsch ist, muss sie in allen Welten falsch sein. Und wenn das so ist, dann beweisen die philosophischen Zombies, dass Qualia nicht materiell sein können.

Kritiker wenden ein, dass die Vorstellbarkeit dieser Zombies mehr über unsere augenblickliche Intuition und unsere Vorstellungen von Bewusstsein und Körperlichkeit aussagt als über tatsächliches Bewusstsein und tatsächliche Körperlichkeit. Und sobald wir mehr über die Natur des Bewusstseins verstanden haben, werden möglicherweise Zombies nicht mehr vorstellbar sein, und wir verstehen, dass Marys Tomate doch nur eine Tomate war – und keine Frucht der Erkenntnis.

Der vielleicht radikalste Ausweg aus der ganzen Misere ist, anzunehmen, dass es nur eine einzige grundlegende Substanz gibt statt zweier, die wir Körper und Geist nennen, und dass die empirischen Gesetze der Wissenschaft beschreiben, wie sich diese Substanz verhält. Die Probleme, die uns Bewusstsein und Qualia aufgeben, hätten damit keine tiefen philosophischen Ursachen – insbesondere gäbe es keine ontologische Lücke –, sondern wären eben schlichtes Unwissen: Wir wissen noch nicht, wie Gehirnprozesse Bewusstsein hervorbringen. Hier klafft, in der philosophischen Fachsprache ausgedrückt, eine andere, einfachere Lücke, eine Erklärungslücke nämlich. Wenn deren Überbrückung gelungen ist, werden wir wissen, wie aus feuernden Neuronen bewusstes Erleben entsteht. Mal sehen, wie sich dieses Wissen dann anfühlt.

Radioaktivität

Große Zahlen liefern ein statistisch gesehen genaues Ergebnis, von dem man nicht weiß, auf wen es zutrifft. Kleine Zahlen liefern ein statistisch gesehen unbrauchbares Ergebnis, von dem man aber besser weiß, auf wen es zutrifft. Schwer zu entscheiden, welche dieser Arten von Unwissen die nutzlosere ist.

Hans-Peter Beck-Bornholdt und Hans-Hermann Dubben: «Der Schein der Weisen: Irrtümer und Fehlurteile im täglichen Denken»

Im März 2011 hieß es bei *Spiegel Online* im Zusammenhang mit dem Reaktorunfall in Fukushima: «Selbst die radioaktive Wolke aus Tschernobyl, die zum Teil über Deutschland abgeregnet ist, hat zu keinem statistisch nachweisbaren Anstieg von Krebserkrankungen geführt.» Das dürfte für viele Leser eine Überraschung gewesen sein. Aber die Erkenntnis ist weder neu noch eigentlich eine Erkenntnis. Schon 1986, vier Wochen nach dem Reaktorunfall von Tschernobyl, war im *Spiegel* zu lesen gewesen: «Die möglichen Schäden und langfristigen Auswirkungen auf die Gesundheit zu quantifizieren bleibt jedoch Glaubenssache – die Schätzungen, wie viele zusätzliche Krebstote es nach Tschernobyl weltweit geben werde, reichen von 4000 bis zu einigen hunderttausend.» Man könnte annehmen, die Frage ließe sich klären, indem man erst mal abwartet und später nachzählt, wie die Sache ausgegangen ist. Aber fünfundzwanzig Jahre danach hat sich an diesem weiten Spektrum der Schätzungen nicht viel geändert; die Untergrenze der von zahlreichen Institutionen und Forschern veröffentlichten Opferzahlen liegt immer noch bei 4000, die Obergrenze bei knapp einer Million. Was 1986 Glaubenssache war, ist es heute noch und wird es bis auf weiteres bleiben.

Um zu erklären, warum das so ist, müssen wir etwas weiter ausholen. Radioaktivität galt nicht immer als ungesund. Im späten 19. und der ersten Hälfte des 20. Jahrhunderts war der

Glaube an eine gesundheitsfördernde Wirkung schwacher ionisierender Strahlung weit verbreitet. Im Werbematerial der radioaktiven Zahncreme «Doramad» aus den 1940er Jahren hieß es: «Durch ihre radioaktive Strahlung steigert sie die Abwehrkräfte von Zahn und Zahnfleisch. Die Zellen werden mit neuer Lebensenergie geladen, die Bakterien in ihrer zerstörenden Wirksamkeit gehemmt. (...) Die unendlich kleinen Strahlenteilchen prallen auf das Zahnfleisch und massieren es.» Es gab Geräte, mit denen man sein Trinkwasser mit Radium «vitalisieren» konnte, das Reichenberger *Diät-Speisehaus für vegetarische Kost und Rohkost* hatte Radiumzwieback im Angebot, und das Radiumbad Oberschlema in Sachsen warb mit dem Satz «Das stärkste Radiumbad der Welt».

Na gut, könnte man denken, es war kurz nach der Bronzezeit, die Menschen damals hielten schließlich auch Heroin für Hustensaft und das Dritte Reich für eine gute Idee. Aber radioaktive Heilbäder gibt es immer noch, in Bad Schlema und an vielen anderen Orten in Europa. Bad Gastein wirbt mit der Heilkraft der radonhaltigen Luft seiner Bergwerksstollen, und im ungarischen Kurbad Hévíz und auf der Mittelmeerinsel Ischia kann man sich in radioaktiven Schlamm einpacken lassen. Die Wirkung solcher Anwendungen unterscheidet sich ihren Anbietern zufolge nicht wesentlich von dem, was die Zahncremewerbung behauptete: Die Strahlung soll die Zellen stimulieren und widerstandsfähiger machen. Viele Krankenkassen bezahlen diese Radiobalneotherapie zur Schmerzlinderung bei rheumatischen Erkrankungen, bei Hautkrankheiten, Asthma oder Heuschnupfen. Jedenfalls in Deutschland, wo Badekuren eine jahrhundertelange Tradition haben und die gesunde Radioaktivität von Fachleuten in weißen Kitteln beaufsichtigt wird. In den USA müssen Interessierte sich in privat bewirtschafteten rostigen Uranbergwerksstollen einfinden, und der Aufenthalt an diesen Orten gilt als «alternative

Therapie», also als etwas, das man seinem Hausarzt besser verschweigt.

Wenn man Badekurveranstalter werden will, ist es günstig, auf einem Uranvorkommen zu sitzen. Aus diesem Uran entsteht durch radioaktiven Zerfall das Metall Radium und aus dem Radium wiederum das Edelgas Radon, das mit Wasser und Luft an die Erdoberfläche gelangt. Bei «Luftbädern» und Inhalationskuren wird Radon eingeatmet, bei Badekuren diffundiert es zusätzlich über die Haut in den Körper. Ein kleiner Teil des eingeatmeten Radons zerfällt im Körper wiederum zu Polonium, Wismut und Blei. Dabei entstehen energiereiche Alphastrahlen.

Das Radon der Kurkliniken ist das gleiche Radon, das unsere Wohnräume belastet, in Parterrewohnungen etwas stärker, im fünften Stock etwas weniger, da es aus dem Boden nach oben steigt. Bei Gebäuden empfiehlt die EU ab Konzentrationen über 400 Becquerel pro Kubikmeter Luft Maßnahmen zur Radonreduzierung. In Kurorten ist für die therapeutische Anwendung bei Inhalationen und Luftbädern eine Mindestaktivität von 37 000 Becquerel pro Kubikmeter festgelegt, knapp das Hundertfache des Wertes, der in Gebäuden als ungesund gilt. Radioaktivität ist also einerseits ein krankenkassenbezahltes Heilmittel, andererseits, wie überall zu lesen ist, noch in der kleinsten Dosis gesundheitsschädlich. Diese beiden Aussagen vertragen sich schlecht miteinander.

Dafür gibt es einen einfachen Grund: Die Zuständigen glauben an unterschiedliche Theorien. Das ist ihr gutes Recht, denn bisher ist keins der möglichen Modelle zur Strahlenwirkung im niedrigen Dosisbereich eindeutig belegt oder widerlegt worden. Vier Theorien stehen zur Auswahl: das lineare Dosis-Wirkungs-Modell ohne Schwellendosis namens LNT (für *linear no-threshold*), das Schwellenwert-Modell, das supralineare Modell und die Strahlungshormesis. In einer Graphik, die auf der

X-Achse die Strahlungsdosis zeigt und auf der Y-Achse die Anzahl der dadurch verursachten Krebserkrankungen, wäre das LNT-Modell eine diagonale Linie von links unten nach rechts oben: geringe Strahlungsdosen verursachen wenig Krebs, hohe mehr. Im Schwellenwert-Modell verläuft die Linie zunächst flach: Niedrige Strahlungsdosen sind dem Körper egal, weil er die entstehenden Schäden wieder behebt; ab einem bestimmten Schwellenwert erhöht sich dann aber das Krebsrisiko. Umgekehrt ist es im supralinearen Modell: Hier verursachen gerade niedrige Strahlungsdosen größere Schäden, als nach dem LNT-Modell zu erwarten wären. Und in der Hormesis-Graphik geht die Kurve zunächst nach unten, denn dieser Theorie zufolge *senken* niedrige Strahlungsdosen das Krebsrisiko. Natürlich sind noch beliebig viele weitere Modelle denkbar, die als Graphik eine Wellenlinie bilden oder die Form einer sitzenden Katze haben. Sie werden aber von niemandem ernsthaft vertreten.

Das LNT-Modell beruht auf der Annahme, dass Strahlung im Körper wichtige Stellen der DNA zerschlägt und der Körper diese Schäden nicht immer korrekt behebt, sodass es zu Mutationen kommen kann, die womöglich Krebs auslösen. Es wurde Ende der 1950er Jahre als theoretische Orientierungshilfe eingeführt. Seine Befürworter argumentieren, es sei in Abwesenheit solider Daten besser, ein Strahlungsrisiko zu überschätzen, als es zu unterschätzen. Außerdem sei es das einfachste der zur Auswahl stehenden Modelle und suggeriere daher keine unrealistische Genauigkeit.

Das Leben auf der Erde hat sich zu einer Zeit entwickelt, als die natürliche Strahlung im Durchschnitt etwa dreimal so hoch war wie heute. Alles, was heute lebt, muss sich also in gewissem Umfang an dieses Strahlungsproblem angepasst haben, so argumentieren die Vertreter des Schwellenwert- und des Hormesis-Modells. Auch heute variiert die natürliche Hintergrundstrahlung stark: Während die durchschnittliche Strahlenbelastung für Menschen in Deutschland bei etwa zwei Millisievert pro Jahr liegt, sind es in Denver, Colorado, zehn und in verschiedenen Gegenden der Welt noch mehr. Rekordhalter ist der iranische Ort Ramsar, dessen Einwohner auf eine jährliche Dosis von bis zu 200 Millisievert kommen können. Den bisher vorliegenden Daten lässt sich nicht entnehmen, dass die Bewohner dieser Regionen kürzer leben oder kränker sind als andere Menschen.

Die Hormesis-Theorie steht nicht unbedingt im Widerspruch zur Annahme schädlicher Radioaktivitätswirkungen im niedrigen Bereich. Sie besagt lediglich, dass der konkrete Nutzen niedriger Strahlungsdosen bei bestimmten Anwendungen den möglichen Schaden aufwiegt. Man liest selten in der Zeitung von dieser These, aber es wäre ein Fehler, sie deshalb nicht ernst zu nehmen. In der Fachpresse hat sich die Zahl der Veröffentlichungen zur Hormesis in den letzten zehn Jahren vervielfacht.

Die Frage, welches dieser Modelle am besten zu den Tatsachen passt, wird allerdings offenbleiben, solange nicht jemand eine neue Methode erfindet, um die Antwort aus der Natur herauszukitzeln. Denn der eingangs zitierte Satz aus dem *Spiegel* ist doppeldeutig: Dass der Anstieg der Krebserkrankungen statistisch nicht nachweisbar war, klingt bei flüchtigem Lesen so, als existiere dieser Anstieg nicht. Es kann aber auch bedeuten, dass womöglich viele Menschen Krebs bekommen und die Statistik davon nur nichts bemerkt. Genau das ist hier auch gemeint. Es heißt nicht, dass die Statistiker mit ihren Gedanken woanders waren, sondern dass ihr Werkzeugkasten bei manchen Fragen nur begrenzt weiterhelfen kann.

Das zentrale Problem für die Forschung: Schwache Radioaktivität ist nicht ungesund genug. Wenn man hundert Versuchstiere einer hohen Dosis aussetzt und alle hundert wenige

Wochen später tot sind, während in einer gleich großen Kontrollgruppe nur drei sterben, dann ist das statistisch eindeutig. Bei niedrigen Dosen dagegen passiert in vielen Fällen einfach gar nichts. Ein paar Tiere in der Versuchsgruppe bekommen Krebs, aber das ist in der Kontrollgruppe nicht anders; Krebs ist nun mal bei Menschen und den meisten Tieren (→Walkrebs) auch ohne den Einfluss von Radioaktivität ziemlich häufig. Und man kann einer solchen Krebserkrankung nicht ansehen, ob sie durch Strahlung ausgelöst wurde; das Krankheitsbild ist das gleiche wie bei jedem anderen Krebs. Um nachzuweisen, dass Strahlung beim Menschen Krebserkrankungen verursacht hat, muss man deshalb belegen, dass alle dieser Strahlung ausgesetzten Menschen (nicht etwa nur die Raucher oder die Sammler von Antiquitäten aus Asbest) statistisch signifikant häufiger Krebs bekommen.

Das ist viel schwieriger, als man annehmen könnte. Zunächst einmal ist die Anzahl der möglichen Krebserkrankungen durch niedrige Strahlungsdosen sehr klein. (Darüber sind sich tatsächlich alle Diskussionsteilnehmer einig, egal, ob sie von der Atomlobby oder von Greenpeace bezahlt werden.) Das Bundesamt für Strahlenschutz schreibt dazu: «Wenn 10 000 Personen mit zehn Millisievert bestrahlt werden, dann werden bis zu ihrem Lebensende zwölf Personen zusätzlich an Krebs und Leukämien sterben (nach derzeitigen statistischen Befunden sterben ohne Strahleneinwirkung von 10 000 Personen etwa 2500 an Krebs und Leukämie).» Eine Dosis von zehn Millisievert kann man sich etwa durch mehrere Stunden Aufenthalt auf dem Tschernobyl-Kraftwerksgelände zuziehen, durch zwei Computertomographien des Brustkorbs oder indem man ein Jahr lang in Denver, Colorado, wohnt. An der Formulierung, dass zwölf Personen *bis zu ihrem Lebensende* an Krebs und Leukämien sterben werden, könnte man sicher noch arbeiten, aber das Grundproblem wird klar: Eine Zunahme von Erkrankungen durch Strahlung geht in den zufälligen Schwankungen der Krebshäufigkeit unter. Ein hoher Anteil der Bevölkerung (in Industrienationen ungefähr die vom BfS erwähnten 25 Prozent) stirbt auch ohne zusätzliche Strahlungseinflüsse an Krebs. Und weil Menschen unterschiedliche Lebensgewohnheiten haben, verteilt sich diese Krebshäufigkeit sehr ungleichmäßig. Man sucht also nach einem winzigen Signal vor einem Hintergrund aus sehr viel Rauschen, den Wellen eines Steinwurfs in einem aufgewühlten Meer. Das meiste Rauschen kommt übrigens vom Rauchen, denn ein paar heimliche Raucher können die beste Lungenkrebsstatistik ruinieren.

Obwohl die Statistik ein mächtiges Werkzeug ist, sind ihr in der Praxis durch die vorhandene Menge an Testpersonen Grenzen gesetzt. «Um die eventuell erhöhte Sterberate von Kindern zu quantifizieren», erklärte der Strahlenschutzexperte Klaus Henrichs nach dem Tschernobyl-Unfall dem *Spiegel*, «müßten wir allein in Bayern 100 Millionen Kinder untersuchen können.» Bayern hat aber insgesamt nur 12 Millionen Einwohner. Man kann sich das Problem anhand einer Münze veranschaulichen, die etwas unregelmäßig geformt ist und deshalb mit einer ganz leicht erhöhten Wahrscheinlichkeit mit der Zahl-Seite nach oben fallen wird. Wirft man die Münze nur ein paarmal, wird man davon nichts bemerken, weil die natürlichen Schwankungen größer sind als der winzige Effekt, nach dem man sucht. Erst bei einer sehr großen Anzahl von Würfen mitteln sich die Schwankungen heraus, und die leichte Abweichung wird sichtbar. Zuständig für diesen Sachverhalt ist das «Gesetz der großen Zahlen»: Je kleiner der Effekt ist, nach dem man sucht, desto größere Fallzahlen braucht man.

Woher weiß also das Bundesamt für Strahlenschutz auch ohne diese großen Zahlen, dass nach der Bestrahlung zwölf von 10 000 Personen zusätzlich an Krebs und Leukämien sterben werden? Eigentlich gar nicht, denn diese Zahl ist eine

Schätzung. Solche Schätzungen werden aus Beobachtungen bei hohen Dosen extrapoliert, und das sind vorwiegend die Daten aus Hiroshima und Nagasaki. Durch die beiden Atombombenabwürfe wurde eine große Anzahl von Menschen einer relativ gut bestimmbaren Strahlungsdosis ausgesetzt, die man aus dem Aufenthaltsort der Opfer zum Detonationszeitpunkt errechnen kann. Insgesamt wurden etwa 100 000 Überlebende aus den beiden Städten verstrahlt, über 90 Prozent von ihnen mit weniger als 500 Millisievert. Den Daten kann man entnehmen, dass die Häufigkeit aller Krebsarten zusammengenommen ab einer bestimmten Nachweisgrenze linear mit der Dosis ansteigt. Diese Nachweisgrenze liegt dabei je nach Quelle zwischen 30 und 200 Millisievert, schwankt also auch schon um eine Größenordnung. Das liegt daran, dass auch diese Stichprobe von um die 100 000 Menschen nicht annähernd so groß ist, wie sie sein müsste, damit man zu statistisch soliden Ergebnissen gelangen könnte.

Andere empirische Daten über niedrigere Strahlungsdosen stammen aus Studien an Patienten, die aus medizinischen Gründen bestrahlt wurden, beruflich einer höheren Strahlenbelastung ausgesetzt sind, in der Nähe von Kernkraftwerken, in stark radonbelasteten Wohnungen oder in Gegenden mit hoher natürlicher Strahlung leben. Die Ergebnisse dieser Studien sind aus verschiedenen Gründen uneindeutig und umstritten. Zum einen können sie, wie schon im Zusammenhang mit dem Thema → Ernährung erläutert, nur statistische Zusammenhänge aufzeigen und so beim Erzeugen von Hypothesen helfen, diese Hypothesen aber nicht beweisen. Dazu kommen Störvariablen (denen wir im Kapitel → Übergewicht wiederbegegnen werden), wie zum Beispiel die Frage, ob die untersuchten Personen Raucher sind und, wenn ja, ob sie das Ausmaß ihres Zigarettenkonsums korrekt eingeschätzt und wahrheitsgemäß angegeben haben. Außerdem ist die untersuchte Stichprobe oft nicht zufällig genug, um der Gesamtbevölkerung zu entsprechen.

Einigermaßen unumstrittene epidemiologische Daten gibt es daher nur im Zusammenhang mit den Atombombenabwürfen auf Hiroshima und Nagasaki und erst ab einer Dosis von etwa 200 Millisievert. Alles, was darunter liegt, muss aus den japanischen Daten extrapoliert oder aus Studien entnommen werden, deren Aussagekraft begrenzt ist. In beiden Fällen ist das Ergebnis Interpretationssache, wovon alle Interessengruppen ausgiebig Gebrauch machen. Alles, worüber man im Zusammenhang mit Strahlung am Arbeitsplatz, in Gebäuden oder nach Kernkraftwerksunfällen gern Bescheid wüsste, spielt sich ein bis vier Größenordnungen unter diesem Bereich ab. Die zusätzliche Strahlenbelastung in Deutschland durch Tschernobyl beispielsweise lag direkt nach dem Unfall bei 0,07 Millisievert pro Jahr, heute sind es 0,01 Millisievert. Rund um Fukushima wurden nach dem Kraftwerksunfall alle Gebiete evakuiert, in denen eine Jahresdosis über 20 Millisievert zu erwarten gewesen wäre.

Im Zusammenhang mit Strahlungsrisiken ist häufig zu hören, da man über die Folgen nicht so genau Bescheid wisse, sei es doch besser, «sicherheitshalber» auf eine bestimmte Lösung zu setzen, zum Beispiel die Grenzwerte für Strahlung so niedrig wie möglich festzulegen. Das klingt zunächst gut und funktioniert auch bei einer bestimmten Art von Problemen, nämlich denen, deren Alternative das Nichtstun ist. Leider sind diese Probleme extrem selten. Wer sich fettarm ernährt, nimmt dafür mehr Kohlenhydrate zu sich und umgekehrt (→Übergewicht), und wer sich vor Flugzeugabstürzen fürchtet, wird mehr mit dem Auto fahren und sich dabei pro Strecke einem höheren Unfallrisiko aussetzen als im Flugzeug. Genauso ist es bei Strahlungsrisiken. Jede Entscheidung hat wirtschaftliche, psychologische und gesundheitliche Vor- und

Nachteile, die gegeneinander abgewogen werden müssen; die Option des Nichtstuns gibt es nicht. Im medizinischen Bereich könnte man auf Bestrahlung zu Diagnose- und Therapiezwecken verzichten, müsste aber in Kauf nehmen, dass dieselben Menschen, die man so vor der Strahlung schützt, dafür an Fehldiagnosen und unbestrahltem Krebs sterben. Auch bei Atomkraftwerken ist die Alternative nicht einfach nur kein Atomkraftwerk, sondern eine andere Form der Energieerzeugung mit anderen Nachteilen. Die Steuergelder, die in die Aufklärung der Bevölkerung über Radon in Wohnräumen und die Radonsanierung von Wohnungen fließen, stehen nicht mehr für andere Zwecke zur Verfügung, obwohl es nicht an anderen Verwendungszwecken mangelt, bei denen ein Zusammenhang zwischen Kosten und Nutzen klarer ist als in der Radonfrage. Siedelt man nach einem Reaktorunglück vorsichtshalber die Bewohner verstrahlter Gebiete um, setzt man sie einer psychischen Belastung aus, die ihrerseits Folgen hat. Es gibt keine «sichere Seite».

Auf dem *Ultra-Low-Level Radiation Effects Summit* 2006 in Carlsbad, New Mexico, plädierte ein Expertenpanel für die Gründung eines «Ultra-Low-Level Radiation»-Labors, das die Auswirkungen sehr geringer Strahlung auf Versuchstiere und Zellkulturen untersuchen und die Ergebnisse mit Kontrollgruppen vergleichen soll. Nur so seien die offenen Fragen aufzuklären und der Streit zwischen LNT-, Schwellenwert-, supralinearem und Hormesis-Modell endlich beizulegen. «Erkenntnisse, die zu weniger strikten Strahlenschutzregelungen führen, könnten allein in den Vereinigten Staaten (...) zu Einsparungen von bis zu 200 Milliarden Dollar führen», heißt es in einem Bericht über die Veranstaltung. Sponsor war das Carlsbader *Waste Isolation Pilot Plant*, ein Endlager für radioaktive Abfälle. Die Überzeugungskraft der Ergebnisse eines so finanzierten Labors wäre voraussichtlich bescheiden. Bis jemandem eine bessere Lösung einfällt, darf sich also weiterhin jeder nach Belieben in radioaktivem Badewasser räkeln, sich Sorgen über die Auswirkungen entfernter Reaktorunglücke machen oder beides.

Rechts und links

> *Die nächste Frage ist, was passiert, wenn zwei Betrachter in ein und denselben Spiegel schauen, als hätten sie sich zufällig gleichzeitig an diesem Ort zusammengefunden; dann aber der eine plötzlich den Kopf um 90 Grad dreht, sodass der Spiegel keine Zeit hat, darauf zu reagieren? Diese Frage konnte ich nicht abschließend klären. Außerdem glaube ich, dass die Spiegel hier im Haus durch mein Gebaren mittlerweile gewarnt sind und sich Strategien zurechtgelegt haben könnten.*
>
> Wolfgang Herrndorf

Zu den großen Fragen der Menschheit gehört – neben «Warum vertauscht ein Spiegel links und rechts, nicht aber oben und unten?» und «Warum bekommen Wale so selten Krebs?» – auch die Frage nach der Drehrichtung von Milchsäuren. Na gut, dass das eine große Frage ist, war gelogen. Viele Menschen wissen nicht mal, dass Milchsäuren eine Drehrichtung haben. Aber immerhin: Eine Frage ist es, und sie wurde schon von Menschen gestellt. Gerade eben zum Beispiel, im vorvorletzten Satz.

Um zu verstehen, was eine Drehrichtung mit Milch zu tun hat – die sich ja selbst nicht dreht, es sei denn, man rührt sie um –, muss man einen kleinen Blick in die Physik werfen: Licht, das sich bekanntlich wie eine Welle verhält, sofern es sich nicht gerade wie ein Teilchen verhält, lässt sich mit geeigneten Werkzeugen willig polarisieren. Man kann sich das so vorstellen, dass alle Wellen in einem polarisierten Lichtstrahl dann in derselben Ebene schwingen. Schickt man so einen polarisierten Lichtstrahl jetzt durch eine Lösung mit Milchsäuremolekülen drin, dann dreht sich diese Polarisationsebene ein Stück, und je nach der Richtung dieser Drehung spricht man bei einer Drehung im Uhrzeigersinn von rechts-, bei einer Drehung im Gegenuhrzeigersinn von linksdrehenden Milchsäuren.

Jetzt könnte man natürlich denken, dass die Drehrichtung egal ist, solange nur genug Gutes in der Milch steckt, aber man würde sich irren, wenn man so dächte. Obwohl nämlich die rechts- und linksdrehenden Versionen der Milchsäure tatsächlich den gleichen Molekülaufbau haben, das heißt, aus den gleichen Atomen in der gleichen Kombination bestehen, wird die rechtsdrehende vom menschlichen Organismus deutlich schneller abgebaut und verdaut. Praktischerweise enthält die Milch von Säugetieren beinahe ausschließlich diese rechtsdrehende Form, nur die von Pflanzen und bei bakterieller Gärung produzierte Milchsäure kommt zu gleichen Teilen in beiden Varianten vor.

Dieses sonderbare Ungleichgewicht zwischen rechts- und linksdrehenden Varianten findet man nicht nur bei der Milchsäure, sondern auch bei einer Vielzahl anderer biologischer Moleküle, ohne dass ein nachvollziehbarer Grund dafür erkennbar wäre. Aber bringen wir erst mal ein bisschen Ordnung in den ganzen Wirrwarr. Welche Eigenschaft muss ein Molekül haben, damit es überhaupt solche Varianten von ihm geben kann?

Die Antwort lauert in der Mathematik, genauer gesagt lauert sie in einem Mathematikzweig namens Gruppentheorie, in der es – Mathematiker hören jetzt bitte weg – hauptsächlich um Symmetrien geht. Die spezielle Symmetrie, die im Zusammenhang mit der Händigkeit von Molekülen wichtig ist, ist die Drehspiegelachsensymmetrie. Ein Objekt ist drehspiegelachsensymmetrisch, wenn man es nach der Spiegelung an einer Ebene durch eine Kombination aus Rotation und Verschiebung wieder aussehen lassen kann wie vorher. Das klingt erst mal sehr abstrakt, bedeutet aber einfach Folgendes: Wenn das Spiegelbild des Objektes, egal, wie man es dreht oder wendet, nicht wieder aussieht wie das Objekt selbst, dann hat das Objekt keine Drehspiegelsymmetrie. Was das im Alltag bedeutet, wissen zum Beispiel Menschen, die Schwierigkeiten haben, den richtigen Schuh für den richtigen Fuß zu finden: Man kann mit dem rechten tun, was man will, es wird kein linker Schuh draus.

Die beiden Spiegelvarianten eines Moleküls, das derart asymmetrisch ist, heißen Enantiomere, und die Tatsache, dass eine Spiegelung im Kern der Sache steckt, erklärt auch, warum man grundsätzlich zwei Enantiomer-Formen unterscheidet. Spiegelt man ein Objekt nämlich zweimal, versetzt man es wieder in seinen Originalzustand zurück. Deswegen steht man sich in zwei im rechten Winkel zueinander stehenden Spiegeln, die zum Beispiel in einer Raumecke angebracht sind, nicht seitenverkehrt gegenüber, sondern richtig herum – wenn man das mit diesem Buch in der Hand tut, kann man statt des Buchs auch dessen Spiegelbild lesen (siehe auch → Links und rechts).

Damit man die beiden Enantiomere voneinander unterscheiden kann, wenn man ihnen mal auf einer Party über den Weg läuft, muss man ihnen Namen geben. Viele Menschen sagen ja auch zu sich selbst «Ich» und zu ihrem Spiegelbild «Spiegelbild». Für die Enantiomerbenennung gibt es mehrere Systeme, die alle ziemlich kompliziert sind und sich gegenseitig widersprechen. In all diesen Systemen gibt es zwei Formen von Molekülen, von denen die eine das Spiegelbild der anderen ist. Ein solches System haben wir gerade schon kennengelernt, es basiert auf der Drehung von polarisiertem Licht, und die beiden Enantiomere heißen dann rechts- und linksdrehend. Ein anderes System sortiert die Moleküle nach der geometrischen Konfiguration und Elementnummer der Atome darin. Die Enantiomere heißen in diesem System dann R oder S. Leider deckt sich diese Definition gar nicht mit der nach Drehrichtungen, sodass man aus der Drehrichtung von Molekülen nicht auf ihren R- oder S-Status schließen kann.

Die dritte Methode vergleicht den Aufbau der zu sortierenden Moleküle mit dem Aufbau von Glyzerinaldehyd, einem Einfachzucker. Die Zuordnung von Molekül zum Einfachzucker erfolgt dabei nach einer Methode, die wir hier getrost ignorieren können. L heißen dabei dann jedenfalls die Moleküle, deren zugeordnetes Zuckermolekül das Licht nach links dreht, D diejenigen, bei denen der Zucker rechtsdrehend ist, vom lateinischen dexter für rechts. Zur Vergrößerung der Verwirrung in diesem chemischen Babylon deckt sich diese Aufteilung in L und D wiederum nicht mit den beiden anderen Definitionen, sodass zum Beispiel die L-Milchsäure zwar einem linksdrehenden Zucker zugeordnet wird, selbst aber ein rechtsdrehendes Molekül ist. Was das genau für Wiedererkennung und den Smalltalk auf Enantiomerpartys bedeutet, lassen wir jetzt mal linksdrehend liegen und kommen stattdessen zurück zur Tatsache, dass es bei den meisten in der Natur vorkommenden organischen Substanzen viel mehr von der einen als von der anderen Sorte gibt. Das ist eigenartig, denn Enantiomere verhalten sich zwar unterschiedlich – zum Beispiel drehen sie polarisiertes Licht in verschiedene Richtungen –, aber diese Unterschiede spielen in den chemischen Reaktionen, bei denen die fraglichen Moleküle entstehen, kaum eine Rolle. Das bedeutet, dass selbst über sehr lange Zeiträume, zum Beispiel von einer Eiszeit zur nächsten oder vom Aussterben der Dinosaurier bis zum Erscheinen von *Jurassic Park*, aus einem Racemat (einem Gemisch, in dem beide Enantiomere zu gleichen Teilen enthalten sind) kein Nichtracemat werden wird. Leider gibt es für Nichtracemat kein herrliches Fremdwort, ein bedauerliches Versäumnis der Chemie.

An den unterschiedlichen chemischen Eigenschaften der beiden Varianten kann es also kaum liegen, dass viele Substanzen in der Biologie Nichtracemate sind. Eine plausible Erklärung beruht darauf, dass Enzyme, also Eiweiße, die gezielt den Ablauf bestimmter biochemischer Vorgänge beeinflussen, durchaus einen solchen stark asymmetrischen Einfluss haben können. Voraussetzung dafür ist, dass das Enzym selbst auch schon überwiegend in einer der beiden Spiegelformen vorkommt, weil ansonsten die gespiegelte Form des Enzyms ja auf die gespiegelte Form der Reaktion einwirken würde und im Ganzen wieder alles ausgewogen wäre. Das heißt leider, dass damit die Erklärung nur einen kausalen Schritt weiter zurückverschoben wurde, vom ursprünglichen Molekül auf ein Enzym. Aber diese Form des Schwarzer-Peter-Spiels lässt sich aus prinzipiellen Gründen nicht vermeiden. Was sich als Ursache für die beobachtete biologische Asymmetrie eignen soll, muss selbst ein asymmetrischer Vorgang sein, weil er aus einer symmetrischen Mischung eine asymmetrische machen muss. Eine asymmetrische chemische Reaktion zum Beispiel würde aber sofort die Frage aufwerfen, wodurch denn diese Asymmetrie nun wieder erklärt werden kann, und man kann von vorne anfangen. Das muss man dann so lange treiben, bis sich die Antwort entweder im Nebel der Evolutionsgeschichte verliert und man aus Unkenntnis Feierabend machen kann, oder bis man ein asymmetrisches, fundamentales Prinzip oder Ereignis findet.

Ein Kandidat für ein solches Ereignis wäre die hübsche Idee, dass wir alle Aliens sind, weil das Leben auf der Erde aus wenigen aus dem Weltall fallenden Makromolekülen entstanden ist. Wie diese Makromoleküle ursprünglich in den Weltraum gekommen sind, ist dabei auch nicht so ganz klar, vielleicht bilden sie sich in kosmischer Strahlung aus vereinzelt rumfliegenden Kohlenwasserstoffen von selbst, vielleicht haben aber auch die →Außerirdischen sie an einer Raststätte ausgesetzt. Immerhin könnte man die Tatsache, dass es auf der Erde überwiegend eine Sorte von ihnen gibt, einfach dadurch erklären, dass eben zufällig nur eine Sorte dieser Lebenssaat vom Himmel gefallen ist. Was übrigens, also das mit dem Vom-Himmel-Fallen, auch für die ganze Theorie gilt. Klingt das an den Haaren herbeigezogen? Oder klingt es vielleicht nicht an den Haaren herbeigezogen genug? Fein. Es gibt nämlich noch einen weiteren Kandidaten.

Die rätselhafte Asymmetrie in der organischen Welt könnte man also dadurch erklären, dass die biochemischen Reaktionen, die die Moleküle produzieren, selbst asymmetrisch sind und eben bevorzugt eine Variante hervorbringen. Biochemische Reaktionen unterliegen den Gesetzen der Physik, und wenn so eine Reaktion asymmetrisch sein soll, dann müssen es auch die Gesetze der Physik sein. Lange Zeit dachte man aber, dass alle physikalischen Gesetze spiegelsymmetrisch seien. Einerseits dachte man das, weil es keinerlei Hinweise gab, dass es sich anders verhalten könnte, und andererseits, weil ein nicht spiegelsymmetrisches Gesetz sonderbar wäre. Nicht ohne Grund zählt das Unglück, das eine von links kommende schwarze Katze bringen soll, zum Aberglauben und nicht zu den physikalischen Grundkräften des Universums. In der Physik ist der Einfluss schwarzer Katzen auf das Weltgeschehen unabhängig von der Laufrichtung.

Allerdings wurde 1956 dann überraschend nachgewiesen, dass eine von diesen physikalischen Grundkräften, die «schwache Wechselwirkung», unter bestimmten Bedingungen eben doch eine Asymmetrie aufweist. Diese Entdeckung war so erstaunlich, dass noch vor der Veröffentlichung eine zweite Forschergruppe das Experiment zur Überprüfung wiederholte, mit demselben Ergebnis. Die schwache Wechselwirkung gilt, das merkt man schon am Namen, den ihr die Physiker gegeben haben, als Kümmerling unter den Naturkräften und ist in der Öffentlichkeit auch viel unbekannter als Gravitation oder Elektromagnetismus. Ein bisschen zu Unrecht, denn sie ist immerhin dafür verantwortlich, dass Quarks den Geschmack ändern können, was nicht nur lustig klingt, sondern auch den Beta-Zerfall, eine Form von →Radioaktivität, überhaupt erst möglich macht. Eine Kraft, die Radioaktivität aus Quarkgeschmack erzeugen kann, verdient zweifellos mehr Aufmerksamkeit.

Und beim Beta-Zerfall eines Kobalt-Isotops, das stellten die beiden Forschergruppen 1956 fest, verhält sich diese Kraft nun eben asymmetrisch. Man kann sich vielleicht vorstellen, wie unerwartet diese Entdeckung kam, wenn man sich vor Augen hält, dass damit die Welt, die man im Spiegel sieht, physikalisch unmöglich wird. Und damit ist nicht nur gemeint, dass der Bauch da im Spiegel unmöglich existieren kann, sondern eben auch, dass hinter dem Spiegel Kobalt anders zerfällt als vor ihm.

Das ist jedenfalls ein Schluss, den man aus den Experimenten ziehen kann. Man kann aber möglicherweise trotz der Versuchsergebnisse die Symmetrie des Kosmos noch retten, wenn man die Existenz von sogenannter Spiegelmaterie annimmt, die von den mit ihr befassten Physikern manchmal auch Alice-Materie genannt wird, nach den teilweise hinter dem Spiegel spielenden Kinderbüchern von Lewis Carroll. Die Chemiker könnten sich von den Physikern ruhig mal eine Scheibe abschneiden, was lustige und aussprechbare Namen für Sachen angeht. Wenn Alice-Materie (die übrigens auch ein Kandidat für die im «Lexikon des Unwissens» besprochene Dunkle Materie ist) existieren sollte, dann könnte sie nur über die schwache Wechselwirkung mit unserer normalen Materie interagieren. Man könnte sie nicht sehen, fühlen, riechen oder schmecken und würde auch nicht dick, wenn man sie äße, weil sie Spiegelkalorien enthielte. Und selbst wenn es diese Spiegelmaterie gäbe, wäre das Universum insgesamt zwar symmetrisch, aber unsere herkömmliche Materie aus dem Supermarkt bliebe asymmetrisch, genau wie der Supermarkt selbst und der ganze Planet, auf dem er steht.

Ob es Spiegelmaterie also gibt oder nicht – mit dieser sonderbaren schwachen Quarkkraft war jedenfalls ein Kandidat auf den Plan getreten, der zumindest im Prinzip die Asymmetrie organischer Moleküle hätte erklären können. Denn die Elektronen in der Atomhülle, die überwiegend für die chemischen Eigenschaften der Elemente verantwortlich ist, interagieren mit dem Atomkern unter anderem vermittels der schwachen Wechselwirkung (vermutlich, weil es trotz aller Bemühungen der Industrie immer noch keine Telefone gibt, die klein genug sind). Und weil diese Interaktion eine fundamentale Asymmetrie enthält, könnte die eine Form eines Enantiomerpaars ein klein bisschen stabiler sein als die andere. Auf lange Sicht würde sich die stabilere Form dann anreichern, und wenn erst einmal ein Überschuss von einer Sorte da ist, gäbe es auch noch eine positive Rückkopplung, weil dann die stattfindenden Reaktionen nicht nur eine kleine Neigung zu einem bestimmten Enantiomer hätten, sondern auch noch die Ausgangsstoffe ungleich verteilt wären. Das klingt alles ganz einleuchtend, aber nur, solange man nicht nachrechnet. Der ungarische Chemiker Gábor Lente hat das getan und kommt zu dem Schluss, dass es «sehr unwahrscheinlich» sei, dass «der Energieunterschied aufgrund der Symmetrieverletzung in der Frage biologischer Asymmetrie relevant ist». So drücken Wissenschaftler sich aus, wenn sie eine Theorie für Quatsch erklären. Oder für Quark, in diesem Fall.

Eine andere Erklärung schlug 1991 der Kalifornier Daniel Deutsch vor, indem er mehrere ältere Ansätze zusammenfasste. Während der Dämmerung fällt Sonnenlicht in sehr flachem Winkel auf die Erdatmosphäre und durchquert lange Strecken, in denen allerhand Schwebeflusen schwirren. Die Streuung an diesen Staubteilchen führt dazu, dass Sonnenauf- und -untergänge sich tiefrot färben können, weil die kurzwellige, blaue Strahlung vom Staub bevorzugt beiseitegestreut wird.

Andererseits ergibt sich bei dieser Mehrfachstreuung auch eine leichte Polarisation des einfallenden Lichts. Das führt dann dazu, dass im Licht des Sonnenaufgangs das linksdrehend polarisierte Licht ein wenig überwiegt und beim Sonnenuntergang das rechtsdrehend polarisierte. Das alleine würde noch nichts erklären, weil alle Tage ja sowohl einen Morgen als auch einen Abend haben und sich dieses Ungleichgewicht über die Woche ausgleichen würde. Deutschs pfiffiger Gedanke war nun aber, dass es abends im Durchschnitt deutlich wärmer ist als morgens. Und wenn es wärmer ist, laufen chemische Reaktionen schneller ab, was insgesamt bedeutet, dass Moleküle, die von rechtsdrehend polarisiertem Licht angeregt werden, über die Woche verteilt aktiver sind als ihre Spiegelbilder. Und mit diesem etwas verwickelten Argument hat Deutsch möglicherweise einen Mechanismus gefunden, mit dem die Asymmetrie biologischer Moleküle unvermeidlich ist.

Aber genaue Zahlen über die Größe dieses Effekts hat niemand. Erst seit den 1980er Jahren gibt es überhaupt Geräte, die empfindlich genug sind, um den Polarisationsunterschied zwischen Sonnenauf- und -untergang nachweisbar zu messen. Diese verschwindende Winzigkeit des postulierten Effekts eint leider alle bisher vorgeschlagenen Erklärungen für biologische Asymmetrie. Das bedeutet, argumentiert der deutsche Physiker Werner Fuß, dass man erst mal sehr viele Moleküle braucht, damit der Mechanismus greifen kann: Je mehr Moleküle Lotto spielen, desto höher die Wahrscheinlichkeit, dass eins davon den Hauptpreis gewinnt und linksdrehend wird. Das Problem dabei ist dasselbe, dem wir im Kapitel →Radioaktivität begegnet sind. Die Lotterie verschwindet im statistischen Rauschen, wenn man nur wenige Moleküle hat. Im Extremfall, wenn es überhaupt nur ein Molekül gibt, ist dieses Molekül entweder links- oder rechtsdrehend. Einhundert Prozent aller existierenden Moleküle – nämlich dieses eine – haben dann diese Drehrichtung, und ein subtiles Ungleichgewicht wird vollkommen unwichtig. Wenn darauf dann chemische Mechanismen aufbauen, die Asymmetrie in den Ausgangsstoffen erhalten oder verstärken, dann ist das Rätsel gelöst, und ein zufälliges Ungleichgewicht ganz zu Beginn, als das Leben entstand, erklärt die heutige Asymmetrie.

Das ist natürlich in gewisser Hinsicht eine langweilige Theorie. Und weil man, wie auch im «Lexikon des Unwissens» zum Thema Leben zu lesen war, herzlich wenig über die Zeit weiß, in der aus Gemisch Gewürm wurde, ist sie auch ein wenig unbefriedigend. «Könnte so sein, könnte auch anders sein» ist selten, was man sich erhofft, wenn man aufbricht, neue Theorien zu entdecken. Aber vielleicht waren es eben doch die →Außerirdischen, die uns vor Jahrmilliarden linksdrehend angesät haben. Und sollten die dann nächste Woche vorbeikommen, um endlich ihren linksdrehenden Joghurt zu ernten, gäbe es wieder eine offene Frage weniger auf der Welt.

Schocktod

Yeah, I went hunting once. Shot the deer in the leg. Had to kill it with a shovel, took about an hour. Why do you ask?

The Office

Wenn man mit Gewehren auf Tiere oder Menschen feuert, fallen sie tot um. Das ist in den meisten Fällen nicht sonderlich überraschend, eine Kugel zerschlägt ihr Herz oder ihr Hirn, was schnell zum Tod führt, ein wissenschaftlich gut erforschter Zusammenhang. Manche Tiere jedoch fallen tot um, auch wenn sie an keinem lebenswichtigen Organ getroffen worden sind. Woran diese Tiere genau sterben und ob das auch bei Menschen funktioniert, ist unklar. Die Aussicht, jemanden außer Gefecht setzen zu können, ohne ihn richtig zu treffen, ist für viele Schusswaffenbesitzer verständlicherweise sehr attraktiv, daher erfreut sich das Thema bei Jägern, Militärexperten und Munitionsherstellern großer Beliebtheit, oft unter irreführenden Namen wie «Schocktod» oder «hydrostatischer Schock».

Die Wissenschaft, die sich damit befasst, was Geschosse im Körper anrichten können, heißt Wundballistik. Die physikalischen und biologischen Vorgänge beim Eindringen des Geschosses sind äußerst komplex. Innerhalb einer Tausendstelsekunde wird das Geschoss, das zuvor mit einer Geschwindigkeit von 100 bis 1000 Metern pro Sekunde unterwegs war, hart abgebremst; die dabei freiwerdende Energie landet im angeschossenen Körper und richtet dort Schaden an. Die meisten Erkenntnisse der Wundballistik beruhen auf Erfahrung und Experiment. Seit ein paar Jahrzehnten sind Tierversuche weitestgehend tabu; stattdessen schießt man zu Forschungszwecken auf Körper aus Gelatine oder Seife und sieht sich die Vorgänge mit Hilfe von Hochgeschwindigkeitskameras an. Darüber hinaus steht den Wundballistikern ein reichhaltiger Fundus an Erfahrungsberichten zur Verfügung; schließlich werden häufig genug Menschen beschossen, ganz ohne wissenschaftliche Motivation (→Krieg).

Wie viel Schaden ein Geschoss im Körper anrichtet, hängt vor allem von seiner Energie ab. Die kinetische Energie der Kugel wird innerhalb von Mikrosekunden in elastische Energie umgewandelt, mit anderen Worten: Das Gewebe wird gedehnt und gestaucht. Ein eindringendes Geschoss erzeugt abgesehen von dem engen Einschusskanal eine «temporäre Höhle», eine leere Blase im Körper des Getroffenen, die innerhalb von Millisekunden wieder in sich zusammenfällt. Die Entstehung der temporären Höhle wiederum erzeugt Druckwellen, die die entstehende Energie abtransportieren und verteilen. In der Nähe des Schusskanals ist die Belastung auf das Gewebe so groß, dass die Zellen zerreißen. Der sicherste Weg zum Tod ist ein Treffer im Kopf, wo die Hirnschale eine freie Ausdehnung des Gewebes und damit den Abtransport der Energie verhindert. Zum unmittelbaren Tod kann es außerdem kommen, wenn die Atmung oder der Kreislauf zusammenbricht, zum Beispiel durch Treffer am Herzen oder durch Verletzung von großen Blutgefäßen.

Wenn kein lebenswichtiges Organ getroffen wird, gibt es zunächst keinen Grund, warum das Opfer sofort umfallen oder gar sterben sollte. Der übertragene Impuls ist zu klein, um einen Menschen umzuwerfen. Spektakuläre Filmszenen, in denen der Getroffene sofort nach hinten umfällt, wo sich natürlich eine Fensterscheibe bereithält, die in tausend Teile zerspringt, sind jedenfalls frei erfunden. Die Wirkung eines Geschosses hängt jedoch nicht nur vom Geschoss und von der Einschussstelle ab. Zusätzlich spielen Verfassung und Psyche des Opfers eine wesentliche Rolle. Zum Beispiel ist von Bedeutung, womit die Person in dem Moment gerade beschäftigt ist und ob sie mit Beschuss rechnet. Soldaten im Sturmangriff laufen nach einem Treffer oft noch lange weiter, im Unterschied zur alten Frau im Supermarkt, die schon bei einem Streifschuss in Ohnmacht fällt. Darum ist es schwer, die Wirkung eines Schusses vorherzusagen oder aus einer beobachteten Wirkung zu folgern, was genau im Körper passiert ist.

Messen kann man nur das Verletzungspotenzial eines Geschosses, obwohl auch das mit großen Problemen verbunden ist. Dazu taucht in der Literatur eine Vielzahl konkurrierender Maßzahlen auf, die «Stopping Power», «Relative Incapacitation Index», «Knockout Value» oder «Power Index Rating» heißen und unter anderem von der Geschossgeschwindigkeit, vom Kaliber oder vom Radius der temporären Höhle abhängen. Für ein und dasselbe Geschoss liefern diese Maßzahlen teilweise überraschend unterschiedliche Ergebnisse, was darauf hindeutet, dass sie alle die tatsächliche Wirksamkeit von Geschossen nur höchst ungenau wiedergeben. Das Militär ist vorwiegend an der Wahrscheinlichkeit interessiert, mit der ein Geschoss einen Soldaten vollständig außer Gefecht setzt. Auch dazu wurden über die Jahre diverse Kriterien vorgeschlagen, deren Übertragbarkeit auf die Realität wiederum zweifelhaft ist. Bis auf die triviale Erkenntnis, dass Menschen bei sehr hohen Geschossenergien sterben und bei sehr geringen eher nicht, kann man daraus nicht viel lernen. Die Reaktionen eines biologischen Systems auf einen Treffer sind zu kompliziert, als dass man sie mit generalisierten Modellen beschreiben könnte.

Diese eklatante Diskrepanz zwischen der unordentlichen Wirklichkeit der Schussverletzung und unseren sauberen theoretischen Vorstellungen ist jedoch nur eine schwache Form von Unwissen. Immerhin wissen wir recht gut, warum die genannten Modelle scheitern. So ein Geschoss ist nur bis zum Auftreffen auf den Körper ein Forschungsobjekt der Physiker, dann mischen sich Biologen und Mediziner ein, von denen man nicht mehr verlangen kann, dass am Ende ihrer Ermittlungen eine mathematische Formel steht, die alles erfasst. Trotzdem gibt es in der Wundballistik auch echtes Unwissen, worunter das Problem des Schocktods fällt.

Dabei geht es um die Kernfrage, ob Geschosse, die irgendwo im Körper landen, auch an ganz anderen Stellen lebensbedrohlichen Schaden anrichten können. Einwandfrei nachgewiesen wurde ein sogenannter «Schocktod» bisher nur bei kleineren Tieren, vor allem bei Hasen. Nach Treffern mit Schrotmunition bleiben Hasen gelegentlich leblos liegen, obwohl, wie sich bei der Sektion herausstellt, die Schrotkugeln nicht tief eingedrungen sind und keinen wichtigen Körperteil verletzt haben. Bei Menschen sind solche Fälle bisher nicht zweifelsfrei nachgewiesen worden.

Abgesehen von den lokalen Druckwellen, die die temporäre Höhle erzeugt, entsteht beim Eindringen von schnellen Geschossen noch eine sogenannte Stoßwelle. Anschaulich handelt es sich dabei um die Ausbreitung des Schalls eines Geschosses im Körper. Stoßwellen, auch Schockwellen genannt, möchte man nicht so gern im Körper haben, außer, man lässt sich gerade von einem Lithotripter die Nierensteine zertrümmern. Sie entstehen in der Natur immer dann, wenn etwas sehr Schnelles sich durch ein ruhendes Medium bewegt, zum Beispiel bei Überschallflugzeugen, bei der Detonation von Bomben oder bei einer Supernova. Während sich die normalen Druckwellen nach Eintreten des Geschosses in Zeiträumen von Millisekunden ausbreiten, sind Stoßwellen noch tausendmal schneller unterwegs. An der Wellenfront entstehen extreme Druckunterschiede, die eventuell nicht gesund sind.

Eine Gruppe von schwedischen Forschern führte zwischen 1987 und 1990 eine Reihe von Experimenten durch, um Fernwirkungen im Körper durch Stoßwellen zu untersuchen. Unter anderem wurde Schweinen ins linke Bein geschossen und mit

Hilfe von Sonden im Gehirn, im Bauch und im anderen Bein die Ausbreitung der Welle vermessen. Die Stoßwelle erreicht demnach tatsächlich das Gehirn der Schweine, und zwar nach circa 300 Mikrosekunden (also knapp einem Drittel einer Tausendstelsekunde). Der Druckanstieg im Hirn war zwar schwächer als im Magen, betrug aber immer noch 1,5 Bar, also das Anderthalbfache des normalen Luftdrucks.

Es ist durchaus denkbar, dass solche Druckveränderungen Probleme für die Beschossenen mit sich bringen. So zeigen andere Experimente, dass bei zwei Dritteln der Testschweine nach einem Beinschuss die Atmung aussetzt, bis zu 45 Sekunden lang. Auch ein Absinken der Gehirnströme wurde bei Schweinen nachgewiesen. Beides könnte mit der Stoßwelle zu tun haben; einfaches Erschrecken der kampferprobten Schweine durch Schüsse in die Luft reicht dafür nicht. Außerdem scheint der mit Stoßwellen verbundene steile Druckanstieg die betroffenen Zellen zu schädigen. Solche Gewebeveränderungen wurden sowohl an Zellkulturen als auch in Tierversuchen nachgewiesen, allerdings treten sie nicht unmittelbar auf, sondern erst nach Stunden. Wie es dazu kommt, ist unklar.

Stoßwellen können außerdem Nerven dazu anregen, irgendein Signal weiterzugeben. Der Effekt ist zumindest an isolierten Nerven von Ochsenfröschen nachgewiesen – ob er in echten Fröschen oder gar anderen Tieren vorkommt, ist unbewiesen. Eine Möglichkeit für einen plötzlichen Tod durch eine solche Nerventäuschung wird vom Schweizer Beat Kneubuehl in seinem Buch «Wundballistik» diskutiert, einem Standardwerk der Branche. Unterhalb des Ohres, wo sich die dicke Blutautobahn der Halsschlagader in zwei Straßen teilt, hat der Körper Sensoren eingebaut, die den Blutdruck messen. Stellen die Sensoren einen erhöhten Blutdruck fest, wird dies der zentralen Leitungsstelle im Nachhirn gemeldet. Die wiederum befiehlt dem Herzen, langsamer zu schlagen, damit der Blutdruck wieder sinkt – eines der vielen Regelsysteme, die im Körper für Ordnung sorgen. Wenn jetzt eine Stoßwelle den Sensor aktiviert, ohne jede Erhöhung des Blutdrucks, dann verwirrt man das System, und der Körper reguliert sich zum Herzstillstand.

Zumindest theoretisch könnte es also so etwas wie einen Schocktod geben – ein sofortiger Tod nach dem Treffer, auch wenn kein lebenswichtiges Organ getroffen ist. Der Begriff Schocktod ist trotzdem fragwürdig; er enthält das Wort «Schock», was für eine Kreislaufschwäche stehen könnte oder aber für die eben angesprochene Schockwelle, aber da niemand weiß, ob es so etwas wie einen Schocktod beim Menschen überhaupt gibt, ist es auch müßig, darüber zu klagen, dass es kein präzises Fachwort dafür gibt. Noch verwirrender ist es, von einem «hydrostatischen Schock» zu sprechen, einem Begriff, der in diesem Zusammenhang oft auftaucht, denn «statisch» ist bei Schussverletzungen gar nichts.

Es handelt sich nur um ein winziges Korn Unwissen – ein paar ungeklärte Hasentode, angereichert mit einigen plausiblen und durch Experimente gestützten Erwägungen zu möglichen Auswirkungen von Stoßwellen im Körper. Man ist schon daran gewöhnt, dass Unwissen zu Legendenbildung führt, aber im Falle des Schocktodes ist das Verhältnis zwischen der Menge an Legenden und dem Ausmaß des Unwissens, auf dem die Legenden beruhen, unverhältnismäßig groß.

Jäger verwenden den Begriff des «hydrostatischen Schocks» regelmäßig bei der Erklärung ihrer Heldentaten. Der Amerikaner Jim Carmichael zum Beispiel erzählt in einem Beitrag für das Jagdmagazin «Outdoor Life», es sei ihm einst gelungen, einen riesigen Afrikanischen Büffel zu erlegen, obwohl er mit einer Waffe unterwegs war, deren Kaliber seiner Meinung nach viel zu klein war, um den Büffel schnell zu töten. Afrikanische Büffel erreichen eine Schulterhöhe von 1,70 Metern und können bis zu eine Tonne wiegen. Carmichael zielte auch gar nicht auf den Kopf, sondern auf die Schulter. Er wollte den Büffel zunächst bewegungsunfähig schießen, um ihn dann mit weiteren Treffern zu erledigen. Stattdessen, so Carmichael, brach das Tier nach dem ersten Schuss schlagartig zusammen und stand nicht mehr auf. Jagdanekdoten dieser Art gibt es einige, aber leider taugen sie nicht für anständige Wissenschaft. Mal angenommen, die Geschichte stimmt, dann bleibt dennoch die Frage, warum der fragliche Büffel sich keine Sekunde länger auf den Beinen halten konnte. Vielleicht war er müde.

Ein anderer oft zitierter Beweis für die Existenz des hydrostatischen Schocks sind die Berichte vom «Strasbourg-Test». Dabei wurde, so heißt es, 611 Ziegen unter Verwendung von verschiedenen Waffen und Munitionsarten ohne Betäubung in die Brust geschossen. Bei allen Ziegen wurden währenddessen sowohl die Gehirnströme als auch der Druck in der Halsschlagader gemessen. Außerdem wurde exakt bestimmt, wie lange es nach dem Schuss dauert, bis die Ziege zusammenbricht. Dieser Tierversuch dauerte von April 1991 bis September 1992. Die Autoren – eine kleine Gruppe von Ärzten, Sanitätern und Technikern – berichten von den gewaltigen Anstrengungen während der 18-monatigen Testperiode und beklagen, dass nicht mehr Ziegen verfügbar waren. Eine der Schlussfolgerungen der Studie: Eine erhebliche Anzahl von Ziegen brach «fast sofort» nach dem Schuss zusammen (wobei «fast» immer noch einige Sekunden sein können). In diesen Fällen wurde eine kurze, aber heftige Druckwelle am Hals der Ziege festgestellt, direkt gefolgt vom Ende der Gehirnströme.

Das Problem mit dem Strasbourg-Test: Man weiß nicht so recht, ob er überhaupt stattgefunden hat. Namhafte Experten halten die gesamte anonym publizierte Geschichte für einen Hoax. Brauchbare wissenschaftliche Literatur jedenfalls sieht anders aus. Martin Fackler, ehemaliger Militärarzt und in den 1990er Jahren Präsident der Internationalen Vereinigung für

Wundballistik, wird in seiner Analyse der Ziegenberichte im Jahr 1993 sehr deutlich: «Vermutlich werden wir bald anonyme Berichte sehen, die beweisen, dass Elvis noch am Leben ist (...). Und natürlich wird auch das jemand glauben.»

Auf der anderen Seite gibt es Experten wie die Amerikaner Amy und Michael Courtney, Inhaber einer Firma zur Ballistikforschung, die Fackler widersprechen. Sowohl Michael als auch Amy verfügen über Doktortitel (in Experimenteller beziehungsweise Medizinischer Physik) vom renommierten Massachusetts Institute of Technology, was sie zunächst vertrauenswürdig erscheinen lässt. Trotzdem sind ihre Ausführungen zum hydrostatischen Schock mit Skepsis zu betrachten. In einer Serie von Publikationen, die im Internet kursieren, aber nicht in den üblichen Fachzeitschriften erschienen sind, listen sie alle möglichen Beweise für den hydrostatischen Schock auf, einschließlich der eben erwähnten fragwürdigen Testreihen an Ziegen, gehen dabei aber nicht besonders ehrlich mit dem Leser um. Zum Beispiel werden die oben genannten Zellveränderungen als Beleg für einen sofortigen hydrostatischen Schock angeführt, ohne zu erwähnen, dass sie erst nach beträchtlicher Zeit auftreten. Die Courtneys jedenfalls folgern aus all dem, dass es den Schocktod beim Menschen unzweifelhaft gibt.

Die unsachlichen Diskussionen um den hydrostatischen Schock sind auch deswegen nicht totzukriegen, weil es in diesem Kontext um die Frage geht, welche Munition zu verwenden sei, um die beste Wirkung zu erzielen. Jäger, Polizisten, Soldaten, alle sind daran interessiert, dass ihre Gegner möglichst sofort umfallen. Wenn es also eine Munition gäbe, die dieses Ziel erreicht, auch wenn kein lebenswichtiges Organ getroffen ist, würde sie rasenden Absatz finden. Das macht den Begriff für Munitionshersteller überaus interessant. Tatsächlich stehen bestimmte Arten von Munition bei Jägern und anderen Waffenbenutzern im Ruf, einen besonders heftigen hydrostatischen Schock auszulösen. Alle diese Aussagen stehen jedoch auf tönernen Füßen. Sie verfallen dem alten Trugschluss, es gäbe auf eine höchst komplizierte Frage eine einfache Antwort – am besten so was wie «5,7 × 28 mm».

Space Roar

Das zwanzigste Jahrhundert ist unter anderem das Zeitalter des Lärms.

Aldous Huxley, «Die Ewige Philosophie»

«Space Roar» («Weltraumgetöse») nannte ein amerikanisches Astronomenteam eine starke Radiostrahlung unklaren Ursprungs, die offenbar aus den Tiefen des Weltalls kommt. Die ersten Berichte über das seltsame Radiorauschen tauchten im Sommer 2008 auf der Tagung der Amerikanischen Astronomischen Gesellschaft im südkalifornischen Long Beach auf. Gefunden wurde der Lärm durch Messungen mit einem speziellen Radioempfänger namens ARCADE 2, dessen Arbeitsort ein Gefäß ist, das an einem Heißluftballon 37 Kilometer über der Erdoberfläche baumelt. Im Universum tost natürlich nichts, denn Schall wird im Vakuum nicht übertragen, Radiostrahlen aber schon, und weil aus unseren irdischen Radiogeräten die ganze Zeit Getöse dringt, sei den Astronomen die Ungenauigkeit verziehen.

Radiowellen nennt man den Teil des elektromagnetischen Spektrums, in dem die Wellen länger sind als ein Zentimeter. Zum Vergleich: Die Strahlen, die wir normalerweise «Licht» nennen und mit dem Auge wahrnehmen können, haben Wellenlängen von weniger als einem Tausendstelmillimeter. Radiostrahlen sind also kein Schall, sondern sehr langwelliges Licht.

Fast jeder von uns besitzt ein Gerät, das Radiowellen erzeugen kann, zum Beispiel einen Mikrowellenherd (12 Zentimeter Wellenlänge), einen WLAN-Router (meist ebenfalls 12 Zentimeter, was erklärt, warum die Mikrowelle manchmal das drahtlose Internet stört), Mobiltelefone (10 bis 40 Zentimeter) oder Funkgeräte (je nach Bandbereich zwischen Zentimetern und Kilometern).

Genau wie unsere Haushalte ist auch das Universum vollgestellt mit Geräten, die Radiostrahlen produzieren. Das hat eigentlich nur Vorteile, denn mehr Strahlung heißt auch mehr Informationen über die astronomischen Objekte. Dazu wäre es hilfreich, erst einmal zu verstehen, wo die Strahlen herkommen und wie sie entstehen. Der Physiker Karl Jansky entdeckte 1931 die erste Radioquelle im All. Jansky nannte das, was er da mit seiner Antenne empfing, ein «dauerhaftes Zischen unklaren Ursprungs». Woher dieses Zischen kommt, ist mittlerweile klar, nämlich von unserer eigenen Galaxie, der Milchstraße. Dafür dürfen wir uns am Space Roar abarbeiten. So hat jede Generation ihr mysteriöses Radiosignal aus dem All.

Nach 1931 entwickelte sich eine neuartige Spezies von Wissenschaftlern, die an allen Enden der Welt Radioantennen aufstellte. Oft sehen Radioteleskope aus wie Satellitenschüsseln, nur größer, manchmal auch wie die Stabantennen an unseren Radios. Die Teleskope unterscheiden sich in der Empfindlichkeit, in der Wellenlänge, bei der sie beobachten, und in der Auflösung, also in der Fähigkeit, zwei dicht nebeneinanderstehende Objekte getrennt zu beobachten. Mittlerweile wissen wir, dass fast alles im Universum Radiowellen erzeugt, Planeten, alle möglichen Arten von Sternen, Wolken, Galaxien, Galaxienhaufen. Sogar das Universum selbst ist eine Radioquelle – es erzeugte vor einiger Zeit die «kosmische Hintergrundstrahlung», das oft zitierte «Echo des Urknalls». Obwohl natürlich der Urknall ebenso wie der Space Roar kein richtiger Knall war.

Die meisten von uns wissen nicht so genau, wie Mikrowellenherde Radiostrahlen erzeugen, aber Mikrowellenherde werden irgendwo von Menschenhand konstruiert und gebaut, also geht es sicher mit rechten Dingen zu. Galaxien hingegen sehen ganz anders aus als Mikrowellenherde; da wird man eher misstrauisch. Wie machen die Galaxien das?

Elektromagnetische Strahlung entsteht unter anderem dann, wenn elektrische Ladungsträger, zum Beispiel Elektronen, beschleunigen, abbremsen oder ihre Bewegungsrichtung verändern. Das kann passieren, wenn das Elektron in den Bereich eines starken Magnetfelds gerät, welches das Teilchen auf eine gekrümmte Bahn entlang der Magnetfeldlinien zwingt. Die Folge: Das Elektron fängt an, mit Photonen, also Lichtteilchen, um sich zu werfen. Bei sehr hohen Geschwindigkeiten des Elektrons, irgendwo in der Nähe der Lichtgeschwindigkeit von 300 000 Kilometer pro Sekunde, werden die Photonen vorwiegend in eine bestimmte Richtung abgeschossen, als sogenannte Synchrotronstrahlung. Die Konfiguration aus extrem starkem Magnetfeld und extrem schnellen Teilchen mag auf der Erde selten sein, im Weltall jedoch ist sie ziemlich häufig zu finden, zum Beispiel in der Nähe von Schwarzen Löchern im Zentrum von Galaxien. Die Folge: Das Universum ist voller Synchrotronstrahlung.

Zurück zum Space Roar. Als Alan Kogut, Astronom bei der amerikanischen Weltraumbehörde NASA, die Daten vom Radioteleskop ARCADE 2 erhielt, war er einigermaßen erstaunt. «Was ist das denn? Das gehört da nicht hin», wird er in einem Artikel der *New York Times* vom Januar 2009 zitiert. Im Wellenlängenbereich von einigen Zentimetern, vergleichbar mit den Wellenlängen von Handys und Mikrowellenherden, ist die Radiostrahlung des Weltalls einige Male größer als bisher angenommen. Oder anders gesagt: Wenn man alle bekannten Radioquellen im Weltall zusammenzählt, kommt man höchstens auf ein Viertel der Strahlung, die ARCADE 2 empfing, als es im Juli 2006 an seinem Ballon hing.

Das Instrument war sorgfältig konstruiert, um äußerst schwache Radiostrahlung von den ersten Sternen im Universum zu finden. Man vermutet, dass es sich bei diesen Sternen um monströs große Gebilde gehandelt haben muss, die nicht einmal eine halbe Milliarde Jahre nach dem Urknall entstanden, das hieße vor gut 13 Milliarden Jahren. Zum Vergleich: Unsere Sonne ist dagegen jung, nur viereinhalb Milliarden Jahre alt. Die ersten Sterne des Universums sind lange verglüht, aber wenn wir nur tief genug ins Weltall hineinsehen, dann können wir vielleicht ihre Strahlung noch empfangen – je weiter man hineinsieht, desto länger dauert es für das Licht, uns von dort zu erreichen, und desto älter sind folglich die Objekte, die man sieht. ARCADE 2 will in die Vergangenheit sehen, in die Frühzeit des Universums. Stattdessen ist da nur dieses laute Weltraumgetöse, das alles übertönt. Beziehungsweise überstrahlt.

ARCADE 2 ist in seinem Wellenlängenbereich zwar empfindlicher als alle Vorgängerinstrumente, kann aber nicht besonders gut feststellen, aus welcher Richtung die Strahlung kommt. Die Antennen befanden sich bei der Messung in einer Art Badewanne, 2,40 Meter hoch und 1,50 Meter im Durchmesser, gefüllt mit minus 270 Grad Celsius kaltem Helium. Die Antennen registrieren die ganze Zeit Strahlung aus einem großen Himmelsbereich und können nur ermitteln, wie viel Radiostrahlung das Universum insgesamt abgibt, nicht, wer im Einzelnen an dieser Schweinerei schuld ist. Insgesamt sah sich das Radioteleskop 7 Prozent des gesamten Himmels an, überall war das Ergebnis gleich: Der größte Teil der empfangenen Radiostrahlung muss von unbekannten Quellen kommen.

Nur woher? Kogut und sein Team betrachteten erst einmal ein Jahr lang ihre Daten und vergewisserten sich, dass sie nicht irgendeinen blöden Fehler gemacht hatten. Als sie die Meldung vom Space Roar schließlich der Fachwelt präsentierten, konnten sie zwar eine lange Liste möglicher Ursachen ausschließen, aber was tatsächlich dahintersteckt, wissen sie nicht. ARCADE 2 flog nicht über starkbesiedelten Regionen, und die große Flughöhe stellt einigermaßen sicher, dass Radiostrahlung vom Erdboden das Gerät nicht verwirrt. Ebenfalls ausgeschlossen ist ein Ursprung im Instrument selbst, in der Erdatmosphäre, dem Sonnensystem und in der Milchstraße. Ein gutes Argument hierfür ist vor allem, dass der Space Roar gleichmäßig aus allen Richtungen kommt, die ARCADE 2 untersucht hat, während die meisten anderen möglichen Quellen unregelmäßig verteilt sind. Es bleibt kaum eine andere Möglichkeit, als den Ursprung des Space Roar irgendwo tief im All zu vermuten. Die mysteriösen Radioquellen müssen überall sein.

Der Space Roar wird bei langen Wellenlängen stärker, was charakteristisch ist für Synchrotronstrahlung und andere Mechanismen weitestgehend ausschließt. Das ist immerhin eine wichtige Information. Man muss also nach Quellen mit starken Magnetfeldern und schnellen Elektronen suchen. Der Space Roar könnte zum Beispiel von vielen Milliarden gewöhnlicher Galaxien stammen, in denen gerade in großem Maßstab Sterne fabriziert werden, viel mehr, als man bisher dort draußen vermutete. Galaxien verfügen über riesige Magnetfelder, produziert von Sternleichen, und über massenhaft Teilchen, die von den Magnetfeldern eingefangen werden und Radiostrahlung abgeben können. Die Eigenschaften des Space Roar passen ganz gut zu diesem Szenario, aber es gibt ein Problem: Gewöhnliche Galaxien enthalten große Mengen Staub, der überall quer durch die Galaxie verstreut ist. Dieser Staub wird durch Sterne aufgeheizt und strahlt deshalb, und zwar im infraroten Teil des elektromagnetischen Spektrums. Je mehr Sterne eine Galaxie produziert, desto mehr Radiostrahlung sondert sie ab und desto heller ist sie auch im Infraroten – so glaubt man bisher jedenfalls. Wenn der Space Roar von normalen Galaxien stammt, dann wirft er diese Relation über den Haufen. «Das, was für das Radiosignal verantwortlich ist, produziert nicht viel Infrarotstrahlung», so Kogut.

Das heißt noch nichts. Die für den Space Roar verantwortlichen Galaxien wären viel weiter weg als die Sorte Galaxien, an denen wir den Zusammenhang zwischen Radio- und Infrarotstrahlung bisher getestet haben. Damit wären sie auch ein paar Milliarden Jahre jünger, weil wir ja ihre Vergangenheit sehen. Vielleicht produzierten diese jungen Galaxien damals aus irgendeinem Grund mehr Radiostrahlung als erwartet. Man hat schon von seltsameren Dingen gehört, speziell im Zusammenhang mit dem Universum.

Alan Kogut bevorzugt jedoch eine andere Erklärung für den Space Roar: Für ihn kommt das Rauschen aus einer Zeit, in der es noch überhaupt keinen Staub im Weltall gab.

Eins haben unordentliche Wohnungen und das Universum gemeinsam – es dauert eine Weile, bis alles verstaubt ist. Staub besteht aus Elementen wie Silizium, Sauerstoff, Kohlenstoff, die im Innern von Sternen entstehen und bei deren Tod im Weltall verbreitet werden. Man braucht erst einmal Sterne, um Staub zu produzieren. Am Anfang war das Universum staubfrei.

Kogut spekuliert daher folgendermaßen: Wenn die allerersten Sterne nach nur wenigen Millionen Jahren sterben, dann hinterlassen sie Schwarze Löcher. Zwar kann daraus kein Licht mehr entkommen. Ein Schwarzes Loch wirkt aber gleichzeitig wie ein riesiger Badewannenabfluss: Alles, was sich in seiner Umgebung befindet, gerät in seinen Sog und ist dazu verdammt, in das Loch zu stürzen. Das sind genau die Bedingungen, die man braucht, um Synchrotronstrahlung zu erzeugen. Der Space Roar wäre damit am Ende doch ein Signal der ersten Sterne, genauer gesagt ein Signal des Friedhofs der ersten Sterne.

Entweder mehr Galaxien oder mehr Schwarze Löcher sollen also die Erklärung für den Space Roar sein. Erst mal klingt das enttäuschend. Immerhin handelt es sich um eine rätselhafte Radiostrahlung, da hätte man wenigstens auf irgendeine neue Art Himmelsobjekt gehofft, etwas, von dem man noch nie zuvor gehört hatte, oder zumindest ein paar →Außerirdische. Aber dann doch nur mehr von dem, was man schon kannte? Gibt man sich jedoch etwas Mühe, ist nicht so schwer zu verstehen, warum die Astronomen so aufgeregt sind: Immerhin stammt der Space Roar eventuell aus der Kindheit des Universums, über die wir sehr wenig wissen. Es mag nicht vollkommen überraschend sein, wenn im jungen Universum die Dinge anders sind, als man es sich vorher spekulativ ausmalte, aber interessant ist es allemal.

Zum Schluss noch eine gute Nachricht für Radioastronomen: Rings um die Erde entstehen derzeit neue hochauflösende Radioteleskope, die unter anderem die Frühzeit des Universums genauer unter die Lupe nehmen werden. 2010 und 2011 nahmen drei neue Teleskope mit den interessant klingenden Abkürzungen LOFAR, e-Merlin und MeerKAT in Europa, England und Südafrika den Betrieb auf. Und nur 10 bis 20 Jahre später wird ein neues Superding mit dem leider eher langweiligen Namen «Square Kilometre Array» (SKA) alles über das Radiouniversum herausfinden, was wir bis dahin nicht schon wissen.

Tiefseelaute

The Bloop is the phenomenon without which this site might not exist.
www.bloopwatch.org

Wenn der Mensch ins Wasser geht, macht er oft Geräusche. Ist das Wasser angenehm temperiert, vielleicht ein tiefes, zufriedenes Brummen, ist das Wasser sehr kalt, wird es eher ein Zischen oder Jammern werden, und hat man die Wanne versehentlich zu heiß einlaufen lassen, hallt es in allen Badezimmern wie Geschrei. Das alles ist unkontrovers und auch schon lange bekannt. Etwas neuer ist die Erkenntnis, dass auch Geräusche *im* Wasser sind, selbst ohne dass der Mensch hineinsteigt, aber furchtbar neu nun auch wieder nicht, weil man das ja aus Pfütze, Teich und Meer kennt, dass sich ein gedämpfter Klangteppich ausbreitet, sobald man untergetaucht ist. Na gut, wenn man in einer Pfütze untertaucht, hört man vermutlich eher das Gras wachsen, aber ab Teich aufwärts stimmt's dann. Was man von Pfützen und Teichen aber nicht kennt, sind geheimnisvolle Geräusche aus Kilometertiefen, die sich um die halbe Erde ausbreiten und sich anhören, als kämen sie von riesigen Tieren. Schon weil riesige Tiere in Pfützen und Teiche gar nicht reinpassen, würde man solche Geräusche eher in den Ozeanen erwarten. Und in den Ozeanen wurden weltumspannende, unerklärliche Geräusche aus großer Tiefe vor einigen Jahren auch tatsächlich aufgezeichnet. Weil daran so ziemlich alles erstaunlich ist, holen wir jetzt erst mal etwas weiter aus.

Der Grund dafür, dass sich Geräusche unter Wasser anders anhören als darüber, liegt in der Natur des Schalls. Für uns Bodenbewohner ist Schall in der Regel angeschubste Luft, allgemeiner gesagt: ein angeschubstes Trägermedium. Schall entsteht, wenn Dinge sich bewegen. Wenn zum Beispiel im Wald ein Baum umfällt, macht das ein Geräusch, selbst wenn gar niemand da ist. Das auf der Erde aufschlagende Holz erzeugt dabei Druckwellen in der Luft, die sich von der Baumleiche aus in alle Richtungen ausbreiten. Wenn die Druckwelle auf das menschliche Ohr trifft, wird sie über das Trommelfell und die Knochenwerkzeuge der Paukenhöhle – also Hammer, Amboss und Steigbügel – an das Vorhoffenster übertragen und von dort wiederum in die Hörschnecke. Im Innern der Schnecke werden dann aus den Druckwellen elektrische Nervenimpulse gemacht. Das klingt abenteuerlich, funktioniert aber ganz gut, wie man hört.

Die Übertragung vom Trommelfell aufs Vorhoffenster könnte einem auf den ersten Blick unnütz erscheinen. Beides sind schließlich schwingende Membranen, und alles, was man mit der einen machen kann, hätte man auch gleich mit der anderen erledigen können, ganz ohne dazwischengeschaltete Hämmer, Meißel und Steigeisen. Was man dabei allerdings übersehen hätte, oder vielmehr überhören würde, ist, dass die Hörschnecke im Innenohr anders als herkömmliche Schnecken mit einer Flüssigkeit namens Perilymphe angefüllt ist. Schallwellen bewegen sich in Flüssigkeiten aber ganz anders als in Gasen, einfach weil in Flüssigkeiten die einzelnen Moleküle viel enger aufeinanderhocken. Will man da als Schallwelle durchdringen, muss man stärker schubsen als in der Luft, es bewegt sich aber trotzdem weniger. Und für die Übersetzung der relativ kraftlosen Schwingungen der angeschubsten Luft in die kraftvollen, engen, die in der Perilymphe der Hörschnecke gebraucht werden, ist das Hörknöchelchentrio zuständig.

Eine weitere Folge der dichteren Molekülpackung in Flüssigkeiten ist, dass auch die Schallausbreitung ein wenig anders funktioniert als in der Luft. Die Schallgeschwindigkeit im Ozean zum Beispiel hängt von der Wassertemperatur und vom Druck ab: Schall bewegt sich schneller in warmem Wasser und bei hohem Druck. Mit der Tiefe nimmt im Meer der Druck zu und die Temperatur ab. Die Temperaturabnahme allerdings ist nicht gleichmäßig: In der oberen Schicht des Meerwassers sorgen Wind und Wellen für eine gute Durchmischung, und die Temperatur fällt nur langsam. In der Tiefsee liegt das Wasser überwiegend unbewegt herum, sodass die Temperatur sich hier ebenfalls nur langsam mit der Tiefe ändert. Zwischen der kalten Tiefsee und dem warmen Oberflächenwasser muss es daher eine Wasserschicht geben, in der die Temperatur rasant absinkt, und es gibt sie auch. Sie heißt Thermokline. Innerhalb der Thermokline gibt es eine Zone, in der die Schallausbreitung langsamer ist als überall sonst im Meer: Drüber schwimmen Töne schneller, weil es da deutlich wärmer ist, und drunter schwimmen sie schneller, weil der Druck steigt.

Man könnte jetzt denken, dass eine Region, in der Geräusche sich besonders langsam ausbreiten, wie eine Art Unterwasser-Eierkarton den Schall verschluckt, aber eigenartigerweise trifft das Gegenteil zu: Ein Geräusch, das in der Thermokline erzeugt wird, breitet sich in ihr zwar langsamer aus als ober- oder unterhalb, doch das bedeutet auch, dass Teile der Geräuschwelle, die sich nach oben oder unten aus der Thermokline davonschleichen wollen, dort mit zunehmendem Abstand immer schneller werden. Dieser Geschwindigkeitsunterschied beugt die ausbüxenden Schallwellen wieder in die Thermokline zurück. Der Vorgang ähnelt der Bündelung von Licht in einem Glasfaserkabel und hat auch ein ähnliches Ergebnis: Unterwasserschall wird in dieser Wasserschicht gebündelt rund um die Welt geleitet. Deshalb heißt sie unter Wasserschichtexperten Geräuschbindungs- und -ausbreitungskanal oder abgekürzt «SOFAR-Channel» für das englische «Sound Fixing and Ranging». Wenn also vor der Küste von China ein Reissack in die Thermokline fällt, hört man das dank der SOFAR-Schicht im ganzen Pazifik.

Als die SOFAR-Schicht in den 1940er Jahren entdeckt wurde,

war wie bei allen Entdeckungen niemand begeisterter als das Militär, das nun endlich den erstmals nachweislich von Leonardo da Vinci ausgesprochenen uralten Menschheitstraum vom Belauschen ferner Schiffe im großen Maßstab umsetzen konnte. Die US Navy baute Anfang der 1950er Jahre ein Netzwerk von Unterwasser-Ohren, das SOSUS-System («Sound Surveillance System» oder Geräuschüberwachungsanlage), mit dem Ziel, die Stecknadeln in vorbeifahrenden sowjetischen Atom-U-Booten fallen hören zu können. Ob das je gelang, ist natürlich streng geheim, aber die sowjetischen U-Boote selbst konnte man ab 1962 mittels SOSUS orten. Das Geräusch der knallenden Sektkorken dürfte damals in der Schallschicht kurzzeitig den Lärm der herunterfallenden Reissäcke übertönt haben.

Mit dem Aufbau des SOSUS-Lauschnetzes war ein evolutionärer Wettlauf zwischen Jäger und Beute angestoßen: Über die nächsten Jahre und Jahrzehnte lernte die Beute U-Boot, leiser und leiser durch die Meere zu schwimmen, und die Unterwasserohren der Lauschsysteme wurden besser und besser. Man kennt dergleichen Wettläufe aus der Videoelektronik. Kaum hatte der Verbraucher sich ein neues Gerät angeschafft (Beta, Video 2000, VHS, DVD), machten die Datenträger einen Evolutionsschub durch und entzogen sich den weit geöffneten Laufwerksmäulern. Und genau so, wie sich im Keller von Filmfreunden unnütze Geräte ansammeln, füllte sich das Meer bald mit veralteten Lauschstationen, die schließlich der Wissenschaft zur Verfügung gestellt wurden. Zudem sorgte das Ende des Kalten Krieges dafür, dass das Interesse an sowjetischen Unterwasser-Stecknadeln stark nachließ.

Mehr als an Atom-U-Booten ist die Wissenschaft an den Geräuschen umfallender Unterwasserberge, ausbrechender Unterwasservulkane und umherschwimmender Unterwassersäugetiere interessiert. Buckelwale zum Beispiel, fand man heraus, kennen die SOFAR-Schicht schon seit Jahrtausenden und benutzen sie als praktisches Dosentelefon. Hat ein Wal der restlichen Walheit etwas mitzuteilen, schwimmt er hinunter zur Thermokline und singt in sie hinein. Gleichzeitig hört er dort die Botschaften anderer Wale weltweit, was die Thermokline zu einem weltumspannenden Internet für Wale macht. Damit dürfte auch klar sein, was die Bedeutung der noch immer nicht vollständig verstandenen Walgesänge ist: Chatkürzel wie LOL, ROFL und WTF werden wohl einen Großteil des Geräuschpegels dort ausmachen. Warum die Wale überhaupt singen, ist noch nicht endgültig geklärt, aber die wahrscheinlichste Antwort ist, dass die Walmänner die Walfrauen zu becircen versuchen. Darauf deutet die Beobachtung hin, dass männliche Buckelwale hauptsächlich während der Paarungszeit singen. Wenn dem so sein sollte, ist ASL (die Frage nach age, sex, location, also Alter, Geschlecht und Wohnort) ein weiteres häufig gehörtes Geräusch in der Schallschicht.

Interessanterweise sinkt seit Beginn der Aufzeichnungen in den 1960er Jahren die Basisfrequenz der Walgesänge stetig – die Tiere singen jedes Jahr ein bisschen tiefer. Man könnte nun vermuten, dass die Wale damit der steigenden Lärmbelastung durch den zunehmenden Schiffsverkehr begegnen und gegen den Lärm der Schiffsschrauben auf Frequenzen anbrummen, in denen sie sich besser gegen den Menschenlärm durchsetzen können. Nur, sagt Mark McDonald – der Forscher, der die Verbassung der Wale 2009 öffentlich machte –, müssten die Tiere dann eher höher singen als tiefer, weil höhere Frequenzen sich unter Wasser besser ausbreiten. Schiffslärm scheidet als Ursache also eigentlich aus. Auch andere Erklärungen für den Walstimmbruch, wie etwa verändertes Balzverhalten oder die nach dem Fangstopp ansteigende Bevölkerungsdichte, können nicht überzeugen. Die Bassneigung der Tiere bleibt vorerst ein Rätsel.

Ebenso wie eine Reihe von anderen Geräuschen, die die Wissenschaft in den letzten Jahren mittels der Unterwasserohren aufgezeichnet hat. Diese Geräusche wurden von der zuhörenden Wetter- und Ozeanographiebehörde der USA (National Oceanic and Atmospheric Administration, NOAA) *Upsweep, Julia, Train, Slowdown, Bloop* und *Whistle* genannt, und ihre Herkunft ist samt und sonders ungeklärt. Neben Schiffen und singenden Walen gehören normalerweise Vulkanausbrüche und abrutschende Hänge am Meeresboden zu den lautesten und häufigsten Lärmproduzenten unter Wasser, aber das Frequenzprofil der Mystery-Geräusche passt auf keine der bekannten Quellen. Die verschiedenen Geräusche ähneln sich auch untereinander nicht, es hausen also vermutlich mindestens sechs unbekannte Dinge unter Wasser, die Geräusche von sich geben.

Das mit Abstand aufregendste dieser Geräusche ist der Bloop. Bloop wurde 1997 mehrfach von der NOAA aufgenommen, dauert ungefähr eine Minute und klingt, wenn man ihn aufs Sechzehnfache beschleunigt abspielt, wie ein recht unspektakuläres Blubbgeräusch. Unspektakulär ist dieser Blubb allerdings nur, wenn man nicht weiß, dass dieses Geräusch über den gesamten Pazifik hinweg zu hören war. Der Bloop ist um ein Mehrfaches lauter als der Blauwal, das – abgesehen von Menschen mit Gitarrenverstärkern – lauteste bekannte Tier, klingt aber ansonsten durchaus, als sei es von einem Lebewesen erzeugt. Christopher Fox, der bei der NOAA zuständige Forscher, hält prinzipiell auch für möglich, dass das Blubbern etwa durch in der Antarktis kalbende Eisberge verursacht wird. Fox neigt aber, aufgrund der Struktur des Geräusches und seiner Ähnlichkeit mit bekannten Tierlauten, dennoch dazu, in der Tiefsee lebende, bislang nicht entdeckte Tiere für die wahrscheinlichsten Urheber zu halten. Diese unbekannten Tiere müssten dann allerdings, wegen der enormen Lautstärke des Bloop, größer sein als das größte bislang bekannte Tier, der Blauwal. Und weil riesige Unterwassermonster die Phantasie kräftig anregen, kam der Bloop auch schon mehrfach in der Unterhaltungsliteratur vor. Zum Beispiel in Frank Schätzings Bestseller «Der Schwarm», in dem der Bloop ein Kommunikationssignal einer tiefseebewohnenden intelligenten Spezies ist. Weil der Bloop über ein weitgestreutes Netzwerk von Messstationen verzeichnet wurde, konnte man aufgrund der unterschiedlichen Laufzeiten der Schallwellen zu den einzelnen Stationen auch seine Quelle einigermaßen bestimmen. Sie liegt im Südpazifik, nur einige hundert Seemeilen von der von H. P. Lovecraft erfundenen und mit exakten Koordinaten versehenen Stadt R'lyeh entfernt, in der die Gottheit Cthulhu schlafen soll. Möglicherweise ist der Bloop also auch einfach nur göttliches Unterwasserschnarchen.

Eher unwahrscheinlich ist, dass der Bloop etwas mit dem ebenfalls in dieser Gegend gelegenen «Pazifischen Pol der Unzugänglichkeit» zu tun hat, also dem Ort im Pazifik, der am weitesten vom Land entfernt ist. Obwohl natürlich denkbar ist, dass die postulierten Tiefseekreaturen einfach genauso viel Angst vor dem Land haben wie wir vor der Tiefsee und sich deshalb dorthin geflüchtet haben.

Vielleicht gibt es auch einen Zusammenhang mit einer weiteren Sorte unerklärter Tiefseelaute, den in den 1970er Jahren häufiger von sowjetischen U-Boot-Besatzungen berichteten sogenannten Quakern. Wenn diese U-Boote bestimmte Regionen durchfuhren, wurden im umgebenden Meer manchmal Geräusche hörbar, die sich wie Froschquaken anhörten. Die Quellen der Geräusche bewegten sich um die U-Boote herum und waren für die Sonarortung unsichtbar. Die Geräusche selbst schienen sich zwar zu verändern, wenn die U-Boot-Besatzungen per Sonar, also durch eigenes Zurück-Quaken, Kontakt aufzunehmen versuchten, aber eine Unterhaltung kam nie in Gang. Ob die Geräuschveränderungen tatsächlich Reaktionen waren, ist umstritten.

Auch für diese Quaker gibt es keine allgemein akzeptierte Erklärung. Die prosaischste ist, dass es sich um von Menschen – den USA oder der NATO – gemachte Ortungsfahrzeuge gehandelt hat. Das scheint allerdings höchst fraglich, denn zum einen schwammen die Quaker schneller als jedes bislang von Menschen gemachte Unterwasserfahrzeug, und zum anderen könnte man erwarten, dass in den vergangenen vierzig Jahren Details ans Licht gekommen wären. Es gibt aber nach wie vor keinen Hinweis auf entsprechende menschliche Geräte. Eine alternative Erklärung ist, dass es sich um eine noch nicht beschriebene Spezies von Meeressäugern handeln könnte. Dafür spricht, dass die Quaker sich offenbar anhörten wie weibliche Killerwale beim Sex. Dagegen spricht allerdings, dass nur ungefähr ein Jahrzehnt lang gequakt wurde und jegliches Quaken dann eingestellt wurde. Es müsste sich also um eine Spezies mit schnell wechselnden Moden handeln, und von denen kennen wir bislang eigentlich nur eine: uns selbst. Und wir können zwar quaken, aber wiederum nicht schnell genug um U-Boote herumschwimmen. Das Rätsel bleibt.

Wenn man selbst ein bisschen mitraten will, kann man übrigens unter der im Anhang genannten URL den Kopf ins Internet halten und Upsweep, Julia und ihren Freunden beim Quaken zuhören.

Übergewicht

– *Ich dachte immer, wo eine Korrelation ist, ist auch ein Kausalzusammenhang. Dann habe ich einen Statistikkurs belegt. Jetzt bin ich klüger.*
– *Der Kurs hat also geholfen?*
– *Weiß nicht. Vielleicht.*

xkcd.com

Übergewicht ist – anders als etwa Stringtheorie oder die Bekämpfung des Westlichen Maiswurzelbohrers – eins der Themen, zu denen praktisch jedermann eine Meinung hat. Meist rührt diese Meinung daher, dass der Diskussionsteilnehmer selbst erfolgreich Gewicht verloren hat oder jemanden kennt oder von jemandem gehört hat, dem das gelungen ist. Die Art seines Beitrags heißt in der Wissenschaft «anekdotische Evidenz». Es geht um ein undokumentiertes Experiment mit einer Stichprobe von 1, dessen Rahmenbedingungen nicht besonders genau festgelegt sind: «Ich hatte ein paar Monate lang nur linksdrehenden (→ Rechts und links) Lauch zum Abendessen, und wenn es alle so machen würden wie ich, gäbe es kein Übergewichtsproblem. So einfach ist das!» Diese Form der Argumentation ist – zumindest für die Person, die das Argument vorträgt – außerordentlich überzeugend, aber gleichzeitig recht weit entfernt von dem, was man Wissenschaft nennt.

Wenn man wissenschaftlicher vorgehen wollte, müsste man mehrere Personen betrachten, denn mit einer Stichprobe von 1 ist nicht gut forschen. Ideal wäre es, wenn man sicherstellen könnte, dass diese Personen an ihrem Leben während dieser Zeit sonst nichts ändern. Sie ersetzen das Abendessen durch linksdrehenden Lauch und lassen ansonsten alles, wie es ist. Das ist allerdings nicht einfach. Jeder Mensch unterliegt an jedem Tag seines Lebens unzähligen Einflüssen, von denen die meisten ihm nicht einmal bekannt sind. Vielleicht ist der Verfechter der linksdrehenden Lauchtheorie im besagten Zeitraum umgezogen, und seine neue Wohnung liegt 500 Meter weiter von der U-Bahn entfernt. Vielleicht trinkt er seinen Frühstückskaffee aus einem neuen Plastikbecher, aus dem andere Chemikalien entweichen. Und vielleicht ist der linksdrehende Lauch gar nicht nützlich, sondern vollkommen egal, und in Wirklichkeit hat das durch den Lauch ersetzte Abendessen lediglich irgendeine besonders dickmachende Komponente enthalten.

Das sind Probleme, die nicht nur Privatpersonen betreffen. Auch Übergewichtsforscher haben Schwierigkeiten, Störvariablen zu kontrollieren. Eigentlich müsste man die Teilnehmer an Diätstudien einsperren, um sowohl ihre Nahrungszufuhr als auch Umwelteinflüsse und sonstige Aktivitäten über längere Zeiträume überwachen zu können. Das ist nicht prinzipiell unmöglich, aber sehr teuer und bei den Versuchspersonen unbeliebt. Billiger – wenn auch kaum weniger unbeliebt – ist das Einsperren und Kontrollieren von Versuchstieren. Allerdings steht man dann wieder vor dem Problem, dass Tiere gerade in Fragen der Körpergewichtsregulierung und des Fettstoffwechsels oft irritierend anders funktionieren als der Mensch. Deshalb bestellt man menschliche Teilnehmer bei den meisten Studien nur ab und zu ein und verlässt sich ansonsten darauf, dass sie sich an die Regeln halten. Wer während der Studie jede Nacht eine ganze Pommesbude leer gegessen hat, sollte das wenigstens ehrlich zu Protokoll geben. Nach allem, was man über die Selbstbeherrschung des Menschen weiß, über seine Ehrlichkeit in Diätfragen, seine Fähigkeit, das eigene Essverhalten korrekt einzuschätzen und seine Bereitschaft, ärztlichen Vorgaben zu folgen, zeigen solche Studien eher, was passiert, wenn man *versucht*, einer bestimmten Diät oder Lebensweise zu folgen. Für die Praxis schadet das nichts, denn die Endkunden werden es ja nicht anders halten, aber für die Forschung ist es unpraktisch.

Selbst wenn die Versuchspersonen alle Regeln eines Experiments strikt befolgten, hätten Übergewichtsforscher es schwerer als andere Ernährungsforscher. Will man etwas über den Nutzen von, sagen wir, Vitamin Y herausfinden, kann man der Nahrung mehr Vitamin Y hinzufügen und zum Vergleich eine Kontrollgruppe beobachten, die kein zusätzliches Vitamin Y bekommt (→ Ernährung). Will man aber herausfinden, welche Auswirkungen Kohlenhydrate, Fett oder Kalorienreduktion auf den Menschen haben, dann muss man dafür sorgen, dass die Versuchspersonen abgesehen von der untersuchten Variable dasselbe essen wie eine Kontrollgruppe. Das Problem dabei: Anders als das erfundene Vitamin Y machen Kohlenhydrate und Fett einen großen Anteil unserer Nahrung aus. Man kann sie nicht einfach streichen, sondern muss sie durch etwas anderes ersetzen.

Das macht aus fettarmer Ernährung in der Praxis automatisch kohlenhydratreichere, aus kohlenhydratarmer Ernährung fettreichere. Und wenn es tatsächlich gelingt, einen dieser Anteile exakt konstant zu halten, den anderen aber restlos wegzulassen, ist wiederum unklar, ob das Weglassen einer bestimmten Komponente oder die allgemeine Kalorienreduktion Ursache der Gewichtsabnahme sind. Wenn man, wie es einige Forscher tun, davon ausgeht, dass es Fette und Kohlenhydrate ganz unterschiedlich dickmachender Art gibt, wird alles noch komplizierter. Auch wer anfängt, Sport zu treiben, wird nebenbei vermutlich etwas an seiner Ernährung ändern – sei es, weil er fitter sein möchte und deshalb weniger Bier trinkt, sei es, weil er beim Sport mehr Limonade in sich hineinschüttet oder hinterher Heißhunger auf Pizza verspürt.

Es ist, kurz gesagt, so gut wie unmöglich, nur einen einzigen Faktor der Lebensweise zu verändern und nicht gleichzeitig noch zehn andere. Das führt dazu, dass man aus vielen Ernährungsstudien alles Mögliche sowie dessen Gegenteil herauslesen kann – und in der Folge zu allgemeiner Zerstrittenheit der Übergewichtsbranche. Im Zusammenspiel mit dem dringenden Wunsch der Öffentlichkeit, zu erfahren, wie man dünn wird, entstehen so wechselnde Empfehlungsmoden. In den 1930er Jahren verordnete man übergewichtigen Patienten noch Bettruhe, ab den 1960er Jahren galt fettarme und kohlenhydratreiche Ernährung als löblich, in den 1970er Jahren kam die Empfehlung hinzu, zum Abnehmen möglichst viel Sport zu treiben, und seit der Jahrtausendwende haben wieder die kohlenhydratarmen («Low Carb») Diäten Konjunktur.

Alle diese Empfehlungen sind heftig umstritten. Der Nutzen von Sport beim Abnehmen ließ sich bisher so wenig belegen, dass empfehlungsveröffentlichende Stellen wie das Bundesministerium für Gesundheit mittlerweile nur noch die allgemeinen Gesundheitsvorteile des Spazierengehens und Treppensteigens herausstreichen. Ein Hauptstreitthema ist die Frage, ob Low-Fat-Diäten besser sind als Low-Carb-Diäten oder ob die Details egal sind und es nur auf die Kalorienreduktion ankommt. Ebenfalls umstritten ist die «calories in, calories out»-Hypothese, die besagt, dass der Körper überschüssige Kalorien unbarmherzig und vollständig in Fettpolster umwandelt. Ihre Gegner vertreten die These, dass Gewichtszu- und -abnahme hormonell geregelt werden und dem Körper selbst große Schwankungen der Kalorienzufuhr weitgehend egal sind. Jedenfalls, solange die verzehrten Lebensmittel nicht seine Hormonregulation durcheinanderbringen. (Welche Lebensmittel das tun, man errät es, ist umstritten.)

Umstritten ist auch, ob die Antworten auf diese Fragen in der Praxis irgendwelche Auswirkungen haben. Bisher ist jedenfalls noch kein Mittel gefunden worden, das in Diätexperimenten zu nennenswertem oder gar länger anhaltendem

Gewichtsverlust führt. Eine 2007 erschienene Arbeit der Psychologinnen Traci Mann und Kolleginnen kommt zu dem Ergebnis, dass alle bekannten Methoden zur Gewichtsabnahme langfristig wirkungslos sind. Für die Veröffentlichung wurden 31 Studien ausgewertet, die jeweils einen Beobachtungszeitraum von zwei bis fünf Jahren umfassten. Abschließend schreiben die Autorinnen: «Es ist klar, dass Diäten bei den meisten Menschen nicht zu dauerhaftem Gewichtsverlust führen, weitere Untersuchungen der Auswirkungen von Diäten auf das Körpergewicht sind nicht nötig. Die Forderung nach gründlicheren Studien wirkt wenig zielführend, denn bekanntlich geht bei Diätstudien ‹ein gründlicheres methodisches Vorgehen mit geringerem Erfolg einher›. (...) Wir gehen weder davon aus, dass weitere Untersuchungen existierender Diäten zu einer anderen Einschätzung der Lage führen werden, noch glauben wir an das Auftauchen einer neuen Diät mit günstigeren Ergebnissen.»

Traci Mann bemängelt die methodischen Defizite der meisten Diätstudien, die Diäten erfolgreicher aussehen lassen, als sie tatsächlich sind. Erstens verlassen sich viele Studien auf die Aussagen der Teilnehmer, anstatt nachzuwiegen. Zweitens werden oft die Diätabbrecher im Ergebnis nicht berücksichtigt; am Ende der Studien schrumpft die Teilnehmerzahl im Schnitt auf ein Drittel, und gerade bei den Abbrechern fruchtet die Diät vermutlich am wenigsten. Drittens betrachten die meisten Studien nur die ersten Monate einer Diät, in denen einige Teilnehmer tatsächlich bis zu zehn Prozent ihres Körpergewichts verlieren. Schon kurze Zeit später ist von diesem Erfolg aber nichts mehr zu sehen, und ein bis zwei Drittel der Studienteilnehmer wiegen mehr als vor Beginn der Diät. Unabhängig vom Diäterfolg ließ sich den ausgewerteten Studien kein nennenswerter Vorteil für die Gesundheit entnehmen; im Gegenteil sieht es derzeit so aus, als seien starke Gewichtsschwankungen ein Risikofaktor für diverse Erkrankungen. Auch Aufkleber mit Kalorienhinweisen führen nicht zu messbaren Verhaltensänderungen, und der Erfolg von Abspeckprogrammen für übergewichtige Kinder ist ebenso wenig belegt wie bei Erwachsenen. Außerdem werden diese Programme als Auslöser späterer Essstörungen kritisiert.

Dieses ungewöhnlich trostlose Verhältnis von Anstrengung und Erfolg führt viele Forscher dazu, die Grundannahmen zu hinterfragen. Sind Bewegungsmangel und ein Überfluss an kalorienreichen Nahrungsmitteln überhaupt die wesentliche Ursache des Übergewichts? Tatsächlich ist ein kausaler Zusammenhang schwer nachzuweisen. Das hat zum einen mit dem oben beschriebenen Problem zu tun: Menschen ändern nie nur einen einzigen Aspekt ihres Verhaltens. Zum anderen kommt hier ein Satz ins Spiel, den eigentlich jeder Forscher und Wissenschaftsjournalist als Kreuzstichstickerei über seinen Schreibtisch hängen sollte: «Korrelation ist nicht gleich Kausalität.» Wenn zwei Dinge, nennen wir sie A und B, gleichzeitig auftreten, bedeutet das noch lange nicht, dass A die Ursache für B ist. Ebenso gut könnte B die Ursache von A sein, beide könnten aber auch von einer ganz anderen Ursache C ausgelöst werden. Vielleicht wird auch nur A von C ausgelöst, hinter B steckt ein viertes Phänomen D, wobei C und D wieder in irgendeinem Zusammenhang stehen und so weiter. Es lässt sich leicht zeigen, dass das Durchschnittsgewicht der Menschen in den Industrieländern zeitgleich mit der Verbreitung von Autos, Snacks und Rolltreppen gestiegen ist. Aber das beweist nicht, dass Autos, Snacks und Rolltreppen tatsächlich die Ursache des Übergewichts sind.

Es mangelt daher nicht an anderen Erklärungen. So hängen etwa Schlafmangel und Übergewicht zusammen, und das nicht nur, weil Dicke schlechter schlafen oder weil man im Schlaf nicht essen kann. Offenbar bringt Schlafmangel den

Spiegel der appetitregulierenden Hormone Leptin und Ghrelin durcheinander, sodass sich Unausgeschlafene hungriger fühlen. Einer anderen Theorie zufolge tragen Heizungen und Klimaanlagen einen Teil der Schuld. In zu kalten oder zu warmen Umgebungen verbraucht der Körper mehr Energie als in den gemütlich temperierten Räumen, in denen wir einen Großteil unserer Zeit verbringen. Einflüsse im Mutterleib könnten ebenso eine Rolle spielen wie die größere Vermehrungsfreude Übergewichtiger, der Einfluss dickmachender Medikamente, das steigende Alter von Müttern sowie der Hang Übergewichtiger, sich zur Fortpflanzung mit anderen Übergewichtigen zusammenzutun.

2006 stellte sich heraus, dass die Zusammensetzung unserer Darmflora einen wesentlichen Einfluss darauf hat, wie viele Kalorien aus der Nahrung herausgeholt werden; dünne Mäuse wurden dick, nachdem man ihnen im Rahmen eines Experiments die Darmflora dicker Mäuse transplantierte. Je nach Besiedlung des Darms können Darmbakterien die eigentlich für den Menschen unverdaulichen Ballaststoffe nutzbar machen. Der «Kaloriengehalt» von Nahrungsmitteln hinge damit nicht nur davon ab, was man isst, sondern auch von der Art der Darmbesiedlung. Der Neurobiologe Frederick vom Saal hingegen hält Übergewicht für eine zivilisatorische Vergiftungserscheinung. Schuld ist seiner Theorie zufolge nicht individuelles Fehlverhalten, sondern der Einfluss bestimmter Chemikalien aus der Umwelt, allen voran Bisphenol A, die auf den Stoffwechsel wie Hormone wirken und zur Gewichtszunahme führen. Und auch für die Theorie, dass Virusinfektionen zumindest in manchen Fällen eine Rolle spielen, sind seit den 1990er Jahren einige Belege aufgetaucht. Übergewichtige haben etwa dreimal so oft wie Dünne eine Infektion mit einem bestimmten Adenovirus hinter sich. Für alternative Erklärungsmodelle spricht auch, dass das durchschnittliche Körpergewicht vieler in den Industrieländern lebender Säugetiere in den vergangenen Jahrzehnten gestiegen ist.

Die Berichterstattung über solche Alternativtheorien endet meistens mit einem Absatz, in dem Forscher die Sorge äußern, Laien würden sich noch weniger vom Sofa wegbewegen und noch mehr Kartoffelchips in sich hineinstopfen, wenn sie von diesen Forschungsergebnissen wüssten. Dahinter steckt eine grundsätzliche Frage staatlicher Fürsorglichkeit: Soll man die Bürger ehrlich über den Stand der Forschung aufklären und sich mit Empfehlungen so lange zurückhalten, bis deren Nutzen einwandfrei belegt ist? Oder schubst man sie lieber schon mal in Richtung bestimmter Verhaltensweisen, die wahrscheinlich nicht schaden, auch wenn das bedeutet, dass man mit den Fakten etwas großzügiger umgehen muss? Der Nachteil der zweiten Option: Solange die Faktenlage derart unzulänglich ist, weiß man eben nicht, ob eine Empfehlung nicht doch Schaden anrichtet. Kritiker der Low-Fat-Empfehlungswelle sind der Ansicht, dass gerade diese Empfehlungen seit den 1970er Jahren zum erhöhten Konsum von Kohlenhydraten geführt und damit noch mehr Übergewicht, Diabetes und Bluthochdruck verursacht haben. Und Lebensmittel mit der Aufschrift «kalorienarm» oder «fettarm» beruhigen das Gewissen offenbar so sehr, dass die Käufer insgesamt mehr essen. Man hat es nicht leicht als Staat.

Andere Forscher bezweifeln, dass das Übergewichtsproblem überhaupt existiert. Der Politikwissenschaftler Eric Oliver argumentiert in seinem 2006 erschienenen Buch «Fat Politics», die «Übergewichtsepidemie» sei ein Produkt aus moralischer Empörung, windigen Statistiken und den finanziellen Interessen von Forschern, Diätanbietern und Pharmaunternehmen. Diäten und Untergewicht seien gesundheitsschädlicher als Übergewicht, und überhaupt sei der Hauptgrund für die wachsende Hysterie die Tatsache, dass die Schwelle, ab der jemand offiziell als übergewichtig gilt, seit den 1980er Jahren mehrfach gesenkt wurde.

Diese Schwelle liegt in Deutschland momentan bei einem Body-Mass-Index (BMI) von 25 für Übergewicht und einem BMI von 30 für Adipositas (Fettsucht), wobei keiner dieser Werte sich unmittelbar mit einem gestiegenen Krankheitsrisiko in Verbindung bringen lässt. Das ist auch gar nicht die Aufgabe des BMI, der das Körpergewicht in Relation zur Körpergröße misst und ursprünglich aus der Versicherungsmathematik stammt – er soll lediglich die statistische Einsortierung in die Kategorien «Untergewicht», «Normalgewicht» und «Übergewicht» ermöglichen. Er hat den Vorteil, dass er leicht zu errechnen ist, und den Nachteil, dass er häufig irreführende Ergebnisse erbringt, zum Beispiel bei Sportlern, Kindern, alten und kranken Menschen. Tatsächlich sieht es derzeit eher so aus, als lebten Menschen mit leichtem Übergewicht – das heißt einem BMI um 27 – am längsten und am gesündesten.

Die meisten Kritiker der Übergewichtsdiskussion streiten nicht ab, dass Zivilisationskrankheiten wie Diabetes auf dem Vormarsch sind und bei Dicken häufiger vorkommen als bei Dünnen. Sie plädieren lediglich dafür, auch hier Korrelation und Kausalität auseinanderzuhalten. Eric Oliver schreibt: «Nach dem bisherigen Stand der Forschung ist es ungefähr so sinnvoll, im Übergewicht den Verursacher von Herzkrankheiten, Krebs und anderen Krankheiten zu sehen, als hielte man verrauchte Kleidung, gelbe Zähne oder schlechten Atem für die Ursache von Lungenkrebs. Man verwechselt eine Begleiterscheinung mit der zugrundeliegenden Ursache.»

Neue Forschungsergebnisse bringen nicht unbedingt mehr Licht in die Sache. 2010 tauchten mehrere Studien auf, denen zu entnehmen war, dass der Anteil der Übergewichtigen in den USA allen alarmierenden Medienberichten zum Trotz in den letzten zehn Jahren gar nicht weiter gestiegen ist. Das ist aber noch kein Grund, an der Wissenschaft zu zweifeln oder gar zu verzweifeln. Sie hat schon ganz andere Probleme bewältigt, beispielsweise wissen wir seit 2010 endlich ganz genau, wie Katzen beim Trinken die Zunge bewegen. Manchmal dauert der Erkenntnisfortschritt eben etwas länger.

Walkrebs

Scientists are very good at giving mice cancer.

Christopher Wanjek

Die meisten Paradoxa sind wie Katzengold: Von weitem schimmern sie wie echtes Unwissen, sieht man sie sich jedoch genauer an, stellt man fest, dass man es nur mit einem längst gelösten Scheinproblem zu tun hat. Aber manche Paradoxa sind doch verwertbar, zum Beispiel «Petos Paradoxon», benannt nach dem englischen Epidemiologen Sir Richard Peto, einem der meistzitierten Mediziner der Welt. Kurz gesagt geht es dabei um die Frage, warum Wale und andere große Säugetiere so überraschend selten Krebs bekommen.

Bösartige Tumore, auch Krebs genannt, entstehen, wenn eine anständige Zelle im Körper kaputtgeht und sich in ein rabiates Ding verwandelt, das sich unkontrolliert vermehrt. Dieser eine Satz fasst die gesamte Geschichte zwar einigermaßen korrekt zusammen, ist aber in fast jedem Detail erklärungsbedürftig. Dazu später mehr. Petos Paradoxon ergibt sich aus der Diskrepanz zwischen einer naiven Erwartungshaltung und der Realität. Nimmt man an, dass die Wahrscheinlichkeit für eine solche Umwandlung bei jeder Zelle zu jedem Zeitpunkt gleich ist und das Krebswachstum immer auf die gleiche Weise funktioniert, dann sollten Krebserkrankungen mit zunehmendem Alter immer häufiger werden. Genau so ist es auch.

Außerdem sollten große Lebewesen, die aus vielen Zellen bestehen, häufiger Krebs bekommen als kleine. Ein mittelgroßer Hund ist etwa 1000-mal größer als eine Maus, ein Mensch etwa 3000-mal und ein Blauwal sechs Millionen Mal. Wenn die naive Vorhersage wirklich stimmt, dann müssten Wale so oft Krebs haben wie wir Schnupfen, was nicht der Fall zu sein scheint. Krebs gibt es zwar bei vermutlich allen Tieren, aber die Häufigkeit hängt nicht vom Volumen des Tieres ab – Petos unerklärtes Paradoxon.

Stimmt eine Vorhersage nicht mit den Messwerten überein, ist entweder die Vorhersage falsch oder die Messwerte. Oder beides. Die zur Verfügung stehenden Daten über Krebs bei Tieren sind schon mal ziemlich dürftig. Es mangelt an systematischen Studien, stattdessen gibt es jede Menge anekdotische Berichte über Tumore bei den unterschiedlichsten Tieren. Beschränkt man sich auf Säugetiere, dann reicht das Spektrum vom Opossum über Schneeleoparden, Ratten, Murmeltiere, Seelöwen bis zu diversen Delphin- und Walarten.

Wie oft diese ganzen Wesen an Krebs erkranken, ist mit solchen Fallberichten schwer herauszufinden. Tiere sind meistens schlecht versichert und können sich daher keine Vorsorgeuntersuchungen leisten. Wir erfahren daher nur dann von Tumoren bei Tieren, wenn sie daran sterben, was ziemlich oft geschieht, weil sie sich nämlich auch keine Therapie leisten können. Der Anteil der Tiere, der an Krebs stirbt, variiert stark, hängt aber ganz offensichtlich nicht entscheidend von der Körpergröße ab. Zum Beispiel sterben die meisten Mäuse an Krebs, dagegen sind die nicht wesentlich größeren Nacktmulle fast krebsfrei. Auch bei größeren Tieren findet man große Schwankungen; in einer Gruppe von schwedischen Rehen starben 2 Prozent an Krebs, bei Hunden 20 Prozent und in Populationen tasmanischer Beutelteufel bis zu 80 Prozent. Zum Vergleich: Etwa ein Viertel bis ein Drittel aller Menschen handelt sich im Laufe des Lebens irgendeine Art Krebs ein. Die hohe Zahl krebskranker Beutelteufel ist immerhin erklärbar: Die Beutelteufel werden seit den 1990er Jahren von einem speziellen Gesichtstumor heimgesucht, der nicht nur tödlich, sondern auch ansteckend ist und außerdem extrem hässlich aussieht.

Verglichen mit der Untersuchung anderer Tierarten steht die Walkrebsforschung auf soliden Füßen. Gut erforscht sind zum Beispiel die Todesursachen bei einer Gruppe von Beluga-Walen, die im Sankt-Lorenz-Strom in Ostkanada wohnt. Bei ihnen liegt das Krebsrisiko pro Organismus offenbar im selben Bereich wie bei Menschen, allerdings könnte das damit zu tun haben, dass diese Belugas in Wasser herumschwimmen, das übermäßig stark durch die Abwässer von Industrie und Landwirtschaft belastet ist – die Passivraucher unter den Walen.

In allen anderen Walpopulationen scheint Krebs deutlich seltener vorzukommen; unter den toten Walen, die weltweit an Land gespült werden, finden sich nur wenige, bei denen Krebs die Todesursache war. Seziert man Wale, die auf andere Weise gestorben sind, etwa weil plötzlich eine Harpune in ihrem Leib auftauchte, so findet man ebenfalls kaum Tumore. Zugegeben, diese Daten sind nicht ideal, aber zumindest aussagekräftig genug, um auszuschließen, dass todbringende Tumore bei Walen deutlich häufiger vorkommen als bei viel kleineren Tieren.

Elefanten, Nashörner, Löwen oder Tiger sind zwar nicht ganz so groß wie Wale, werden dafür aber viel häufiger untersucht, insbesondere weil man sie einfacher als Wale in Zoos halten kann. Der amerikanische Biologe John D. Nagy und seine Kollegen durchsuchten im Jahr 2007 alle tiermedizinischen Publikationen und fanden nur sehr wenige dokumentierte Fälle von Krebs bei diesen Tieren (ein Dutzend oder weniger pro Art). Man kann aus solchen anekdotischen Berichten zwar keine harten Zahlen ableiten. Doch Elefanten wiegen immerhin 4000 Kilogramm, 50-mal mehr als Menschen. Wir suchen also nach einem gewaltigen Effekt, nicht nur nach irgendwelchen Abweichungen in der dritten Stelle nach dem Komma. Wenn das Krebsvorkommen wirklich mit der Körpergröße zunähme, wäre das aufgefallen. Oder etwas genauer: Wenn das Krebsrisiko für einen Klumpen Tierzellen immer gleich groß wäre, dann müssten mindestens 96 Prozent aller Elefanten im Laufe ihres Lebens Krebs kriegen. Für Leute, die es mit der Prozentrechnung nicht so genau nehmen: eigentlich fast alle.

Eine ganze Reihe trivialer Lösungsvorschläge für Petos Paradoxon sind ziemlich sicher falsch. So sind manche Tiere weniger Umweltgiften ausgesetzt als andere. Außerdem sind bestimmte Gewebearten wie Knorpel weniger anfällig für Krebs. Der Knorpelanteil wiederum ist nicht in jedem Tier gleich. Diese Umstände helfen zwar, die Unterschiede im Krebsrisiko zu erklären, aber sie reichen bei weitem nicht aus, um den riesigen Effekt zu produzieren, den man erwarten sollte, und damit Petos Paradoxon aufzulösen.

Stattdessen muss man sich wohl genauer ansehen, wie Krebs entsteht. Alle Zellen in unserem Körper enthalten ein Programm mit genauen Instruktionen, wie sie sich zu verhalten haben – den genetischen Code. Sie vermehren sich wie Pantoffeltierchen durch Teilung. Bei jeder Teilung wird der genetische Code einmal abgeschrieben, damit jede der beiden neuen Zellen eine Kopie mitnehmen kann. Dieser Kopiervorgang ist nicht hundertprozentig fehlerfrei, bei jeder Zellteilung verändert sich der Code ein kleines bisschen. Außerdem werden die Gene immer mal beschädigt, zum Beispiel durch den Einfluss von UV-Strahlung oder bestimmte Chemikalien.

Diese Veränderungen im genetischen Programm, Mutationen genannt, sind die Voraussetzung für die Evolution: Ab und zu entsteht dadurch ein Lebewesen mit einem besonderen Feature, das besser mit der Welt klarkommt als seine Kollegen und mehr Nachkommen erzeugt. Ohne diesen Prozess würde es den Blauwal, die Spitzmaus und den Beutelteufel gar nicht erst geben. Die meisten Mutationen sind allerdings nicht vorteilhaft, und manche sind eindeutig ein Problem. Die Umwandlung einer normalen Zelle in eine Tumorzelle beruht auf einer Serie von ungünstigen Mutationen. Krebs ist der Preis, den Lebewesen für die Evolution bezahlen müssen.

Mit diesen Kenntnissen bewaffnet, kann man sich mehrere neue Erklärungen für Petos Paradoxon ausdenken. Vielleicht kommen Mutationen bei großen Tieren einfach seltener vor als bei kleinen – die Fehlerquote beim Abschreiben des Gencodes wäre demnach geringer. Ausschließen kann man das wohl nicht, dazu ist die Datenbasis zu dürftig. Bei Labormäusen und Menschen, den beiden am besten untersuchten Säugetierarten, sind die Mutationsraten allerdings schon mal ähnlich, was der Erklärung ein wenig den Boden unter den Füßen wegzieht. Eine andere Variante: Die Anzahl der Mutationen, die für die Entstehung einer Krebszelle erforderlich ist, könnte von der Körpergröße abhängen. Vielleicht muss man bei einer Mauszelle nur an ganz wenigen Stellen den Gencode umbauen, um sie in eine Tumorzelle zu verwandeln, bei einem Wal dagegen an deutlich mehr Stellen. Auch das ein plausibler Ansatz, aber wenn das so wäre, müsste man wieder im Mensch-Maus-Vergleich Unterschiede sehen, was nicht der Fall ist.

Zellen sind der Evolution und damit auch der Tumorbildung nicht hilflos ausgeliefert. Sie verfügen über ein Arsenal an Techniken, um den genetischen Code zu reparieren und sich vor den Folgen fehlerhafter Kopien zu schützen. Vermutlich funktionieren diese Mechanismen auf irgendeine Weise bei großen Tieren besser als bei kleinen. In diesem Zusammenhang sollte man sich eventuell das Wort «Telomerase» merken, womöglich der Schlüssel zur Lösung von Petos Paradoxon.

Gesunde Zellen teilen sich nicht, wie sie gerade lustig sind, sondern nur, wenn man ihnen die Erlaubnis dazu gibt. Zellen kommunizieren untereinander über eine Art Internet auf der Basis von bestimmten Molekülen, die unter anderem die Zelle zur Teilung ermutigen oder davon abraten. Tumorzellen ignorieren diese Nachrichten weitestgehend und pflanzen sich einfach immer weiter fort.

Auch ganz ohne Internet hören Zellen irgendwann mit der Fortpflanzung auf, bei Menschen etwa so nach 60 bis 70 Teilungen, wovon die Forschung erst seit 50 Jahren weiß. Vorher nahm man allgemein an, Zellen seien unsterblich. Aber woher wissen die Zellen, wann sie mit dem Teilen aufhören sollen? Falls diese Frage je im Pub-Quiz vorkommt, was nicht sehr wahrscheinlich ist, dann lautet die Antwort: «Verkürzung der Telomere.» Der genetische Code ist in langen Molekülsträngen gespeichert, die Chromosomen heißen und von denen es in jeder Zelle eine größere Anzahl gibt, beim Menschen sind es 46. Bei jeder Zellteilung gehen die Enden der Chromosomen, die man Telomere nennt, kaputt. Irgendwann ist das Chromosom unbrauchbar, und die Zelle gibt auf.

Manche Zellen können ihre Chromosomen reparieren, und zwar, indem sie einfach neue Teile an den genetischen Code anbauen. Telomerase heißt das Enzym, das diesen Prozess bewerkstelligt. Telomerase verlängert das Leben von Zellen erheblich, erhöht aber auch das Risiko, dass Zellen sich unkontrolliert vermehren. Tumorzellen finden Telomerase jedenfalls super und sind daher praktisch unsterblich, jedenfalls bis der Onkologe kommt und sie rausschneidet. Beim Menschen findet diese Art der Chromosomreparatur eigentlich nur in Ei- und Samenzellen statt. Mäuse hingegen betreiben das auch in normalen Körperzellen. Vor kurzem fand eine amerikanische Forschergruppe heraus, dass das Auftreten von Telomerase sich mit der Körpergröße von Tieren verändert. Vereinfacht gesagt: Bei kleinen Tieren werden die Chromosomen repariert, bei großen nicht. Aha, könnte man sagen, kriegen deshalb große Tiere vielleicht keinen Krebs? Leider befasst sich die Studie nur mit Nagetieren. Ob man auf ähnliche Weise auch das Walkrebsproblem erklären kann, sei dahingestellt. Interessant ist das Ergebnis allemal.

Möglicherweise liegt die Antwort nicht in der Entstehung des Krebses, sondern in seiner Wirkung, die entscheidend von der Größe und dem Wohnort des Tumors abhängt. Abgesehen davon, dass sie gesunde Zellen zerstören und dadurch irgendwann Organe davon abhalten, ihren ordnungsgemäßen Geschäften nachzugehen, erzeugen Tumore oft Platzprobleme im Körper. Wale haben zum einen sehr große Organe und zum anderen sehr viel Platz im Leib. Der Tumor muss daher erhebliche Ausmaße annehmen, um den Wal umzubringen. Über einen erbsengroßen Tumor, der für eine Maus tödlich sein kann, würde ein Wal nur lachen – oder das tun, was bei Walen dem Lachen entspricht.

Man könnte leichtfertig annehmen, dass bösartige Tumore einfach immer weiter wachsen, bis das Krankenhausbett wieder frei ist, aber das muss nicht unbedingt so sein. Vielleicht gilt das bis zu einer bestimmten Grenze, und dann hören sie mit dem Quatsch auf. Ein Problem, das für den wachsenden Tumor immer größer wird, ist die Versorgung mit Nährstoffen. Für alle seine Zellen muss er eine Infrastruktur aus Blutgefäßen aufbauen, so wie ein neues Industriegebiet auch nur funktioniert, wenn es eine Anbindung an das Straßen- oder Schienennetz hat. Um dieses Ziel zu erreichen, senden Tumorzellen Botschaften an das Zellinternet, die in Zellsprache ungefähr «Will mehr Blut!» lauten.

Der schon erwähnte John Nagy und seine Kollegen haben das Wachstum von Tumoren in aufwendigen Computermodellen simuliert. Sie stellten fest, dass ihre virtuellen Tumorzellen manchmal damit aufhörten, den Bau neuer Blutgefäße anzuregen, und sich lieber voll und ganz auf die Fortpflanzung konzentrierten. Es handelt sich dabei ganz klar um einen Fall von Betrug – dieser sogenannte Hypertumor will zwar immer weiter wachsen, aber den Preis nicht bezahlen. Er ernährt sich von den Blutgefäßen, die der restliche Tumor angelegt hat. Weil die normalen Tumorzellen so jedoch weniger Nährstoffe zur Verfügung haben, verhungert der gesamte Tumor irgendwann.

Nagy und Co. haben diesen Prozess für Tiere verschiedener Größe simuliert, unter anderem für Rehe, Menschen und Blauwale. Insgesamt sahen sie am Computer 1000 Tumoren pro Tierart beim Wachsen zu. Die Überraschung: Hypertumore tauchten häufiger bei großen Tieren auf als bei kleinen. Während die kleinen Kreaturen an ihrem Krebs zugrunde gingen, überlebten die meisten Wale – jedenfalls im Computermodell. Wenn sich das Modell auf die Wirklichkeit übertragen ließe, hätten Wale zwar immer wieder mal Krebs, aber sie würden daran nicht sterben. Oder anders ausgedrückt: Krebs wäre für Wale wirklich so was wie Schnupfen für uns. Sie haben dauernd Krebs, aber die Folgen sind harmlos, und wir bekommen nichts davon mit. Wir würden die Waltumore erst sehen, wenn wir eine größere Gruppe Wale regelmäßig zur Computertomographie schicken.

Eine Weile hielt sich das Gerücht, dass Haie überhaupt keinen Krebs kriegen. Das stimmt zwar nicht, es gibt anekdotische Berichte über Tumore bei Haien, genau wie bei so vielen anderen Tieren. Trotzdem schrieb der zwielichtige William Lane in den 1990er Jahren gleich zwei Bücher über das Nichtvorhandensein von Haikrebs, mit den originellen Titeln «Sharks Don't Get Cancer» und «Sharks Still Don't Get Cancer». Die Bücher wurden zu Bestsellern. Lane und andere fingen damit an, Haiknorpelpillen zur Krebstherapie zu verkaufen, und verdienten damit Millionen, obwohl es keinerlei ernsthafte Hinweise darauf gibt, dass die Pillen irgendwas gegen Krebs ausrichten. Für diesen vollkommenen Blödsinn wurden Millionen Haie getötet, was beweist, dass ein niedriges Krebsrisiko nicht immer nur Vorteile hat.

Wissen

Bertie Wooster: «You bloody well are informed, Jeeves! Do you know everything?»
Jeeves: «I really don't know, sir.»
P. G. Wodehouse: «Jeeves and Wooster»

Wenn man ein «Lexikon des Unwissens» schreibt beziehungsweise liest, dann geht man eigentlich davon aus, dass es zumindest eine klare Vorstellung davon gibt, was Wissen ist, was Unwissen ist und was beides voneinander unterscheidet. Leider ist das gar nicht so. Außerdem gibt es keinen Konsens darüber, ob der Mensch überhaupt zu Wissen über die Welt gelangen kann und, wenn ja, wie das funktionieren soll. Nebenbei bemerkt, selbst wenn wir so einen Konsens hätten, wäre nicht unmittelbar klar, ob er auch stimmt. Die Tatsache, dass der Begriff «Wissen» selbst Unwissen ist, bringt zwar das gesamte Konzept eines solchen Lexikons ins Wanken. Aber es hilft ja nichts.

Es geht damit los, dass wir nicht wirklich wissen, was dieses Wissen sein soll, von dem die ganze Zeit die Rede ist. Die Mindestanforderung an Wissen, so liest man in praktisch jedem Einführungstext zu diesem Thema, besteht in einem «begründeten wahren Glauben» (oder kurz JTB für «justified true belief»). Alle Teile in dieser Definition sind erklärungsbedürftig. Fangen wir mit dem Wort «wahr» an: Das Kriterium sagt, dass wir davon sprechen können, etwas zu wissen, wenn dieses Etwas tatsächlich wahr ist. Die Aussage «Der Mond besteht aus Altmetall» zum Beispiel würde in dieser Sichtweise nicht als Wissen durchgehen, weil sie unwahr ist.

Aber schon dieses Wahrheitskriterium funktioniert eigentlich nicht. Das Kriterium setzt voraus, dass wir schon wissen, dass der Mond eben nicht aus Altmetall besteht. Man setzt also voraus, dass wir über den Wahrheitsgehalt der Aussage bereits Bescheid wissen; aber um dahin zu kommen, bräuchte man erst mal eine Ahnung, was dieses «Wissen» eigentlich bedeutet – ein klassischer Zirkelschluss. Alternativ könnte man Wissen auch so definieren: Wenn ich glaube, dass der Mond aus Altmetall besteht, und außerdem glaube, dies begründen zu können, dann bin ich befugt zu sagen, dass ich über die Beschaffenheit des Mondes Bescheid weiß – egal, ob der Mond jetzt aus Altmetall besteht oder doch aus Magerquark.

Diese zweite Definition kommt unter anderem in den Naturwissenschaften (und fast überall in diesem Buch) zum Einsatz. Nur ein Test: «Ptolemäus wusste, dass sich die Sonne um die Erde dreht» – klingt das seltsam oder nicht? Ganz eindeutig verträgt es sich mit der zweiten Definition von Wissen, aber nicht mit der Wahrheitsbedingung, denn, davon sind wir heute überzeugt, Ptolemäus' Weltbild war falsch. Was vermutlich auch für die Theorien gilt, die Naturwissenschaftler heute über die Welt haben – warum sollten ausgerechnet wir die Generation sein, die alles richtig macht? Bisher hat sich nach einiger Zeit noch jede naturwissenschaftliche Theorie als falsch herausgestellt. Man könnte einwenden, die aktuellen Theorien seien doch zumindest weniger falsch als die der Vergangenheit, aber um das beurteilen zu können, müsste man schon wissen, was richtig ist. Oft genug war die Naturwissenschaft auch einfach ein paar Jahrhunderte auf dem völlig falschen Dampfer und nicht wenigstens in der richtigen Richtung unterwegs. Setzt man wirklich «Wahrheit» als Kriterium an, dann bleibt von dem, was wir heute so als Wissen bezeichnen, sehr wenig übrig – was genau, dazu später mehr.

Naturwissenschaftler haben deshalb auch gar nicht den Anspruch, Gewissheiten zu liefern, sondern «nur» die bestmögliche Erklärung für die Geschehnisse da draußen, was auch ein Grund ist, warum Naturwissenschaften so viel schönes Unwissen liefern, immer dann nämlich, wenn die bestmögliche Erklärung sich als unzureichend herausstellt und man hektisch nach einer neuen sucht. Das kollidiert manchmal mit den Wünschen der Öffentlichkeit, zum Beispiel wenn man endlich eine definitive Antwort zum Weltklima haben will. Dann sieht man den Naturwissenschaftler an, und er sagt so was wie «wahrscheinlich» und «vermutlich», nicht gerade die Terminologie, die man gern hätte.

Immer, wenn von Wissen die Rede ist, taucht das Wort «begründen» auf. Begründungen scheinen eine wesentliche Voraussetzung für Wissen zu sein, es reicht nicht, einfach nur blind etwas zu raten. Wenn ich heute einen Lottoschein abgebe, auf dem, wie sich in einer Woche herausstellt, die richtigen Zahlen stehen, dann wäre es trotzdem übertrieben zu behaupten, ich hätte die Lottozahlen beim Ausfüllen des Lottoscheins gewusst. Die Annahme muss auf irgendeine Art plausibel begründbar sein, erst dann verwandelt sie sich von Glauben in Wissen.

Was als eine solche Begründung durchgeht, ist der nächste schwierige Punkt. Wenn ich «Die Nachbarn haben einen neuen Hund» behaupte und einen kritischen Gesprächspartner habe, dann wird er nachhaken: «Woher weißt du das?» Im Alltagsgebrauch reicht es häufig, wenn man seine Behauptungen durch eine Auskunft über Sinneswahrnehmungen belegen kann, etwa: «Ich habe den Nachbarn *gesehen*, als er den Hund spazieren führte.» Ganz wasserdicht ist das im konkreten Fall noch nicht, denn der Nachbar könnte sich einfach einen Hund ausgeliehen haben. Eventuell muss man zusätzliche Argumente bringen wie «Er hat seit Wochen darüber geredet, dass er sich einen Hund zulegen will, und es handelt sich offenbar um einen Welpen» oder irgendetwas ähnlich Überzeugendes. Alle diese Argumente bauen darauf auf, dass man die kognitiven Möglichkeiten des Menschen – die Sinneswahrnehmungen, die Fähigkeit, Wahrnehmungen und Erinnerungen ordentlich zu verknüpfen, sowie die Fähigkeit, rational zu schlussfolgern – für zuverlässige Instrumente hält, die es uns erlauben, Behauptungen über die Welt in Wissen zu verwandeln.

Leider sind unsere kognitiven Fähigkeiten gar nicht so toll. Jeder ist schon mal auf optische Täuschungen hereingefallen, also einfache Abbildungen, die unseren Augen etwas vorgaukeln, das gar nicht stimmt, vielleicht nicht gerade einen Hund. Davon abgesehen kennen Psychologen mittlerweile eine lange Liste von sogenannten kognitiven Verzerrungen (englisch: «cognitive biases»), also spezifischen Fehlfunktionen unserer Denkprozesse.

Nur ein paar Beispiele für solche Verzerrungen: Wir neigen dazu, aus anekdotischen Beobachtungen, im schlimmsten Fall aus einer einzigen Begebenheit, allgemeine Schlüsse zu ziehen. Schlimmer noch, selbst wenn wir ausreichend Daten zur Verfügung haben, neigen wir dazu, nur die zu berücksichtigen, die zu unseren Erwartungen passen. Auch unsere Fähigkeit, logisch zu schlussfolgern, ist nicht fehlerfrei; darauf weisen die vielen Fälle hin, in denen sich Philosophen gegenseitig vorwerfen, einen logischen Zirkelschluss fabriziert zu haben. Ein wenig exotischer, aber auch schön ist der sogenannte Spielerfehlschluss, der auf einem Missverständnis des Zufalls beruht: Wenn beim Würfeln lange Zeit keine 6 kam, dann behauptet man schon mal, dass es «jetzt aber endlich klappen muss» – obwohl es bei jedem Wurf exakt dieselbe Wahrscheinlichkeit auf eine 6 gibt, ganz egal, wie lange man würfelt (mehr dazu unter → Hot Hand).

Auch Philosophen haben keine Schwierigkeiten damit, einen auflaufen zu lassen, wenn man mit ein paar Begründungen für Behauptungen ankommt. Es stellt sich zum Beispiel die Frage, ob der Begründungszwang irgendwann aufhört oder nicht. Im Hundebeispiel müsste man als Nächstes begründen, warum den Sinneswahrnehmungen zu trauen ist, und wenn man damit fertig ist, muss man diese neue Begründung begründen und so weiter. Ein Spielverderber könnte einfach immer weiter «Und warum glaubst du, das zu wissen?» fragen. Wenn diese Serie aus Begründungen aber niemals aufhört und sich nicht im Kreis drehen darf, dann, so könnte man sagen, ist auch die Behauptung mit dem Hund des Nachbarn nicht wirklich begründet.

Es gibt zwei Möglichkeiten, diesem Problem zu begegnen. Man könnte behaupten, dass es ein paar unbezweifelbare Tatsachen gibt, die man nicht mehr begründen muss, eine Art Fundament allen Wissens. Die Frage ist dann, was diese Tatsachen sind, auf die man alles Wissen zurückführen kann – wenig überraschend, dass darüber keine Einigkeit herrscht. Die naturwissenschaftliche Methodik bedient sich einer langen Liste grundlegender Annahmen, die innerhalb der Naturwissenschaften nie in Frage gestellt werden, zum Beispiel über → Mathematik und Logik. Nach Aristoteles geht alles Wissen zurück auf das Nichtwiderspruchsprinzip: Wenn eine Sache die Eigenschaft X hat, kann sie nicht gleichzeitig die Eigenschaft Y haben, die das Gegenteil von X ist. Zum Beispiel: Die Zahl 2 kann nicht gleichzeitig gerade und ungerade sein. Entweder hat der Nachbar einen neuen Hund oder nicht. Für Aristoteles ist dieses Prinzip unbegründbar und unbezweifelbar, wer es anzweifelt, mit dem sei nicht mehr zu reden, denn er sei nichts mehr als ein Gemüse. Aus verständlichen Gründen: Wer das Nichtwiderspruchsprinzip anzweifelt, muss seine Geltung bereits voraussetzen, weil er annimmt, dass es nicht zugleich wahr und falsch sein kann.

Gemüse hin oder her, es sieht erst mal nicht so überzeugend aus, wenn man an einer Stelle mit dem Zweifeln und Begründen aufhört und sagt, hier geht es nicht weiter. Eventuell hält sich nicht einmal die Natur an das Nichtwiderspruchsprinzip. Eine der absurden Folgerungen der Quantenmechanik lautet, dass zwei Eigenschaften, die einander eigentlich ausschließen sollten – ob etwas sich links- oder rechtsherum dreht oder ob etwas eine Welle ist oder ein Teilchen –, Ausdruck einer übergeordneten Eigenschaft sein sollen, die die vermeintlichen Gegensätze vereint. Wie überraschend dieser Gedanke ist, demonstriert Erwin Schrödinger mit Hilfe der legendären Katze, die so lange in einem Zustand verharrt, in dem sie weder tot noch lebendig ist, bis jemand hinsieht und sie sich entscheiden muss. Wenn eine Katze so etwas kann, wieso sollte es für unsere Argumente verboten sein?

Für Aristoteles ist das Weltwissen ein Gebäude, das auf wenigen Säulen ruht. Wem das nicht passt, der könnte sich Wissen als eine Raumstation vorstellen, die frei im All schwebt und ihre Stabilität nicht daraus bezieht, wie stark sie im Boden verankert ist, sondern daraus, wie gut ihre Bestandteile miteinander verbunden sind. Jedes Wissensfragment ist mit zahlreichen anderen Bausteinen vernetzt, die wiederum mit anderen Bausteinen in Verbindung stehen. Mein vermeintliches Wissen über Nachbars Hund lässt sich daher nicht auf ein paar unbezweifelbare Fundamente zurückführen, sondern ruht auf einer Vielzahl von anderen Wissensfragmenten, die alle einzeln angezweifelt werden dürfen. Wenn man die Argumente über den Hund nur in eine solide Wissensraumstation einbaut, kann man ihnen trauen.

Bis jemand kommt und die gesamte Raumstation auf einmal zum Absturz bringt, was die Absicht des Skeptikers ist. Skeptiker behaupten, dass wir viel weniger wissen, als wir immer behaupten, im Extremfall gar nichts. Ein beliebtes Spiel unter Epistemologen, so heißen die Philosophen, die sich mit diesen Wissensfragen herumschlagen, ist das Ausdenken und Widerlegen von solchen skeptischen Positionen. In welcher Form diese Position formuliert wird, hängt von der Zeit ab, in der man so lebt. René Descartes, Philosoph im 17. Jahrhundert, dachte über die Existenz eines «bösen Geistes» nach, der seine Sinne manipuliert und für ihn eine vollständige Illusion der Außenwelt aufbaut, einschließlich der Illusion, dass es andere Leute gibt.

Böse Geister sind heute nicht mehr so beliebt, dasselbe Argument taucht aber mit anderen, technologischen Metaphern auf. Die bei Philosophen populärste Variante ist das «Gehirn im Glas»-Szenario (auf Englisch «brain in the vat» oder BIV). Es könnte doch sein, so der Skeptiker, dass mein Gehirn von kompetenten →Außerirdischen geklaut wurde und in einem Einmachglas in einer Nährlösung herumschwimmt. Über Elektroden ist das Gehirn mit einem Supercomputer verdrahtet, der es mit Sinnesreizen versorgt, sodass ich glaube, in genau der Welt zu leben, die ich mir normalerweise so vorstelle, mit Stühlen, Häusern, Menschen, Sternen und Rundgesichtsmakaken. Ich habe keine Möglichkeit zu unterscheiden zwischen der echten Welt, in der das Gehirn in einem Schädel eingebaut ist, der an einem Körper hängt und so weiter, und einer Welt, die vom Supercomputer vorgegaukelt wird. Infolgedessen ist alles, was ich so über die Welt zu wissen glaube, nichtig. Wenn einem die Vorstellung von Gehirnen, die irgendwo herumschwimmen, zu eklig ist, kann man sich stattdessen gern vorstellen, dass das

Gehirn im Körper belassen wird, aber trotzdem alle Informationen vom Supercomputer bekommt. Dann schwimmt eben der gesamte Körper in einem Behältnis, so wie es zum Beispiel im Film «Matrix» vorgeführt wird.

Betrachten wir die Frage, ob ich Hände besitze, die zunächst so aussieht, als könnte ich sie klar und eindeutig beantworten. Ein Gehirn im Glas hat natürlich keine Hände, ihm wird nur vorgemacht, es habe welche. Wenn ich also nicht weiß, ob ich ein BIV bin, dann kann ich auch nicht wissen, ob ich Hände habe, so der Skeptiker. Äußert man solche Gedanken am Kneipentisch, dann lautet die normale Reaktion vermutlich «Ach, komm», woraufhin eine neue Runde bestellt wird, und für die meisten von uns ist die Sache damit erledigt. Aber ein paar Leute müssen sich trotzdem stellvertretend für uns alle damit befassen, dieses Argument, das auf so radikale Art unser gesamtes Wissen untergräbt, unter die Lupe zu nehmen.

Ein berühmtes Gegenargument, vorgebracht vom englischen Philosophen George Edward Moore im Jahr 1939, stellt die Sache auf den Kopf: Wenn ich ein BIV bin, kann ich nicht wissen, ob ich Hände habe. «Hier ist eine Hand», sagte Moore und hebt eine Hand, «und hier ist noch eine», und hebt die andere. Somit weiß ich, dass ich Hände habe, und kann kein BIV sein. Thema erledigt. Moore beruft sich auf so etwas wie den gesunden Menschenverstand. Er versucht klarzumachen, dass ein Skeptiker mit seiner BIV-Hypothese keine Argumente für seine Hypothese bringen kann, die plausibler sind als Moores einfaches Argument für die Existenz seiner Hände. Es ist abwegig zu glauben, keine Hände zu haben, also sollten wir das Vorhandensein von Händen an den Ausgangspunkt der Argumentation setzen und nicht irgendeine verrückte Spekulation über ein Gehirn, das im Einmachglas schwimmt. Aber für die meisten ist das Argument nicht besonders überzeugend, weil es wieder wie ein Zirkelschluss aussieht: Wenn ich ein BIV bin, dann würde mir der Computer eben vorgaukeln, Hände zu haben, das Hochheben der Hände würde gar nichts beweisen, und ich bin am Ende so klug wie am Anfang.

Ein anderer Konter befasst sich damit, was das Wort «wissen» eigentlich bedeutet. Wie hoch der Standard ist, den wir an unser Wissen legen, hängt vom Kontext ab, so könnte man argumentieren. Wenn wir die Latte wirklich sehr hoch hängen, dann müssen wir uns eingestehen, nicht zu wissen, ob wir ein BIV sind oder nicht, damit auch nichts über die Existenz unserer Hände und überhaupt sehr wenig. Aber die meiste Zeit haben wir kein Interesse an so einem hohen Standard; für gewöhnlich kann die Behauptung «Ich habe Hände» locker als Wissen durchgehen. So gibt man zwar zu, dass die BIV-Leute mit ihrem Einwand recht haben, aber man wirft deshalb nicht gleich jede Form von Wissen weg.

Der Nachteil: Der Begriff Wissen wäre nicht mehr besonders klar definiert. Ob das ein Problem ist oder nicht, darüber kann man streiten. Wir sind solche kontextabhängigen Begriffe aus ganz anderen Zusammenhängen gewohnt. In fast allen Situationen würde man unter einem Zwerg jemanden verstehen, der deutlich kleiner ist als die meisten anderen Leute, also vielleicht unter 1,40 Meter. Im Kontext eines Basketballspiels könnte man jedoch mit einiger Berechtigung einen 1,80 Meter großen Spieler als Zwerg bezeichnen, weil die meisten anderen Spieler viel größer sind. Wenn so eine begriffliche Schwammigkeit bei Körpergrößen funktioniert, warum nicht auch beim Wissen? Zum Beispiel, so könnte man dagegenhalten, weil man bei der Körpergröße jederzeit klarstellen kann, was man eigentlich meint, z. B. mit Hilfe einer Messlatte. Beim Wissen ist das schon deutlich schwieriger.

Die Liste der Argumente gegen ein BIV-Szenario ist lang, die meisten sind deutlich komplexer als die hier beschriebenen Beispiele, und keines kann restlos alle Skeptiker überzeugen. Viele begnügen sich damit, dem Skeptiker einen Knochen hinzuwerfen und ihm ansonsten aus dem Weg zu gehen – sie schaffen die Bedrohung durch Einmachgläser nicht aus der Welt, sondern umschiffen sie geschickt. Aber auch der Einmachglasskeptiker macht Zugeständnisse: Er sagt, dass es wirklich möglich ist, ein Gehirn im Glas zu sein, womit er offenbar schon etwas über die Welt zu wissen glaubt, nämlich über die Möglichkeiten, die in der Welt realisiert sein könnten. Außerdem behauptet er, dass seine Argumente logisch und vernünftig sind, womit er etwas über die Welt wissen muss, nämlich etwas über die Verlässlichkeit von Logik und Vernunft.

Wer wirklich radikal sein will, muss auch dieses Wissen noch über Bord werfen. Was natürlich nicht schwer ist – der Computer könnte so programmiert sein, dass er uns glauben lässt, unsere Argumente seien logisch und vernünftig. Sogar das schon erwähnte Nichtwiderspruchsprinzip könnte eine Illusion sein. Dieser Weg ist nicht ungefährlich. Als Erstes wird das schöne Einmachglasszenario widersprüchlich, denn um es vorzubringen, benötigt man eben genau die logischen Grundbausteine, die man gerade über Bord geworfen hat. Man kann dann eben nicht mehr plausibel argumentieren, weil man die Maßstäbe für Plausibilität nicht mehr unterschreibt.

Aber dann wieder könnte der Skeptiker einfach sagen: «Mir doch egal.» Letztlich gibt es nichts, was einen zwingen könnte, vernünftig zu argumentieren. Es gibt keine wirklich zwingenden, vernünftigen Argumente. Man kann ebenso gut aus dem ganzen Geschäft des Denkens aussteigen und es sein lassen. Diese Entscheidung steht jedem frei. Es klingt wie eine bequeme Lösung, aber wer das tut, sollte sich darüber im Klaren sein, was aus ihm wird. Der radikalste Skeptiker ist in Aristoteles' Sinne ein Gemüse: Er darf zwar weiterhin behaupten und argumentieren, denn wie sollte man ihm das verbieten, aber er kann nicht verlangen, dass ihm jemand zuhört.

Konsequent durchgezogen ist radikaler Skeptizismus eine anstrengende und riskante Lebensweise. Von Pyrrhon von Elis, einem Skeptiker im alten Griechenland, ist überliefert, er sei auf seinen Reisen weder entgegenkommenden Wagen noch bissigen Hunden ausgewichen. Die wenigsten werden bereit sein, so weit zu gehen. Wer es doch versuchen will, der sollte sich vorher vergewissern, dass seine Freunde diesen Skeptizismus nicht teilen. Irgendwer muss sich schließlich um die Hunde kümmern.

Wissenschaft

Aus hundert Kaninchen wird niemals ein Pferd und aus hundert Verdachtsgründen niemals ein Beweis.

Porfiri zu Raskolnikow in Dostojewskis «Schuld und Sühne»

Wenn man im Lexikon nachschlägt, was Wissenschaft ist, dann erfährt man zum Beispiel, es handele sich um die methodische Erweiterung des Wissens oder eine andere vage Angelegenheit. Es ist nicht klar, wie dieses → Wissen aussieht und ob beziehungsweise wo man es kaufen kann. Zusätzlich kann man sich auch noch damit herumquälen, was das für Methoden sind, die wir zur Wissensvermehrung verwenden. Darf jeder so einfach neues Wissen in die Welt setzen? Woran kann man erkennen, ob jemand nur rumspinnt, anstatt ordentlich zu forschen? Und wie funktioniert sie überhaupt, diese Wissenschaft?

Wenn Wissenschaft unser Goldstandard zur Erlangung von Wissen ist, dann müsste man als Erstes versuchen, diesen Standard von Nicht-Wissenschaft abzugrenzen, die weniger taugt.

Wissenschaft von, sagen wir, Radiohören abzugrenzen ist kein großes Problem, vor allem, weil kaum jemand behaupten wird, beides sei das Gleiche. Kompliziert wird es immer dann, wenn man mit etwas zu tun hat, das behauptet, wissenschaftlich zu sein, aber es eventuell gar nicht ist – eine Pseudowissenschaft. Ist Astrologie Wissenschaft? Wenn nein, warum nicht? Was ist mit Hellsehen, immerhin auch eine Art der Wissensvermehrung? Alles muss auf den Prüfstand, egal, wie vertrauenerweckend es aussieht: Psychoanalyse? Archäologie? Phrenologie? Gerontologie? Kryptozoologie? Kosmogonie? Ufologie? Wir haben ein paar Fragen für Sie.

Ein unschuldiger Anfang: Man könnte annehmen, dass sich wissenschaftliche Theorien, im Unterschied zu ihren Pseudo-Geschwistern, aus Fakten ableiten. Diese Vorgehensweise heißt Induktion und galt bis zum 18. Jahrhundert als Kern ordentlicher Wissenschaft. Fakten, das klingt solide. Aber weit kommt man mit diesem Ansatz nicht. Pseudo, der Anwalt der Gegenseite, wird einem sofort erklären, dass isolierte Fakten nicht existieren, sondern immer «theoriebeladen» sind, was so viel heißt wie: Man sieht immer nur das, was man sehen will. Es gibt schließlich unendlich viele Fakten da draußen, man kann nie alle ansehen. Sobald man ein Gerät aufstellt, um irgendetwas zu messen, hat man schon eine Entscheidung getroffen, welche Art Fakten man gerne hätte. Wenn man, wie Aristoteles, den Kosmos für unveränderlich hält, dann starrt man eben nicht nächtelang irgendwelche Sterne an, um nach Veränderungen zu suchen.

Als Nächstes wird Pseudo einem erklären, dass es prinzipiell unmöglich ist, aus einzelnen Fakten einen allgemeinen Zusammenhang abzuleiten. Wenn sich Merkur, Venus, Erde, Mars, Jupiter, Saturn auf Ellipsen bewegen, kann man daraus nicht ableiten, dass sich alle Planeten auf Ellipsen bewegen (obwohl das vermutlich stimmt, so behaupten jedenfalls Astronomen).

Dieses «Induktionsproblem» hat zur Folge, dass man als Wissenschaftler die Hoffnung auf unantastbare Beweise aufgeben und sich mit lästigen Zweifeln herumschlagen muss. Eine groteske Konsequenz: Die Wissenschaft kann uns noch nicht einmal zweifelsfrei versichern, dass die Sonne morgen aufgehen wird. Dass es bisher jeden Tag so war, heißt schließlich nichts. Das war's dann erst mal mit den schönen Fakten.

Etwa an dieser Stelle wird man als Anwalt der Wissenschaft damit anfangen, einen österreichischen Philosophen namens Karl Popper zu zitieren, der im Jahr 1934 auf den metaphorischen Tisch haute. Induktion, so Popper, braucht man gar nicht, und kein Wissenschaftler hat sie je verwendet. Man dreht den Spieß einfach um. Fakten beweisen Theorien zwar nicht, sie können sie aber widerlegen. Jede gute wissenschaftliche Theorie hat den Charakter eines Verbotsschildes – bestimmte Ereignisse sind im Rahmen der Theorie nicht möglich. Eine gute Theorie sollte daher prinzipiell widerlegbar sein, wenn man nämlich genau die Ereignisse findet, die die Theorie nicht erlaubt.

Poppers Lieblingsbeispiel für eine gute wissenschaftliche Theorie war Albert Einsteins Allgemeine Relativitätstheorie, die unter anderem behauptet, dass Lichtstrahlen in der Nähe von schweren Körpern, zum Beispiel der Sonne, gebogen werden. Diese Aussage lässt sich während einer Sonnenfinsternis überprüfen. Wenn ein Stern am Himmel dicht neben der Sonne steht, so sollte sein Licht leicht verbogen sein. Dadurch würde er scheinbar an einer anderen Stelle stehen als ohne Lichtverbiegung. Es gibt also ziemlich viele Stellen, an denen der Stern der Allgemeinen Relativitätstheorie zufolge nicht stehen darf. Und tatsächlich: Bei einer Sonnenfinsternis im Jahr 1919 fand man den Stern genau dort, wo ihn die Allgemeine Relativitätstheorie vorhersagt, und nicht etwa ganz woanders – die Theorie hat den Test bestanden. Das heißt nicht, dass sie stimmt, denn beweisen kann man Theorien nun mal nicht, aber sie hat mit ihrer Vorhersage Poppers Kriterium für Wissenschaftlichkeit erfüllt.

Um mit Poppers Hilfe eine Pseudowissenschaft zu entlarven, müsste man ihren Vertreter etwa Folgendes fragen: Welches Ereignis müsste eintreten, damit du deine Theorie aufgibst? Wenn er dann keine Antwort hat, sind seine Behauptungen nicht mehr ernst zu nehmen. Mit dieser Frage kann man vermutlich viel Freude haben, wenn man sie den richtigen Leuten stellt, man versuche es zum Beispiel mit Anhängern der Psychoanalyse oder des Marxismus, zwei Theorien, die von Popper selbst als Pseudowissenschaft eingestuft wurden. Oder mit Hellsehern, obwohl die sicher schon vorher wissen, dass die Frage kommen wird.

Aber die Pseudo-Anwälte sind noch lange nicht am Ende. Sie könnten darauf verweisen, dass Wissenschaftler ihre Theorien keinesfalls sofort aufgeben, nur weil ein paar neue Fakten dagegen sprechen. Man nennt diese Fakten dann einfach «Anomalie», heftet sie ordentlich ab und macht erst mal weiter. Schließlich könnte das vermeintliche Faktum auch ein Messfehler sein, eine optische Täuschung oder sonst irgendetwas Unschönes. Dafür gleich die Theorie zu opfern, kommt nicht in Frage. Wissenschaftler arbeiten oft über lange Zeitabschnitte mit so einer Kombination aus einem Paradigma, das nicht in Frage gestellt wird, und einer Sammlung aus seltsamen Fakten, die nicht so gut zum Paradigma passen. «Wissenschaftler haben eine dicke Haut», wie der ungarische Philosoph Imre Lakatos im Jahr 1973 anmerkte.

Lakatos erklärte auch gleich, wie dieser Schutz der Theorien vor Popper'scher Widerlegung funktioniert. Man baut rings um die Theorie einen Verteidigungsring aus Hilfshypothesen auf, die die Theorie am Leben erhalten. Wenn man einen flachen Igel sieht, wird man die beliebte Theorie «Alle Igel sind dreidimensional» nicht gleich über Bord werfen, sondern eine Hilfshypothese aufstellen, die etwas mit Autos und rücksichtslosen Igelhassern zu tun hat. Es gibt, so Lakatos, keine einzige Theorie, die nicht widerlegt ist. Aber was ist dann der Unterschied zur Pseudowissenschaft?

Für Lakatos produziert ordentliche Wissenschaft im Unterschied zu ihren Pseudovertretern «neuartige Fakten». Ein Beispiel: Im Jahr 1705 sagte Edmond Halley mit Hilfe von Newtons Gravitationstheorie voraus, dass der Komet, der später nach ihm benannt wurde, in regelmäßigen Abständen an der Erde vorbeikommen und im Jahr 1758 wieder erscheinen werde. Bis dahin hielt man Kometen für Erscheinungen in der Atmosphäre oder für Himmelskörper, die auf einer geraden Bahn ein einziges Mal an der Erde vorbeifliegen und anschließend für immer im Weltall verschwinden. Ohne Newtons Theorie, die die Bahnbewegungen von Himmelskörpern erklärt, wäre niemand auf die Idee gekommen, im Jahr 1758 nach einem Kometen Ausschau zu halten. Edmond Halley war zu diesem Zeitpunkt zwar schon tot, aber seine Prognose war ganz klar ein großartiger Erfolg. So etwas haben Astrologen bisher nicht hingekriegt. Weniger großartig ist eine Theorie, die den Fakten hinterherhinkt und neu zurechtgebogen werden muss, um mit ihnen klarzukommen.

Wenn man die von Lakatos vorgeschlagene Unterscheidung ernst nimmt, muss man sich eingestehen, dass jede gute Wissenschaft auch als Unfug betrieben werden kann; es ist nicht der Inhalt, sondern die Methode, die den Wissenschaftler vom Pseudowissenschaftler unterscheidet. Jemand, der sich mit Parapsychologie befasst, ist nicht automatisch ein Scharlatan. Man muss sich genau ansehen, wie er vorgeht und was er den ganzen Tag so treibt.

In eine ähnliche Kerbe schlägt Paul Thagard, ein kanadischer Philosoph, ein paar Jahre nach Lakatos. Eine wissenschaftliche Disziplin ist unseriös, so Thagard, wenn sie keine Fortschritte macht. Sie hat jede Menge offene Fragen herumliegen, aber ihre Vertreter sehen nicht so aus, als gäben sie sich große Mühe, die Probleme zu lösen oder ihre Theorien mit denen anderer Leute in Einklang zu bringen. Wieder geht es hier eher um das Verhalten des Wissenschaftlers und weniger darum, womit er sich gerade befasst. Astrologie ist nicht deshalb Humbug, weil die Idee, dass die relative Position von Himmelskörpern zum Zeitpunkt der Geburt eines Menschen etwas über seine Zukunft aussagt, ganz offensichtlich falsch ist. Sie ist Humbug, weil sie sich kaum weiterentwickelt und keinen Versuch unternimmt, ihre Grundsätze mit all den anderen schönen Dingen zu vereinen, die wir in den letzten paar tausend Jahren über Himmelskörper und die Psychologie von Menschen gelernt haben.

Wenn Pseudo, unser Anwalt der Astrologie und aller artverwandten Disziplinen, an einer ernsthaften Diskussion interessiert wäre, könnte er jetzt Thomas Kuhn zitieren, einen amerikanischen Physiker, der vor allem durch das 1962 erschienene Buch «Die Struktur wissenschaftlicher Revolutionen» bekannt wurde. Die meiste Zeit, so würde Kuhn sagen, kümmert sich ein Wissenschaftler weder um Fortschritt noch um «neuartige Fakten» noch um die Widerlegung von Theorien. Stattdessen sitzt er still in der Ecke und löst Probleme – im Rahmen einer etablierten Theorie, die er nicht in Frage stellt. Ab und zu kommt es zu einer Revolution, und die eine herrschende Theorie wird durch eine andere ersetzt. Dann wieder zurück in die Ecke.

Pseudos letzter Schachzug könnte darin bestehen, das 1970 erschienene Buch «Wider den Methodenzwang» des Österreichers Paul Feyerabend hervorzuholen und zu behaupten, dass es so etwas wie eine wissenschaftliche Methode überhaupt nicht gibt. «Anything goes», sagt Feyerabend, und jede Methode zur Wissensbeschaffung sei legitim. Wissenschaft ist in ihrem Herzen anarchisch und nicht unterscheidbar von Pseudowissenschaft, Religion, Meditation, Kunst, Mythologie, Hexerei und allen anderen Unternehmungen, bei denen neues Wissen herauskommen könnte. Wenn es uns anders vorkommt, dann nur, weil wir Wissenschaft immer rückblickend beurteilen, also zu einem Zeitpunkt, wo schon klar ist, was funktioniert hat und was nicht. Kepler zum Beispiel war nicht nur einer der wichtigsten Astronomen überhaupt, sondern außerdem Astrologe. Newton brachte einen wesentlichen Teil seiner Zeit mit Alchemie zu. Daran sei nichts auszusetzen, so Feyerabend. Er will die Leute von der Tyrannei von Konzepten wie «Wahrheit», «Realität» und «Objektivität» befreien. Ein ehrgeiziges Unterfangen, das Feyerabend, vorsichtig ausgedrückt, nicht bei allen beliebt machte.

Es ist allerdings zweifelhaft, ob unserem alten Freund Pseudo die Feyerabend'sche Philosophie gefallen würde. Schließlich *will* er, dass sein Budenzauber als richtige, harte Wissenschaft anerkannt wird. Feyerabend sagt letztlich auch nur, dass niemand weiß, was Wissenschaft ist und wie sie funktioniert, eine Aussage, die viele Philosophen heute vermutlich unterschreiben würden. Vielleicht ist die Wissenschaftsphilosophie selbst eine Pseudowissenschaft, widerlegen kann sie das jedenfalls nicht.

Unabhängig von diesen ganzen Debatten haben sich die traditionell etablierten Wissenschaften pragmatische Mittel zugelegt, um die Qualität von Wissenschaft zu beurteilen. Es geht nicht anders, irgendwie muss man entscheiden, wem man die schönen Lehrstühle an den Universitäten gibt, und ein Verfahren nach dem Grundsatz «first come, first serve» würde den Geldgebern nicht gefallen. Der Schlüssel ist die Analyse wissenschaftlicher Publikationen, was seit etwa 50 Jahren wiederum eine eigene Wissenschaft ist, die Bibliometrie heißt.

Wissenschaftler schreiben ihre Ergebnisse auf und reichen diese «Paper» zur Veröffentlichung in Fachzeitschriften ein. Die Artikel werden allerdings nicht einfach so abgedruckt (beziehungsweise heute eher ins Internet gestellt), sondern vorher von anderen Experten auf dem jeweiligen Gebiet begutachtet – das «peer review»-Verfahren. Am Ende dieses Prozesses wird das Paper entweder abgelehnt oder akzeptiert. Wenn ein Paper den Peer Review überstanden hat, kann es natürlich immer noch totaler Unfug sein, zum Beispiel weil der Gutachter nicht gründlich war oder weil alle Beteiligten gerade Scheuklappen aufhaben und ein wesentliches Problem nicht erkennen. Peer Review ist keine Qualitätsgarantie, sondern eher die Art Eintrittskarte in eine Welt, in der das Paper von den Kollegen des Fachs ernst genommen und zitiert wird. (Ein Zitat ist in der Wissenschaft nicht unbedingt ein wörtlich zitierter Text, sondern einfach eine Quellenangabe.)

Das Zitat ist die wesentliche Einheit der Bibliometrie. Je mehr Zitate ein Paper erhält, desto stärker prägt es die Entwicklung eines Fachs und lenkt die Forschung in eine bestimmte Richtung. Die Idee liegt nahe, sich Zitate genauer anzusehen und mit ihrer Hilfe zu entscheiden, welche Wissenschaft etwas taugt und welche nicht. Man könnte z. B. einfach dem Bewerber den Professorenjob geben, der die meisten Zitate hat. Oder man macht es sich ein wenig komplizierter und berechnet den sogenannten h-Index, eine 2005 vom amerikanischen Physiker Jorge E. Hirsch vorgeschlagene Messzahl, die ebenfalls auf Zitaten beruht. Die Gesamtzahl der Zitate eines Wissenschaftlers könnte extrem hoch sein, weil er irgendwann einen Glückstreffer gelandet und ansonsten die Beine hochgelegt hat. Der h-Index trägt dem Rechnung; ein Wissenschaftler hat zum Beispiel den h-Index 10, wenn 10 seiner Paper mindestens 10 Zitate haben. So beurteilt man mehr das Gesamtwerk als einzelne Publikationen. Junge Genies kommen daher eher schlecht weg, weil sie noch nicht viel Zeit zum Veröffentlichen hatten. Wenn Einstein nach seinen ersten vier revolutionären Publikationen gestorben wäre – sein h-Index läge bei 5, was nach heutigem Maßstab ganz sicher nicht für eine Physik-Professur reichen würde.

Um solche Probleme zu vermeiden, wurde mittlerweile ein ganzer Zoo aus bibliometrischen Indizes erfunden, die alle behaupten, das Gleiche zu tun, nämlich einen objektiven Vergleich zwischen Wissenschaftlern zu ermöglichen. Neben dem h-Index gibt es den m-, j-, q- und g-Index, es ist also noch Platz für 21 andere. Alle diese Verfahren gehen insgeheim davon aus, dass Zitieren ein unbestechliches, sauberes Geschäft ist, was natürlich nicht stimmt. Forscher zitieren eine Veröffentlichung nicht unbedingt, weil sie sie für besser halten als alle Konkurrenzpaper. Die Bibliometrie kann zum Beispiel nicht unterscheiden zwischen dem Zitat «Paper X ist das Beste, das je zum Thema geschrieben worden ist» und dem gegensätzlichen Zitat «Paper X ist unsäglicher Blödsinn». Wie bei den meisten Tätigkeiten, bei denen Menschen im Spiel sind, ist die Motivationslage beim Zitieren vergleichbar mit einem unordentlichen Gestrüpp. Man zitiert, weil man den Autor persönlich kennt und ihn für vertrauenswürdig hält. Oder weil man sich zufällig an dieses eine Paper erinnert. Oder weil man gerade keine Zeit hat, die gesamte Literatur zu durchforsten nach einer besseren Quelle. Oder weil das Paper schon viele Zitate hat und man daher annimmt, es habe schon seine Richtigkeit.

Für solche Unzulänglichkeiten beim Zitieren gibt es auch schöne Belege. Mikhail Simkin und Vwani Roychowdhury von der University of California in Los Angeles analysierten im Jahr 2002 die Druckfehler in Zitaten und kamen zu dem Schluss, dass die meisten einfach ohne Überprüfung mitsamt den Fehlern aus anderen Literaturverzeichnissen kopiert werden, das heißt: «Nur ungefähr 20 Prozent der Zitierer lesen das Original.»

Aber es kommt noch besser. Fachzeitschriften arbeiten sehr langsam, und wenn ein Paper das Peer-Review-Verfahren durchlaufen hat, dauert es mitunter noch mehrere Monate, bis es tatsächlich veröffentlicht ist. In der Astronomie, der Physik und ein paar anderen Wissenschaften ist es daher seit den 1990er Jahren üblich, die Paper vorab frei für jeden sichtbar ins Internet zu stellen, bevor sie in der Fachzeitschrift offiziell erscheinen. Dafür gibt es eine Website namens arxiv.org, die jeden Tag für jeden Fachbereich eine neue Liste mit Vorabveröffentlichungen ausspuckt. Es hat sich herausgestellt, dass Paper, die bei arxiv.org auftauchen, deutlich häufiger zitiert werden als solche, die das nicht tun, weil sie schneller verfügbar sind. Weiterhin zeigen mehrere Studien, dass es für die Anzahl der Zitate eine Rolle spielt, zu welcher Uhrzeit man das Paper bei arxiv.org hochlädt. Diese Uhrzeit bestimmt, wo das Paper in der täglichen Liste der Neuerscheinungen auftaucht. Paper ganz oben in der Liste werden zweimal so häufig zitiert wie solche, die weiter unten stehen, zum Teil wohl, weil die Leute beim täglichen Durchlesen der Liste allmählich die Aufmerksamkeit verlieren. In der Astronomie korreliert die Anzahl der Zitate außerdem mit der Länge des Papers, mit der Anzahl der Coautoren und vermutlich auch mit der Sonnenfleckenaktivität, wobei Letzteres noch niemand überprüft hat.

Alle diese Effekte haben natürlich überhaupt nichts mit der Qualität der Wissenschaft zu tun. Zitate sind schön und praktisch, zum Beispiel wenn man damit angeben will, dass der eigene h-Index größer ist als der eines unbeliebten Kollegen. Oder wenn es drei Uhr nachmittags ist, man 1000 Bewerbungen vor sich liegen hat und bis morgen entscheiden muss, wem man die Stelle gibt, aber gleichzeitig um fünf zum Synchronschwimmen verabredet ist. Man schlägt einfach ein paar Zahlen nach, und mit ziemlicher Sicherheit hat man einen fleißigen und produktiven Wissenschaftler gefunden. Aber nicht notwendigerweise einen *guten* Wissenschaftler, also einen, der dauerhaftes Qualitätswissen in die Welt zerrt. Einen, dessen Porträt noch Jahrhunderte später in den Gängen der Universitäten hängt. Um so jemanden zu finden, müsste man zunächst wissen, was gute Wissenschaft ist, womit wir wieder am Anfang angekommen sind.

Angesichts dieser erheblichen Schwierigkeiten könnte man auf die Idee kommen, es wäre besser, mit dieser ganzen fragwürdigen Wissenschaft erst mal aufzuhören, bis wir genauer wissen, wie sie eigentlich ablaufen soll. Was auch wieder nicht geht, denn um herauszufinden, welche Art Wissenschaft gut und welche schlecht ist, benötigt man ein paar Jahrhunderte Wissenschaft, die man untersuchen kann. Selbst wenn Forscher nur Unsinn produzieren und überhaupt nichts über die Welt herausfinden, wenigstens dienen sie zukünftigen Generationen als Anschauungsmaterial. Das muss als Trost reichen.

Zeit

Die Betrachtung der Zeit auf intellektuelle, philosophische oder auch nur mathematische Kriteria hin ist Einfalt und ein Zeitvertreib für Liederjane.

Flann O'Brien, «Aus Dalkeys Archiven»,
Übersetzung von Harry Rowohlt

«Ein Zeitvertreib für Liederjane» sei die Betrachtung der Zeit, so behauptet das Eingangszitat, ohne Frage eine harte und in ihrer Pauschalität ungerechte Einschätzung. Aber verstehen kann man den fiktiven irischen Superwissenschaftler de Selby, dem das Zitat in den Mund gelegt wird, ist doch die Betrachtung der Zeit eine der größten intellektuellen Turnübungen, die man sich zumuten kann, und leicht gerät man dabei in den Verdacht, ein Scharlatan zu sein.

In der menschlichen Wahrnehmung ist die Zeit in drei Teile gegliedert, Vergangenheit, Gegenwart und Zukunft. Die Gegenwart, in der wir die Welt direkt wahrnehmen, ist der Übergang zwischen Vergangenheit und Zukunft. Für uns sieht es so aus, als wäre die Zukunft eine leere Kiste, die wir in der Gegenwart mit irgendwelchen Erfahrungen füllen und dann als Vergangenheit abstellen. Während die Vergangenheit als starr und unveränderlich gilt, scheint die Zukunft noch offen zu sein. Das jedenfalls ist unsere Wahrnehmung von Zeit, inwieweit sie etwas mit der Wirklichkeit zu tun hat, ist unklar.

Seit ein paar tausend Jahren wird darüber gestritten, ob und in welcher Form es Vergangenheit, Gegenwart und Zukunft wirklich gibt. Die eine philosophische Extremposition heißt Präsentismus – es gibt nur die Gegenwart. Macht es Sinn zu sagen, dass historische Personen, zum Beispiel Napoleon, immer existieren? Für Präsentisten in der Tradition von Augustinus lautet die Anwort: Nein, Napoleon existiert nicht, nur Gegenwärtiges gibt es wirklich. Wem das zu absurd ist, der sollte sich mit dem alternativen Szenario befassen, das in der Philosophie Eternalismus heißt und unter anderem auf Aristoteles zurückgeht: Zeit ist – wie der dreidimensionale Raum – ein statisches Gebilde, eine Abfolge von Momentaufnahmen, die alle gleichberechtigt und ewig existieren. Es gibt Napoleon, aber genauso auch unsere Ururenkel, die natürlich auf dem Mars wohnen. Wir können sie vielleicht gerade nicht sehen oder besuchen, aber es gibt sie trotzdem.

Was beim Eternalismus wegfällt, ist das Vergehen der Zeit. Zeit ist kein Fluss mehr, sondern ein unveränderliches Gebilde, in dem alles schon da ist, Zukünftiges wie Vergangenes. Unser

Eindruck vom Ablaufen der Zeit ist entweder eine Illusion oder ein Mythos. Um die Kistenmetapher noch einmal zu verwenden – für den Eternalisten sind alle Kisten schon gefüllt, und wir können daran nichts ändern. Das bestätigt übrigens auch der eingangs zitierte Superwissenschaftler de Selby: «Aber die Zeit ist ein Plenum, unbeweglich, unwandelbar, unvermeidlich, unwiderruflich, ein Zustand absoluter Stockung. Die Zeit vergeht nicht.»

In diesem Zusammenhang wird auch darüber diskutiert, auf welche Weise Objekte in der Zeit ausgedehnt sein können. Die einen sagen, dass Ausdehnung in der Zeit genauso funktioniert wie im Raum. Ein Fahrrad zum Beispiel nimmt einen bestimmten Platz in Anspruch. Steht es in einer Haustür, befindet sich ein Teil von ihm, sagen wir das Hinterrad, vor dem Haus, der Rest im Haus. Analog dazu gibt es zu einem bestimmten Zeitpunkt nicht das ganze Fahrrad, sondern nur einen Teil von ihm – einen zeitlichen Teil, nicht einen räumlichen. Für Anhänger dieser Sichtweise ist das Fahrrad und jedes andere physikalische Objekt ein vierdimensionaler Raum-Zeit-Wurm, der aus verschiedenen räumlichen und zeitlichen Teilen besteht. Unsere Welt wäre ein Knäuel aus ineinander verschlungenen Würmern. Andere Philosophen wiederum behaupten, das Fahrrad schaffe es irgendwie, zu jedem Zeitpunkt als Ganzes zu existieren, was der Zeit im Vergleich zu den drei Raumdimensionen einen Sonderstatus verschaffen würde. Wie in der Debatte Präsentismus versus Eternalismus geht es darum, ob die Zeit wirklich etwas Besonderes ist oder nur so aussieht und sich in Wahrheit nicht so anstellen soll.

Zwischen den eben vorgestellten Polen der philosophischen Debatte findet man einen Zoo an ausgefeilten Meinungen zum Thema Zeit. Ein exotisches Tier in diesem Theorienzoo stammt vom englischen Metaphysiker John McTaggart, der im Jahr 1908 die Zeit gleich ganz abgeschafft hat. Kurz gesagt stört er sich daran, dass Zeit in sich selbst zu fließen scheint. Wenn man mit einem Boot einen Fluss befährt, dann bewegt man sich relativ zum feststehenden Ufer. Beim «Befahren» der Zeit jedoch bewegt man sich relativ zu Daten, die ebenfalls Teil der Zeit sind. Silvester 2010 zum Beispiel ist zunächst Zukunft, dann Gegenwart, dann Vergangenheit. Die Zeit ist ein Fluss und gleichzeitig dessen Ufer. Wie kann sich etwas in sich selbst bewegen?

Diese Frage stellt jedenfalls der englische Physiker Paul Davies in seinem Buch «About Time», das sich fast ausschließlich der physikalischen Sicht auf die rätselhafte Zeit widmet. Die Physik hat sich seit Newtons Zeiten eine eternalistische Zeit zugelegt, also eine, die nicht fließt. Der «rote Punkt» der Gegenwart, an dem sich Zukünftiges in Vergangenes verwandelt, den gibt es im physikalischen Weltbild nicht. Physiker nennen das «Blockuniversum» – Zeit und dreidimensionaler Raum bilden einen unveränderlichen vierdimensionalen Block. Zeitpunkte sind so zu behandeln wie Orte – New York und London liegen genauso in der Raumzeit herum wie die Jahrtausendwende oder der Ausbruch des Zweiten Weltkrieges, wobei es keinen wesentlichen Unterschied zwischen Vergangenem und Zukünftigem gibt. So weit sind sich die Physiker zumindest einig.

Aber auch die Physik hat harte Kontroversen um das Wesen der Zeit auszustehen. Die vielleicht größte Schwierigkeit besteht darin, die Zeitvorstellung von Einsteins Relativitätstheorie mit dem Modell der Quantenmechanik zu vereinbaren. Diese beiden Theorien sind die Eckpfeiler des physikalischen Weltbildes, und doch liefern sie auf entscheidende Fragen, zum Beispiel auf die Frage nach dem Phänomen Zeit, unterschiedliche Antworten.

Einstein kann sich zugutehalten, die Vorstellung einer absoluten Zeit aus der Welt geschafft zu haben. Vor Einstein war die physikalische Zeit ein zuverlässiger Taktgeber, sie lief überall gleich schnell ab, egal, was man anstellte. Wo man sich auch befand, eine unsichtbare und unkorrumpierbare Standuhr, die absolute Zeit, war schon da. (An dieser Stelle möge man uns verzeihen, dass wir vom Ablaufen der Zeit sprechen, natürlich läuft die Zeit in der Physik nicht ab, aber die Sprache macht es nicht einfach, das klar auszudrücken.) In Einsteins Relativitätstheorie jedoch hängt die Zeit davon ab, wie schnell man sich bewegt und ob man sich in der Nähe von sehr schweren Dingen, zum Beispiel Sternen, aufhält oder nicht. Seitdem kann man sich auf die Zeit nicht mehr verlassen.

Diese Erkenntnis ist keineswegs nur ein theoretisches Hirngespinst. Uhren laufen tatsächlich langsamer ab, wenn man sie auf hohe Berge bringt und damit weiter vom Erdmittelpunkt entfernt. Sie laufen außerdem langsamer ab, wenn man sie in einem Flugzeug herumfliegt, eine echte Zumutung. Der Effekt ist auf der Erde nicht größer als ein paar Nanosekunden, wird aber dramatisch, wenn man zum Beispiel mit Lichtgeschwindigkeit unterwegs ist oder sich in der Nähe eines Schwarzen → Lochs befindet. Einsteins Zeit ist wie ein Gummiband. Das bedeutet auch, dass der Moment «jetzt» für zwei Personen nicht derselbe ist. Es gibt keine Gleichzeitigkeit im Universum.

Jedenfalls nicht in der Relativitätstheorie. In der Quantenmechanik dagegen gibt es immer noch die absolute Zeit, also Newtons unbestechliche Standuhr, die überall im Universum mit derselben Geschwindigkeit tickt. Weil die Quantenzeit und Einsteins Zeit so unterschiedlich sind, wollen einige Physiker die Zeit lieber ganz abschaffen, um beide Theorien vereinigen zu können – im Ergebnis also ganz im Sinne des oben erwähnten McTaggart. Der englische Physiker Julian Barbour zum Beispiel hat es sich zum Ziel gesetzt, die Zeit aus der Physik zu verbannen. Er argumentiert, die Realität bestehe in Wahrheit aus einer Ansammlung von Schnappschüssen, die durch Naturgesetze zusammengehalten werden. Unsere Sinnesorgane teilten uns mit, dass sich die Welt verändert, und dies erzeuge die Illusion von Zeit. «Zeit entsteht aus Veränderung», so Barbour.

Andere Physiker trennen sich weniger gern von der Zeit. George Ellis, Kosmologe und Mathematiker aus Südafrika, benutzt ein wesentliches Charakteristikum der Quantenmechanik, um nicht nur die Zeit zu retten, sondern auch die Zukunft offenzuhalten, entsprechend unserer subjektiven Erfahrung. Die quantenmechanische Sicht auf die Welt besteht aus zwei sehr unterschiedlichen Prozessen: Die Entwicklung von Quanteilchen wird mit Hilfe einer Wellenfunktion beschrieben, deren Verhalten exakt bestimmten Gleichungen gehorcht. Allerdings gilt dies nur, wenn man nicht in die Geschicke des Teilchens eingreift. Möchte man irgendetwas mit dem Teilchen anstellen, zum Beispiel seinen Ort messen, dann «kollabiert» die Wellenfunktion. Das Ergebnis ist nicht vorhersagbar, verschiedene Resultate sind möglich, und wir wissen vorher nur, mit welcher Wahrscheinlichkeit sie auftreten werden.

Dies bedeutet, so Ellis, dass wir erst dann wissen können, was geschehen wird, nachdem es geschehen ist. Außerdem lässt sich nicht vorhersagen, wann ein bestimmtes Ereignis eintreten wird. Für Ellis ist das Vergehen der Zeit fest in der Quantenphysik verankert, im Einklang mit unserer alltäglichen Zeitwahrnehmung, nicht aber mit dem statischen Blockuniversum, das die Physik ansonsten propagiert. Ellis stellt sich die Raumzeit deshalb als einen «sich entwickelnden Block» vor, der immer weiter wächst, je mehr Zeit abläuft. Im statischen Blockuniversum existieren alle Momente, egal ob Vergangenheit oder Zukunft. Ellis dagegen beschreibt eine Welt, in der die ungewisse Zukunft in einer Art Quantenwurstmaschine kontinuierlich in statische Vergangenheit verwandelt wird.

Im Unterschied zu der wachsenden Zeitachse von George Ellis ist die Zukunft in der Standardzeit der Physik starr und unveränderlich. Unser Eindruck, die Zukunft verändern zu können, passt allerdings schlecht zu diesem Modell. Wie sich dieser freie Wille des Menschen mit der feststehenden physikalischen Zeit verträgt, ist schwer zu erklären. Das Problem könnte man zum Beispiel umgehen, wenn man sich dafür entscheidet, dass die Welt in Wahrheit ein Multiversum ist, in dem alle möglichen Versionen der Zukunft (und der Vergangenheit) parallel existieren. Mit Hilfe seines freien Willens entscheidet sich der Mensch, in welchem der vielen Universen er leben will.

So eine Art Multiversum wird zum Beispiel in der Viele-Welten-Interpretation der Quantenmechanik realisiert, vorgeschlagen in den 1950er Jahren vom amerikanischen Physiker Hugh Everett. Wenn in einem quantenmechanischen Experiment ein Elementarteilchen, sagen wir ein Elektron, entweder links oder rechts aus dem Loch geflogen kommt, jeweils mit einer Wahrscheinlichkeit von 50 Prozent, dann kollabiert die Wellenfunktion laut Everett nicht und entscheidet sich für eine Variante, sondern es gibt zwei Welten, in einer kommt das Elektron rechts raus, in der anderen links. Zu Everetts Zeiten stieß das Multiversum auf wenig Gegenliebe; in den letzten Jahren wird es bei den Experten populärer.

Ein weiteres Problem mit der Zeit ist ihre Richtung. Die meisten Vorgänge in der Physik, besonders wenn man sich kleine Teilchen ansieht, sind symmetrisch in der Zeit, das heißt, sie könnten prinzipiell sowohl vorwärts als auch rückwärts ablaufen. Angenommen, man dreht einen Film, in dem zwei Atome aufeinander zufliegen, kollidieren und dann wieder voneinander wegfliegen. Weiterhin angenommen, man würde diesen sehr langweiligen Film jemandem zeigen, der bei der Atomkollision nicht dabei war, und zwar würde man ihn rückwärts abspielen. Für den Beobachter sähe das wie ein ganz normaler Film aus, er könnte nicht erkennen, ob das Geschehen jetzt vorwärts oder rückwärts abläuft – der Vorgang ist symmetrisch in der Zeit oder «zeitumkehrinvariant».

Aber einige wesentliche Gesetzmäßigkeiten halten sich nicht an diese schöne Regel, wie jeder aus der täglichen Anschauung bestätigen kann: Ein Film vom Absturz eines Flugzeugs sieht rückwärts abgespielt ganz anders aus als vorwärts. Flugzeuge zerschellen beim Absturz am Boden, fügen sich aber nicht wieder zusammen. Heiße Getränke kühlen sich von alleine ab; selten jedoch fangen kalte Getränke von alleine an zu kochen. Wirft man einen Stein ins Wasser, dann entstehen kreisförmige Wellen, die sich von ihrem Ausgangspunkt wegbewegen, nicht umgekehrt. Auf irgendeine Weise hat die Natur also einen eingebauten Zeitpfeil. Warum das so ist und warum er ausgerechnet in die Richtung zeigt, die wir normalerweise Zukunft nennen, gehört zu den zentralen Fragen in der Physik.

Am Schluss noch ein praktisches Problem. Die Wissenschaften streiten sich außerdem darüber, wer dafür zuständig ist, die Zeit zu messen. Traditionell ist dies die Aufgabe der Astronomie. Der Umlauf der Erde um die Sonne und die Drehung der Erde um sich selbst legen die Länge von Jahr und Tag fest, und das sollte auch so bleiben, argumentieren Astronomen wie Steve Allen vom Lick Observatory in Kalifornien. Leider ist die Erde kein besonders zuverlässiger Taktgeber, ihre Drehung verlangsamt sich im Laufe der Zeit. Deshalb ist jedes (astronomisch festgelegte) Jahr um ein paar Zehntelsekunden länger als sein Vorgänger.

Das wissen wir natürlich nur, weil die Zeit mittlerweile nicht mehr nach dem Sonnenstand bestimmt wird, sondern mit physikalischen Präzisionsuhren. Physiker messen die Zeit mit Hilfe von Atomuhren: Wechselt ein Elektron in einem Atom von einem Energieniveau auf ein anderes, so sondert es ein Lichtteilchen mit einer bestimmten Frequenz ab. Die Schwingung dieses Photons wird zur Definition der Sekunde verwendet (→ Kilogramm).

Atomuhren bestimmen heute schon unsere offiziellen

Zeitsysteme. Weil die Erde der physikalischen Zeit hinterherhinkt, wurde ein Kompromiss gefunden, um die Zeit weiterhin im Takt der Erdrotation zu halten: Immer, wenn die Erde eine Sekunde auf die Atomuhrzeit verloren hat, wird eine «Schaltsekunde» eingelegt – der Tag erhält eine zusätzliche Sekunde, zum Beispiel am 31. Dezember 2008. Schaltsekunden sind keine perfekte Lösung und technisch aufwendig, weswegen Zeitexperten wie Dennis McCarthy, der bis 2005 den beneidenswerten Titel «Director of the Directorate of Time» am United States Naval Observatory in Washington führen durfte, sie am liebsten abschaffen würden. Der Wegfall der Zeitsekunden jedoch hieße, die Zeit unabhängig von astronomischen Taktgebern zu definieren. Wie Allen vorrechnet, hätte dies dramatische Konsequenzen – schon im Jahr 6360 würde der Dienstag auf den Mittwoch fallen.

Es geht also darum, von welcher Art Zeit wir uns regieren lassen wollen, von einer Zeit, die eiert und immer wieder korrigiert werden muss, oder von einer, die wirklich exakt gleichmäßig abläuft, aber dazu führt, dass es irgendwann mittags dunkel ist. Der Streit um die Zeit ist eine missliche Angelegenheit, weil es ohne kompetente Zeitmessung nicht mehr geht. Zum Beispiel verlassen sich Navigationssysteme von Flugzeugen und Schiffen darauf, dass die Zeit auf Nanosekunden genau ist. Würde man sie versehentlich um eine Sekunde verstellen – weltweites Chaos wäre die Folge. Bomben würden an der falschen Stelle explodieren, das Weltraumteleskop würde die falschen Sterne ansehen und die Fernsehprogramme kämen durcheinander. Es wäre das Ende der Welt, wenigstens für einen kurzen Augenblick.

De Selby übrigens hatte gar nicht vor, die Zeit zu erforschen. Alle seine Entdeckungen zum Wesen der Zeit waren Zufall. Das eigentliche Ziel seiner Forschungen war die Zerstörung der ganzen Welt.

Zitteraal

> *Assault weapons have gotten a lot of bad press lately, but they're manufactured for a reason: to take out today's modern super animals, such as the flying squirrel, and the electric eel.*
>
> Lenny Leonard, «The Simpsons»

Das «New England Aquarium» im Hafen von Boston ist voller bemerkenswerter Kreaturen. Es verfügt unter anderem über Rochen, Haie, Riesenschildkröten, Riesentintenfische, Riesenirgendwas, Quallen, Robben und eine Anakonda. Man kann Krebse streicheln und Wale beobachten. Außerdem ist das Aquarium ein Ort, an dem man Zitteraale nicht nur sehen, sondern auch hören kann. Zitteraale gehören zu den wenigen Tieren, die extrem starke elektrische Signale erzeugen können, mit denen sie Beutetiere entweder töten oder zumindest immobilisieren. Die Schocks sind stark genug, um Menschen für Sekunden außer Gefecht zu setzen. Im Bostoner Aquarium wird jeder Stromstoß vom Zitteraal durch Sensoren in der Aquariumswand in akustische Signale umgewandelt. Sind die Zitteraale aufgeregt, erzeugen sie Trommelschläge, die durch das Gebäude bis zu den Pinguinen hallen. Zitteraalfreunde rings um die Welt fragen sich, wie der Fisch selbst seine heftigen Elektroschocks überlebt. Diese Frage ist überraschenderweise bis heute nicht eindeutig beantwortbar.

Zitteraale, lateinisch *Electrophorus electricus*, sind überhaupt keine Aale, genauso wie Bücherwürmer gar keine Würmer sind. Sie gehören zu den Neuwelt-Messerfischen *(Gymnotiformes)*, einer Ordnung, die in der Fischtaxonomie in der Nähe der Welsartigen steht. Sieht man sich den flachen, runden Kopf des Zitteraals genauer an, so ähnelt er tatsächlich eher einem Wels als einem Aal. Der Rest des Körpers dagegen ist aalartig; lang, zylinderförmig und flossenlos. Zitteraale können zwei Meter lang werden und gehören zu den größten Süßwasserfischen der Welt.

Das besondere Feature des Zitteraals jedoch ist seine Fähigkeit, andere Wasserbewohner mit starken Stromstößen zu quälen. Die Stromerzeugung allein ist nichts Besonderes unter Messerfischen. Wie der Zitteraal leben viele seiner Verwandten in dunklen, schlammigen Flüssen Südamerikas, im Amazonas und seinen unübersichtlich vielen Nebenflüssen. Weil man da unten nichts sieht, setzen die Fische schwache elektrische Impulse zur Navigation und Kommunikation ein. Neben diesen schwachen Impulsen kann der Zitteraal jedoch Spannungen im Bereich von 600 Volt erzeugen, fast dreimal so viel, wie aus der Steckdose kommt. Mit Hilfe dieser starken Elektroschocks erlegt er Beute, verteidigt sich gegen Feinde und hält Amazonastouristen davon ab, im seichten Wasser auf ihn draufzutreten.

Dass es sich bei diesen Schocks um elektrischen Strom handelt und nicht um irgendeine andere Art Todesstrahlen, ist seit etwa 300 Jahren bekannt. Im Jahr 1776 gelang es dem Engländer John Walsh, aus der Entladung des Zitteraals einen sichtbaren Funken zu erzeugen. In einem anderen Versuch demonstrierte er, dass der Schock eines Zitteraals von 27 in Reihe aufgestellten Personen gefühlt werden kann. Diese Experimente waren Vorläufer der Studien von Luigi Galvani und Alessandro Volta, die schließlich im Jahr 1800 zur Entwicklung der elektrischen Batterie führten. In jeder Taschenlampe steckt ein gezähmter Zitteraal.

Wie die Fische Stromschläge produzieren, die ein Pferd niederstrecken können, ist seit den 1950er Jahren umfassend erforscht. Die hinteren drei Viertel des Zitteraalkörpers werden im Wesentlichen von drei stromerzeugenden Organen eingenommen, von denen zwei für die starken Schocks zuständig sind. Die Organe bestehen aus Elektrozyten, Zellen, die auf einer Seite flach, auf der anderen zerfasert aussehen. Im Ruhezustand besteht zwischen dem Innenraum der Zelle und den Zellzwischenräumen eine geringe elektrische Spannung von etwa −90 Millivolt, unter anderem weil die in der Zellmembran eingebauten Ionenpumpen positiv geladene Natrium-Ionen aus der Zelle herausbefördern.

Das Kommando zur Auslösung eines Stromimpulses gelangt vom Fischgehirn über Nervenfasern in das elektroschockerzeugende Organ. Die an den flachen Seiten der Elektrozyten anliegenden Nervenenden bewirken die Freisetzung eines chemischen Stoffs, der wiederum dafür sorgt, dass Natrium-Ionen an einer Seite ungehindert in die Zelle strömen können, was die Spannung zwischen Innen- und Außenraum für kurze Zeit auf +50 Millivolt umdreht. Dieser Vorgang geschieht gleichzeitig an mehreren tausend Zellen, die in einer langen Reihe angeordnet sind. Wie bei einer Autobatterie, wo mehrere Akkus in Serie geschaltet sind, addieren sich die kleinen elektrischen Potenziale, die an einzelnen Elektrozyten entstehen, zu einer hohen Spannung zwischen Anfang und Ende des Fisches. Für einige Millisekunden fließt ein starker elektrischer Strom von bis zu einem Ampere durch das den Fisch umgebende Wasser.

Aber warum elektrokutiert sich der Fisch mit dieser ausgeklügelten Apparatur nicht selbst? Und warum schadet es ihm nicht, wenn Artgenossen direkt neben ihm Elektroschocks absondern, wie man es zum Beispiel im Aquarium in Boston beobachten kann? Die Frage ist so offensichtlich, dass sie im Internet von Laien ausgiebig diskutiert wird. Befragt man Experten dazu, räumen sie zwar ein, dass es keine klare Antwort gibt, aber zumindest liefern sie ein paar mögliche Erklärungen.

Mit ziemlicher Sicherheit spielt die Anordnung der Elektroschockorgane im Körper eine Rolle. Während diese Organe im

Schwanz des Fisches liegen, sind alle anderen wichtigen Teile (z. B. Herz und Gehirn) im oder nahe am Kopf angebracht. Der Weg von den spannungserzeugenden Elementen zum Kopf ist lang, und das Gewebe dazwischen leitet Strom schlechter als das Wasser, in dem sich der Fisch aufhält. Daher fließt im Wasser ein viel stärkerer Strom als im Fisch. Zudem sind die lebenswichtigen Organe durch isolierende Fettschichten geschützt.

Gegen den Strom im umgebenden Wasser ist der Zitteraal zumindest zum Teil geschützt, weil er über eine dicke Haut verfügt, die elektrischen Strom schlecht leitet. Es hilft außerdem, dass der Zitteraal viel größer ist als seine Beute: Je größer die Oberfläche eines Fisches, desto mehr elektrische Ladungsträger können in ihn hineinströmen, das heißt, desto stärker ist der Strom, dem er ausgesetzt ist. Welchen Schaden dieser Strom dann aber anrichtet, hängt vom Volumen des Fisches ab. Der elektrische Strom, der durch den Zitteraal fließt, ist zwar stärker als der, den das kleinere Beutetier abbekommt, aber er verteilt sich auf ein viel größeres Volumen. Zudem ist der Stromstoß nur von sehr kurzer Dauer. Eine Kombination dieser Effekte führt dazu, dass der Zitteraal nicht die volle Wucht seines eigenen Stromschlags zu spüren bekommt.

Aber das Problem ist damit nicht vollständig geklärt. Menschen sind deutlich größer als Zitteraale und verfügen ebenfalls über erhebliche Fettschichten. Trotzdem kann ein vom Zitteraal erzeugter Stromschlag sie für kurze Zeit außer Gefecht setzen. Das funktioniert auch, wenn sie sich nur mit den Beinen im Wasser befinden und der Weg zu den lebenswichtigen Organen demnach ähnlich lang ist wie beim Zitteraal. Menschen sterben an solchen Schocks zwar nicht, aber unangenehm ist es auf jeden Fall. Die Amerikanerin Pam Green, die für die TV-Show «Fear Factor» Zitteraale berührte, beschreibt die Empfindung als «höllische Schmerzen», in etwa so, als würde man in eine Steckdose fassen. Entweder verbringt der Zitteraal sein ganzes Leben mit solchen Schmerzen, was nicht ausgeschlossen ist, oder er hat noch irgendeinen Trick auf Lager.

Die Zitteraalliteratur weiß offenbar keine Antwort. Spezielle Untersuchungen zu diesem Problem, so Ángel Caputi, Neurobiologe aus Uruguay, im amerikanischen Wissenschaftsmagazin «Scientific American», seien ihm nicht bekannt.

Das Unwissen von 2007

Science moves but slowly slowly, creeping on from point to point.

Alfred Tennyson

Während der Arbeit am ersten «Lexikon des Unwissens» in den Jahren 2006 und 2007 dachten wir unruhig darüber nach, wie viel Zeit zwischen Textabgabe und Buchveröffentlichung verstreicht, nämlich fast ein halbes Jahr. Mehr als genug Zeit für die Wissenschaft, so vermuteten wir, um alle im Buch enthaltenen Probleme zu lösen. Und wenn das Buch nicht schon bei seinem Erscheinen überholt sein würde, dann doch vermutlich wenige Wochen danach.

Fünf Jahre später sind fast alle der 42 Fragen aus dem «Lexikon des Unwissens» noch offen. Als besonders robustes Unwissen erwiesen sich die folgenden dreizehn Themen, zu denen es überhaupt nichts Neues aus der Forschung zu berichten gibt: Sexuelle Interessen, Rattenkönig, Geld, Laffer-Kurve, Herbstlaub, Anästhesie, Einemsen, Weibliche Ejakulation, Erkältung, Menschliche Körpergröße, Unangenehme Geräusche, Trinkgeld und der Stern von Bethlehem.

Geklärt hingegen wurde ausgerechnet ein Thema, das eigentlich im «Lexikon des Unwissens» hätte auftauchen sollen, am Ende aber aufgrund schlechter Planung entfiel, nämlich die Frage, ob die Pest wirklich die Pest und nicht vielleicht eine ganz andere Krankheit war, die auf anderen Wegen übertragen wird. Das Buch «Pest, Not und schwere Plagen» des Medizinhistorikers Manfred Vasold mit seiner ausführlichen Darlegung der offenen Fragen rund um die großen Seuchenzüge war einer der Kristallisationskeime für das «Lexikon des Unwissens». Es war daher ein wenig ungerecht, dass ausgerechnet die Pest es nicht ins Buch schaffte. Wir wollten das Versäumnis in diesem Band wiedergutmachen, aber es war zu spät: Anthropologen der Universität Mainz hatten inzwischen durch Untersuchungen der Zähne und Knochen von Pestopfern zwei Varianten des Bakteriums *Yersinia pestis* als Schuldige identifiziert.

Bei den übrigen 29 Problemen ging es immerhin in irgendeine Richtung voran. Hier eine Auswahl der interessantesten Fortschritte:

Wo, wann und wie pflanzen sich **Aale** fort?

Die Größe der Tiere, die man mit Hilfe von Telemetriegeräten in ihrem Alltag verfolgen kann, ist nach unten durch die Größe der verfügbaren Sender begrenzt. Diese Grenze aber verschiebt sich von Jahr zu Jahr, sodass man mittlerweile zumindest die größten und kräftigsten Aale mit Sendern ausrüsten kann. Das dafür verwendete taschenlampenförmige Gerät ist 15 Zentimeter lang, kostet 4000 Euro und misst alle 15 Minuten Lichtverhältnisse, Tauchtiefe und Wassertemperatur. Nach einem festgelegten Zeitraum fällt der Sender ab, steigt an die Meeresoberfläche und sendet die gesammelten Daten via Satellit an die Aalforscher. 2006 wurden 22 Aale damit ausgerüstet, von denen sieben sich sofort mit dem teuren Sender aus dem Staub machten. Die übrigen 15 wurden zwei Monate lang verfolgt, und im Jahr 2009 erschien eine erste Veröffentlichung auf der Basis dieser Daten. So kam jetzt immerhin ans Licht, dass die Aale nicht auf dem kürzesten Weg Richtung Sargassosee schwimmen, sondern zunächst auf die Azoren zusteuern. Was danach geschieht, ist weiterhin unbekannt. Forscher vermuten, dass sich die Aale in die dort vorherrschende Südwestströmung einfädeln und so ihre Reise beschleunigen. Tagsüber tauchen sie bis zu 1000 Meter ab, nachts halten sie sich in 200 bis 300 Meter Tiefe auf. Die Senderaale legten nur fünf bis 25 Kilometer pro Tag zurück, das ist zu langsam, um die vermuteten Laichgründe zur angenommenen Laichzeit im April zu erreichen. 2008 wurden neue Aale mit Sendern versehen, die diesmal erst viel später abfallen sollten, im Idealfall am Ziel ihrer Reise. Bis zum Erscheinen dieses Buchs waren jedoch noch keine neuen Ergebnisse veröffentlicht.

Die Datenauswertung fand im Rahmen des auf vier Jahre angelegten europäischen Forschungsprojekts EELIAD statt. Das Akronym steht für «European Eels in the Atlantic: Assessment of Their Decline», und die investierten vier Millionen Euro sollen nur nebenbei die Neugier unserer Leser befriedigen. In erster Linie geht es darum, dass die Fischfangindustrie gern mehr Aale nach Europa zurückkehren sähe. Letztlich werden die fortschreitende Miniaturisierung von Telemetriegeräten und der menschliche Wunsch, möglichst viele Aale zu essen, wohl in naher Zukunft zur Enträtselung der Aalgeheimnisse führen.

Wer waren die ersten **Amerikaner**, und wie kamen sie nach Amerika?

2002 entdeckten Forscher in den Paisley-Höhlen in Oregon Koproliten, in anderen Worten: versteinerte menschliche Exkremente. Die Analyse dieses Fundes wurde 2008 veröffentlicht: Laut C14-Datierung sind die Fundsachen 14 300 Jahre alt, also über 1000 Jahre älter als das bis dahin akzeptierte Datum der ersten Besiedlung Amerikas. Sie stammen aus den Gedärmen eines Menschen, der sich seine spätere Unsterblichkeit vermutlich anders erträumt hat und dessen Vorfahren aus Ostasien kamen.

Ein ebenfalls 2008 veröffentlichtes neues Modell auf der Basis von DNA-Daten geht davon aus, dass Nordamerika nicht, wie bis dahin angenommen, von nur rund 100 Menschen, sondern von einigen Tausenden besiedelt wurde. Auf der damaligen Bering-Landbrücke zwischen Asien und Nordamerika mussten diese Siedler 20 000 Jahre warten, bis zwei hinderliche Gletscher weggeschmolzen waren. Vielleicht waren die Menschen damals geduldiger als heutige Bahnpassagiere, vielleicht verbrachten sie aber auch einen Großteil der 20 000 Jahre mit Murren, Auf-die-Uhr-Sehen und Leserbriefschreiben.

Italienische Forscher stellten 2009 eine Theorie vor, der zufolge Nordamerika vor etwa 15 000 bis 17 000 Jahren fast zeitgleich von zwei unterschiedlichen Gruppen besiedelt wurde. Das bedeutet unter anderem, dass die Siedler nicht notwendigerweise einer einzigen Sprachfamilie angehörten, womit sich viele linguistische Probleme elegant aus dem Weg räumen ließen. Die Studie beruht auf einer DNA-Analyse, die für einen Marker namens D4h3 einen Ausbreitungsweg von der Beringbrücke entlang der Pazifikküste bis nach Feuerland nahelegt. Eine zweite Gruppe mit dem Marker X2a könnte sich ungefähr zur selben Zeit durch einen eisfreien Korridor im Innern Kanadas nach Süden verbreitet haben, begnügte sich aber mit der Besiedlung Nordamerikas.

Gibt es **Dunkle Materie**, und, wenn ja, woraus besteht sie?

Weiterhin halten die meisten, die am Problem der Dunklen Materie arbeiten, die WIMPS («weakly interacting massive particles») für die beste Erklärung des Phänomens. Hierbei handelt es sich um submikroskopische Teilchen, die mit Materie nur extrem schwach wechselwirken und daher nicht so einfach nachzuweisen sind. Nach wie vor gibt es eine Reihe von WIMPS-Kandidaten, nach wie vor wurden sie nicht gefunden.

Nicht mehr ganz ins «Lexikon des Unwissens» schaffte es die Entdeckung von Dunkler Materie im «Bullet Cluster», einer Stelle im Universum, an der zwei Haufen von Galaxien miteinander kollidieren. Durch schlaue Techniken konnte man im Jahr 2006 zeigen, dass die Gesamtmasse des Haufens an einer anderen Stelle sitzt als der Großteil der sichtbaren Masse. Während das sichtbare Zeug bei der Kollision abgebremst wurde, flog die Dunkle Materie ungebremst weiter –

wie ein Fahrradfahrer, der nach dem Blockieren der Vorderradbremsen nach vorne geschleudert wird. Der Bullet Cluster gilt heute für viele als letzter, eindeutiger Beweis für die Existenz von Dunkler Materie, insbesondere in Abgrenzung zu den Alternativtheorien, die unter der Bezeichnung MOND laufen. Deren Befürworter, zum Beispiel der an der Universität Bonn arbeitende Astronom Pavel Kroupa, sehen das naturgemäß anders. Er führt ein Blog mit dem Titel «The Dark Matter Crisis» und forderte am 19. November 2010 einen der Befürworter des Dunkle-Materie-Szenarios zu einer öffentlichen Diskussion in Bonn heraus. Selten werden wissenschaftliche Dispute an einem Abend geklärt; die Debatte endete unentschieden, und der Streit geht weiter.

Schließlich noch eine gute Nachricht: Die rätselhafte Verlangsamung der Pioneer-Sonde, die unter anderem mit Hilfe von Dunkler Materie und mit allen möglichen anderen exotischen Einflüssen erklärt werden sollte, kann vielleicht bald zu den Akten gelegt werden. Seit der Entdeckung des Effekts im Jahr 1980 sind Hunderte von Publikationen zum Thema geschrieben worden, und im Jahr 2005 begann eine neue gründliche Analyse, bei der eine der größeren Herausforderungen darin bestand, alle alten Daten wiederzufinden (zum Teil in Mülltonnen) und in brauchbare Formate zu konvertieren. Die endgültigen Ergebnisse sind zwar noch nicht verfügbar (Stand: Februar 2011), sollen aber demnächst erscheinen, und sie deuten auf einen eher trivialen Effekt hin: Die Sonde ist an einer Seite ein kleines bisschen weniger warm als an der anderen, strahlt daher auf einer Seite weniger Photonen ab und wird wegen des Rückstoßes der überschüssigen Photonen langsamer. Die eher phantastischen Erklärungen scheinen aus dem Rennen zu sein.

Wie entstand **Hawaii**?

Hier ging es um die Frage, ob die Inseln von Hawaii durch einen Strom von heißem Material, das aus den Tiefen der Erde nach oben steigt (eine sogenannte Mantelplume), entstanden sind oder auf andere Weise. Im «Lexikon des Unwissens» hieß es, dass die Gegner der Plume-Hypothese in letzter Zeit zahlreicher und lauter geworden sind. Das mag zwar stimmen, eine Außenseiterposition war es trotzdem und ist es heute vermutlich erst recht. Die überwiegende Mehrheit der Geologen hält weiterhin zu Mantelplumes, und es ist nicht ganz klar, wie es das Problem überhaupt ins Buch geschafft hat, denn richtiges Qualitätsunwissen ist die Sache mit den Mantelplumes nicht.

Warum Hawaii entstanden ist, mag einigermaßen geklärt sein, aber warum Hawaii genau da entstanden ist, wo man es heute vorfindet, liegt im Dunkeln. Lange Zeit ging man davon aus, dass Plumes ortsfest in der Erde sitzen, aber schon vor einigen Jahren stellte sich heraus, dass die von Hawaii sich im Laufe der Zeit krümmt. Die Basis, tief unten in der Nähe des Erdkerns, sitzt zwar fest, aber das obere Ende der Plume bewegte sich im Laufe der letzten 100 000 Jahre um mehr als 1000 Kilometer nach Süden. Warum es das tut, ist noch nicht klar. Der Vorgang läuft zum Glück sehr langsam ab, man muss sich keine Sorgen machen, Hawaii beim nächsten Besuch nicht wiederzufinden.

Ist die **Indus-Schrift** überhaupt eine Schrift, und, wenn ja, was bedeuten die erhaltenen Inschriften?

Die vielen tausend Inschriften der 5000 Jahre alten Harappa-Kultur sind weiterhin unentschlüsselt, allerdings ist inzwischen klarer, dass es sich tatsächlich um Schrift handelt und nicht nur um eine Ansammlung von Symbolen. Der Informatiker Rajesh P. N. Rao untersuchte mit Hilfe mathematischer Modelle die Flexibilität der Reihenfolge, in der die Zeichen aufeinanderfolgen. Natürliche Sprachen unterscheiden sich in dieser Flexibilität deutlich von Programmiersprachen und von nichtsprachlichen Zeichenketten wie der DNA. Die Indus-Schrift liegt dabei ganz in der Nähe anderer alter Sprachen wie Sumerisch und Alt-Tamilisch und weit entfernt von den Ergebnissen nichtsprachlicher Zeichenfolgen. Rao und Kollegen erfassten unter anderem, mit welcher Wahrscheinlichkeit auf eine Zeichenkette ein bestimmtes Zeichen folgt (im Deutschen etwa folgt auf ein sc praktisch immer ein h). Als Nebeneffekt der Forschungsarbeit lassen sich Lücken in den Inschriften jetzt mit dem wahrscheinlichsten Zeichen auffüllen.

Warum klebt **Klebeband**?

Kleben ist ein wichtiges und einträgliches Geschäft, und so war die Klebeforschung auch in den letzten Jahren wieder sehr produktiv. 2008 fanden Forscher an der University of California in Los Angeles heraus, dass Tesafilm erstaunliche Mengen Röntgenstrahlen abgibt, wenn man ihn im Vakuum abrollt, und veröffentlichten das Tesafilm-Röntgenbild eines Fingers. Seit 2009 weiß man etwas genauer, wie der Superkleber funktioniert, mit dem sich Seepocken festhalten. Zwei Materialwissenschaftler veröffentlichten 2010 neue Erkenntnisse über die Klebrigkeit von Spinnennetzen, und auch der Nachbau von Geckofüßen kommt langsam voran. Die im «Lexikon des Unwissens» behandelte Frage, warum Klebeband und Post-it-Notizzettel kleben, ist aber noch offen, zudem stellt sich jetzt die Frage, woher eigentlich die ziemlich hohe Energie der Tesafilm-Röntgenstrahlung stammt.

Wie entstehen **Kugelblitze**? Gibt es sie überhaupt?

Forscher an der Universität Innsbruck stellten 2010 ein neues Erklärungsmodell aus der beliebten «Kugelblitz als Illusion»-Reihe vor. Stimuliert man in medizinischen Experimenten die

Netzhaut durch Magnetfelder, dann berichten die Versuchspersonen oft von Lichtwahrnehmungen, die einem Kugelblitz nicht unähnlich sind. Auch Blitze erzeugen Magnetfelder, die in den Köpfen der Umstehenden einen Kugelblitz auftauchen lassen könnten, wo in Wirklichkeit gar keiner ist. Kritiker wenden ein, auf diese Art ließen sich nur weiße oder blasse Lichterscheinungen erzeugen, während Kugelblitze schon in allen Farben aufgetaucht seien. Auch gibt es Kugelblitzberichte, in denen mehrere Beobachter die Lichterscheinung in dieselbe Richtung wandern sehen. Halluzinationen, auch magnetisch ausgelöste, benehmen sich aber in jedem Kopf anders. Der Beitrag über die Hypothese im universitätseigenen Magazin «zukunft forschung» stand wie üblich unter dem Titel «Kugelblitz-Geheimnis entschlüsselt». Bis dahin dauert es aber vielleicht doch noch ein bisschen.

Wie entstehen **Kugelsternhaufen**?

Der große Durchbruch bei den offenen Fragen zum Ursprung von Kugelsternhaufen ist zwar nicht erkennbar, aber es geht seit 2007 in vielen kleinen Schritten vorwärts. Vor allem findet man Berichte über neue Beobachtungen von Kugelsternhaufen in allen möglichen Galaxien. Nur zwei interessante Neuigkeiten: Wir wissen jetzt, dass sich in großen Ansammlungen von Galaxien Tausende Kugelsternhaufen befinden, die nicht direkt mit einer Galaxie assoziiert sind, wie man bisher annahm, sondern zwischen den Galaxien herumfliegen. Über solche frei marodierenden Kugelsternhaufen ist lange spekuliert worden, unter anderem, weil Interaktionen zwischen Galaxien dazu führen sollten, dass ein paar Kugelsternhaufen aus den Galaxien herausfliegen. Bisher jedoch wusste niemand so genau, wie viele es davon gibt und was sie in ihrer Freizeit tun.

Außerdem stellte sich in den letzten Jahren heraus, dass die

Anzahl der Kugelsternhaufen in einer Galaxie mit der Masse des großen Schwarzen Lochs im Kern der Galaxie korreliert – zumindest bei elliptischen und ein paar anderen Arten von Galaxien. «Der Ursprung der Korrelation ist obskur», so die Astrophysiker Andreas Burkert und Scott Tremaine in einer Publikation von 2010, aber es sieht so aus, als sei die Entstehung von Kugelsternhaufen eng gekoppelt an die des Kerns der Galaxie. Theorien zur Galaxienentstehung werden das alles erklären müssen, irgendwann.

Warum wird die **Kurzsichtigkeit** weltweit immer häufiger?

Es fehlt nicht an Theorien und Meinungen zur Kurzsichtigkeitsepidemie, aber keine davon veranlasste in den letzten Jahren Wissenschaftsredaktionen zu einer «Rätsel gelöst»-Überschrift. Zwei Studien fanden Anzeichen dafür, dass Insulin das Wachstum des Augapfels anregt, was für eine Theorie spricht, der zufolge der Verzehr großer Mengen raffinierter Kohlenhydrate zur Kurzsichtigkeit führen kann. Die Bestimmung der genetischen Grundlagen macht Fortschritte, allerdings ist man sich einig, dass Gene in der weltweiten Kurzsichtigkeitsepidemie keine große Rolle spielen können. Welche Faktoren bei vorhandener genetischer Veranlagung zum Entstehen von Kurzsichtigkeit führen können – das war 2011 nicht wesentlich klarer als 2007.

Wie kam das **Leben** auf die Erde?

Bei diesem Thema ist jede Menge los, was sich zum Teil auch im Eintrag «Außerirdisches Leben» in diesem Buch widerspiegelt. Die vielen neuen Erkenntnisse lassen sich kaum in wenigen Zeilen zusammenfassen, haben das Grundproblem aber bisher nicht gelöst. Weiterhin sind mehrere Ideen zur Entstehung von Leben auf der Erde gut im Geschäft. Insbesondere ist die Hypothese der «RNA-Welt», die im «Lexikon des Unwissens» erwähnt wird, in den letzten Jahren populärer geworden. RNA ist eine Art primitive DNA, die sich dieser Hypothese zufolge als Erstes aus der Ursuppe bildete. Eine englische Forschergruppe schaffte es im Jahr 2009 zum ersten Mal, wesentliche Bestandteile der RNA unter Bedingungen entstehen zu lassen, die denen auf der frühen Erde ähneln. Allerdings ist der Vorgang sehr komplex, wie die Gegner des Konzepts einwenden, und man wünscht sich eine einfachere Methode.

Schlagzeilen machte im Dezember 2010 eine NASA-Pressekonferenz, auf der amerikanische Forscher Bakterien mit der Bezeichnung GFAJ-1 vorstellten, die offenbar Arsen in ihren Organismus einbauen können, und zwar an den Stellen, wo alle anderen Lebewesen Phosphor verwenden, unter anderem in der DNA. Arsen ist zwar chemisch so ähnlich wie Phosphor, bringt Lebewesen aber normalerweise zuverlässig um. Wenn diese Bakterien damit klarkommen, wäre das ein neuer Hinweis darauf, dass Leben hart im Nehmen ist und unter allen möglichen Bedingungen gedeiht. Nur ein paar Tage dauerte es, dann meldeten sich andere Experten zu Wort und bedachten die NASA-Publikation mit ungewöhnlich harscher Kritik. Andere Forschergruppen werden sich die GFAJ-1-Bakterien ausleihen und nachsehen, ob alles mit rechten Dingen zugeht.

Warum ist der Boden im kalifornischen **Los-Padres-Nationalpark** stellenweise mehrere hundert Grad heiß?

Noch bevor die Ursache geklärt werden konnte, warum die Stelle 2004 plötzlich so warm geworden war, kam im August 2008 eine neue, mit 400 Grad noch besser beheizte hinzu. Die Zuständigen vor Ort erklärten der Presse, die beiden Fälle hätten wohl unterschiedliche Gründe, und wendeten sich dann wieder ihrem sicherlich viel interessanteren Alltagsgeschäft zu.

Ist die **Riemann-Hypothese** wahr oder falsch?

Bei der Riemann-Hypothese geht es, stark verkürzt ausgedrückt, um die Frage, welchem Muster die Verteilung der Primzahlen folgt. Xian-Jin Li, ein ehemaliger Student von Louis de Branges (der seinerseits seit Jahren an einer Lösung der Riemann-Hypothese arbeitet, siehe «Lexikon des Unwissens»), veröffentlichte im Juli 2008 eine eigene Lösung bei arxiv.org, einem frei zugänglichen Dokumentationsserver für Physiker, Mathematiker, Biologen und Informatiker. Mathematiker fanden schnell eine Schwachstelle, und Li zog seine Lösung nach wenigen Tagen zurück. Damit erging es ihm noch vergleichsweise gut, denn es macht viel Arbeit, so einen Lösungsversuch nachzuvollziehen und zu widerlegen. Unzählige angebliche Lösungen der Riemann-Hypothese dümpeln seit Jahren unüberprüft bei arXiv und anderswo herum. Das Preisgeld von einer Million jedenfalls war auch Anfang 2011 noch zu haben.

Wozu ist der **Schlaf** gut? Und was passiert dabei eigentlich im Körper?

Viel wurde in den letzten Jahren über das Schlafen und Träumen geschrieben, aber meistens ging es dabei um die experimentelle Erforschung von Details bekannter Hypothesen. Einen neuen Ansatz stellten 2008 der Schlafforscher James Krueger und Kollegen vor. Schlaf, so vermuten sie, ist kein Zustand des ganzen Organismus, der zentral ein- und ausgeschaltet wird, sondern ein lokales Phänomen. Einzelne Neuronengruppen fallen dann in Schlaf, wenn sie es für nötig halten, und die Entscheidung, wann das ganze Lebewesen sich hinlegt, wird quasi demokratisch getroffen. Manche Teile des Gehirns schlafen also bereits, wenn man sich müde fühlt, und dass es nach dem Aufwachen eine halbe Stunde dauern kann, bis alle wieder einsatzfähig sind, wird den meisten Lesern nicht neu sein. Für die selbständige Schlaf- und Aufwachfähigkeit einzelner Neuronengruppen sprechen Phänomene wie das Schlafwandeln und die Schlafgewohnheiten von Delphinen, bei denen sich die Gehirnhälften abwechselnd ausruhen. Wenn es eine zentrale Schlafsteuerung gäbe, sollten eigentlich auch Fälle bekannt sein, in denen Gehirnverletzungen zu einem Totalausfall der Schlaffähigkeit führen, das ist aber nicht der Fall. Wie viele Gehirnteile sich schlafen legen müssen, damit der Bewusstseinszustand insgesamt als Schlaf wahrgenommen wird, ist unklar und wird, so die Autoren, auch schwer experimentell herauszufinden sein. Abschließend heißt es: «Wir sind weit von jeder umfassenden molekularen oder genetischen Erklärung des Schlafs oder der technischen Details der lokalen Schlafregulation entfernt.»

Womit und warum **schnurren** Katzen?

Zum Forschungsstand von 2007 ist nur eine einzige Veröffentlichung über das Katzenschnurren hinzugekommen. Sie erschien 2009 und handelt vom unterschiedlichen Klang des zufriedenen Schnurrens und des «Hallo, hallo, ich hätte gern was zu essen, hallo, es eilt!»-Schnurrens. Auch Menschen ohne Katzenerfahrung können die beiden Geräusche unterscheiden, wenn sie ihnen im Experiment vorgespielt werden, und empfinden das Fütter-mich-Schnurren als unangenehmer und schwerer zu ignorieren. Die Forscher spekulieren, dass es sich um ein Geräuschspektrum aus der Mutter-Kind-Beziehung handelt, dessen artenübergreifendes Funktionieren sich Katzen im Zusammenleben mit dem Menschen zunutze machen. In den Danksagungen der Veröffentlichung sind Archie, Clyde, Fuzzy, Hippolythe, Marbles, Max, Mojo, Morgan, McKee, Pepo und Socks aufgeführt.

Warum werden manche Orte jahrelang von **Tausendfüßler**plagen heimgesucht, und wie wird man die Tiere wieder los?

In der bei Tausendfüßlern beliebten Gemeinde Röns in Vorarlberg war die Plage im Jahr 2008 «so stark wie noch nie». Der Vorarlberger Experte Klaus Zimmermann und sein Kollege Christian Ulrichs von der Humboldt-Universität Berlin stellten im Rahmen eines Pilotprojekts einen mit Diatomeenerde beschichteten Schutzzaun um das am stärksten befallene Grundstück auf. Der im «Lexikon des Unwissens» optimistisch angekündigte Wirkstoff sollte die Tausendfüßler austrocknen und zur Umkehr bewegen. «Ein Ende der Invasion ist in Sicht», berichtete *Vorarlberg Online*. 2010 aber hieß es im selben Magazin: «Die Tausendfüßler-Plage ist wieder in die Jagdberggemeinde Röns zurückgekehrt.» Auch anderswo auf der Welt, zum Beispiel in Nordwestschottland, Tasmanien und Teilen Australiens, litt man in den letzten Jahren heftig unter Tausendfüßlerbesuch. Auf den Erfinder eines funktionierenden Gegenmittels wartet also ausreichend dankbare Kundschaft.

Was genau geschieht eigentlich, wenn sich **Tropfen** bilden?

Die französischen Forscher Emmanuel Villermaux und Benjamin Bossa widmeten sich 2009 einem Thema, das in unserem Tropfenkapitel gar nicht zur Sprache kam: Warum haben nicht alle Regentropfen die gleiche Größe? Die Größenverteilung von Wassertropfen innerhalb eines Regenschauers war schon seit den 1940er Jahren bekannt und durch die Marshall-Palmer-Formel beschrieben. Bisher führte man die unterschiedlichen Tropfengrößen darauf zurück, dass die ursprünglich gleich großen Tropfen in der Luft zusammenstoßen. Villermaux und Bossa fanden unter Zuhilfenahme von Hochgeschwindigkeitskameras heraus, dass Kollisionen gar nicht nötig sind: Beim Erreichen einer kritischen Größe von etwa 6 Millimeter Durchmesser verformen sich die Tropfen fallschirmartig und zerplatzen. Unwissen ist manchmal so leicht zu finden und zu beseitigen, vorausgesetzt, man fasst im Regen nicht nur wissenschaftlich unfruchtbare Gedanken wie «Meine Füße sind nass».

Was löste am 30. Juni 1908 die enorme Explosion im sibirischen **Tunguska**-Gebiet aus? War es ein Komet, ein Asteroid, ausströmendes Methangas oder etwas ganz anderes?

2008 fanden in Russland und Italien Konferenzen zum Thema Tunguska statt, deren Beiträge und Ergebnisse offenbar weder übersetzt noch öffentlich zur Verfügung gestellt wurden. Wenn doch nur jemand ein internationales Datennetzwerk erfände, mit dessen Hilfe man das Material auch für Nicht-Konferenzteilnehmer zugänglich machen könnte! Wir gehen vorerst davon aus, dass die Welt wohl irgendwie davon erfahren hätte, wenn es gelungen wäre, die Frage abschließend zu klären.

2010, so liest man, machte sich eine russische Expedition unter Wladimir Alexejew vom bei Moskau gelegenen *Troitsk Institute of Innovative and Thermonuclear Research* (TRINITI) auf den Weg ins Tunguska-Gebiet und durchleuchtete einige verdächtige Gegenden bis in 100 Meter Tiefe mittels Bodenradar. Der Suslow-Sumpf erwies sich als Einschlagskrater eines großen Himmelskörpers. In einiger Tiefe seien sogar dessen Überreste gefunden worden, bei denen es sich nach ersten Untersuchungen um Eis handle. Das ist wegen der Permafrostböden vor Ort im Prinzip möglich und würde einen Punkt für die von russischen Forschern bevorzugte Kometentheorie bedeuten. Im Harz der umstehenden Bäume habe man außerdem Spuren von Elementen gefunden, die gut zum kosmischen Staub im Inneren von Kometen passen. Zum Entstehungszeitpunkt unseres Buchs gab es über diese Expedition allerdings nur einen einzigen detailarmen Bericht in der Tageszeitung *Prawda*, der außerhalb Russlands ausschließlich von Esoterik- und Ufo-Blogs aufgegriffen wurde.

Italienische Forscher wiederholten auf einer Tagung der *American Geophysical Union* im Herbst 2010 im Groben die Argumente der Kundt-Olchowatow-Schule für einen geologischen Ursprung der Explosion. Sie besagt auf der Basis von Gesteinsanalysen, in dieser Gegend sei dergleichen schon öfter vorgekommen, es sei sehr unwahrscheinlich, dass Himmelskörper immer wieder denselben Ort heimsuchten, und wahrscheinlich sei eine Gasexplosion an allem schuld. Obwohl es an «Tunguska-Rätsel gelöst!»-Überschriften nicht mangelte, ist also weiterhin alles offen.

Wer verfasste das **Voynich-Manuskript**, und was bedeutet es?

2009 genehmigte die Beinecke Library der Yale University erstmals eine materialwissenschaftliche Untersuchung des Schriftstücks. Durch C14-Datierung konnte die Entstehung mit einer Wahrscheinlichkeit von 95 Prozent auf die Zeit zwischen 1404 und 1438 eingegrenzt werden. Es handelt sich also nicht um eine moderne Fälschung, und die bisherigen Hauptverdächtigen, der um 1292 verstorbene Roger Bacon und der 1865 geborene Wilfrid Voynich, scheiden als mögliche Autoren aus. Was drinsteht, weiß man bis heute nicht.

Warum verhält sich **Wasser** so wunderlich?

Die im «Lexikon des Unwissens» behandelten Fragen sind weiterhin offen, nur der «Mpemba-Effekt» – die Frage, warum warmes Wasser schneller gefriert als kaltes – darf nach einer 2010 eingereichten Veröffentlichung als enträtselt gelten. Als James Brownridge, Strahlenschutzbeauftragter an der State University of New York, von einem Kollegen zum Mpemba-Effekt befragt wurde, konnte er keine Gründe benennen, und weil ihn das irritierte, versprach er, die Sache zügig aufzuklären. «Wissenschaft ist schön, macht aber viel Arbeit», wie ein kluger Mann einmal so oder ähnlich sagte, und so kam es, dass Brownridge zehn Jahre lang in seiner Freizeit Gefrierexperimente durchführen musste, bis er die Antwort fand. Die Kurzfassung seiner Arbeit: Bei der experimentellen Untersuchung des Mpemba-Effekts muss jede Kleinigkeit bis hin zur Art des Wassers und der Platzierung des Temperaturfühlers präzise kontrolliert werden, wenn man vergleichbare Ergebnisse erhalten will. Eine mögliche Ursache für einen selbsterzeugten Mpemba-Effekt kann beispielsweise sein, dass das Warmwassergefäß das am Boden des Gefrierfachs angesammelte Eis zum Schmelzen bringt. Wenn dieses aufgetaute Eis wieder fest wird, hat das Warmwassergefäß besseren Kontakt zum Gefrierfach als das Kaltwassergefäß, und sein Inhalt gefriert daher schneller.

Sorgt man für identische Bedingungen, dann *kann* das warme Wasser unter ganz bestimmten Umständen schneller gefrieren als das kalte. Voraussetzung dafür ist, dass das Wasser in beiden Behältern unter den Gefrierpunkt abkühlt und dabei flüssig bleibt. Das klingt unwahrscheinlich, kommt aber bei Flüssigkeiten hin und wieder vor. Irgendwann wird es dann allerdings auch dem unterkühlten Wasser zu kalt, und spätestens beim Unterschreiten einer bestimmten Temperatur gefriert es zack auf einen Schlag. Bei zwei in jeder Hinsicht identischen Wasserproben ist das die gleiche Temperatur, beispielsweise −10 Grad. Hat man aber eine der beiden Wasserproben vorher erwärmt, beeinflusst man dadurch ihren bevorzugten Gefrierpunkt. In welche Richtung er sich verschiebt, das hängt von den persönlichen Vorlieben der Wasserprobe ab, das ehemalige Warmwasser gefriert also jetzt vielleicht schon bei −5 Grad oder auch bei −15. Im ersten Fall liegt der spontane Gefrierpunkt der Warmwasserprobe (−5 °C) jetzt über dem der Kaltwasserprobe (−10 °C), und voilà: Das ehemals warme Wasser gefriert vor dem kalten. Warum und wie sich durch Erhitzung die Gefriertemperaturvorlieben einer Wasserprobe verändern lassen, das ist eine andere Frage, in deren Klärung jemand anders zehn Jahre seiner Freizeit wird investieren müssen.

Party-Konversationstipp: Sehen Sie davon ab, diesen Sachverhalt darzulegen, sobald jemand den Mpemba-Effekt erwähnt.

Quellen

Alle Quellen zu benennen, die wir insgesamt bei der Recherche für dieses Buch gesichtet haben, würde ein zweites Buch füllen. Daher sind im Folgenden nur die interessantesten und wichtigsten Quellen angegeben. Viele der angegebenen Publikationen sind frei im Internet verfügbar. Wo uns das möglich war, haben wir eine URL angegeben; der Rest lässt sich über den Lieferdienst der Bibliotheken unter www.subito-doc.de bestellen.

Außerirdisches Leben

Ray Jayawardhana: *Strange New Worlds: The Search for Alien Planets and Life Beyond Our Solar System*, Princeton University Press 2011

Verschiedene Autoren: «Special Collection of Essays: What is Life?», Astrobiology, 2011, Bd. 10, Nr. 10, frei erhältlich unter www.liebertonline.com/toc/ast/10/10

Benfords Gesetz

Theodore P. Hill: «The First Digit Phenomenon», *American Scientist*, 1998, Bd. 86, Nr. 4, S. 358–363

Paul D. Scott, Maria Fasli: *Benford's Law: An Empirical Investigation and a Novel Explanation*, CSM Technical Report 349, Department of Computer Science, University of Essex 2001

Malcolm Sambridge, Hrvoje Tkalčić, Andrew Jackson: «Benford's Law in the Natural Sciences», *Geophysical Research Letters*, 2010, Bd. 37, L22 301, dx.doi.org/10.1029/2010GL044 830

Braune Zwerge

Ben R. Oppenheimer, Shri R. Kulkarni, John R. Stauffer: «Brown Dwarfs», Übersichtsartikel in *Protostars and Planets IV*, Hrsg. V. Mannings, A. Boss, S. Russell, University of Arizona Press, Tucson 1999, arxiv.org/abs/astro-ph/9812091

Anthony Whitworth, Matthew R. Bate, Ake Nordlund, Bo Reipurth, Hans Zinnecker: «The formation of brown dwarfs: theory», Übersichtsartikel in *Protostars and Planets V*, Hrsg. B. Reipurth, D. Jewitt, K. Keil, University of Arizona Press, Tucson 2007, S. 459–476, arxiv.org/abs/astro-ph/0602367

Ray Jayawardhana: *Strange New Worlds: The Search for Alien Planets and Life beyond Our Solar System*, Princeton University Press 2011

Brüste

Frances E. Mascia-Lees: *Are Women Evolutionary Sex Objects? Why Women Have Breasts*, 2002, www.nyu.edu/fas/ihpk/CultureMatters/Mascia-Lees.htm

Frances E. Mascia-Lees, John H. Relethford, Tom Sorger: «Evolutionary Perspectives on Permanent Breast Enlargement in Human Females», *American Anthropologist, New Series*, 1986, Bd. 88, Nr. 2, S. 423–428, dx.doi.org/10.1525/aa.1986.88.2.02a00090

Elizabeth Cashdan: «Waist-to-Hip Ratio Across Cultures: Trade-Offs Between Androgen- and Estrogen-Dependent Traits», *Current Anthropology*, Dezember 2008, Bd. 49, Nr. 6, S. 1099–1107, dx.doi.org/10.1086/593036

Grażyna Jasieńska, Anna Ziomkiewicz, Peter T. Ellison, Susan F. Lipson, Inger Thune: «Large Breasts and Narrow Waists Indicate High Reproductive Potential in Women», *Proceedings of the Royal Society London B*, 2004, Bd. 271, S. 1213–1217, dx.doi.org/10.1098/rspb.2004.2712

Dunkle Energie

Lawrence M. Krauss, Robert J. Scherrer: «The Return of a Static Universe and the End of Cosmology», *General Relativity and Gravitation*, 2007, Bd. 39, Nr. 10, S. 1545–1550, arxiv.org/abs/0704.0221

Adam G. Riess u. a.: «Observational Evidence from Supernovae for an Accelerating Universe and a Cosmological Constant», *The Astronomical Journal*, 1998, Bd. 116, Nr. 3, S. 1009–1038, arxiv.org/abs/astro-ph/9805201

Wolfgang Hillebrandt, Jens C. Niemeyer: «Type IA Supernova Explosion Models», *Annual Review of Astronomy and Astrophysics*, 2000, Bd. 38, S. 191–230, arxiv.org/abs/astro-ph/0006305

Erdbebenvorhersage

Debatte in *Nature*: «Is the reliable prediction of individual earthquakes a realistic scientific goal?», Februar–April 1999, www.nature.com/nature/debates/earthquake/

Hiroo Kanamori: «Earthquake Prediction: An overview», *IASPEI Handbook of Earthquake and Engineering Seismology*, 2003, Bd. 81, Nr. 2, S. 1205–1216

Ernährung

Reynold Spector: «Science and Pseudoscience in Adult Nutrition Research and Practice», *Skeptical Inquirer*, 2009, Bd. 33, Nr. 3, www.csicop.org/si/show/science_and_pseudoscience_in_adult_nutrition_research_and_practice/

Reynold Spector: «Methodological and Statistical Issues in Adult Nutritional Research», *Skeptical Inquirer*, 2009, www.csicop.org/specialarticles/show/methodological_and_statistical_issues_in_adult_nutritional_research

Gary Taubes: «Do We Really Know What Makes Us Healthy?», *The New York Times Magazine*, 16. 9. 2007, www.nytimes.com/2007/09/16/magazine/16epidemiology-t.html

Marla Sheffer, Christine Lewis Taylor: «The Development of DRIs 1994–2004 – Lessons Learned and New Challenges. Workshop Summary», books.nap.edu/openbook.php?record_id=12086

Funktionelle Magnetresonanztomographie

Craig Bennett, Abigail Baird, Michael Miller, George Wolford: «Neural Correlates of Interspecies Perspective Taking in the Post-mortem Atlantic Salmon: an Argument for Multiple Comparisons Correction», *NeuroImage*, 2009, Bd. 47, S. 125

S. Ogawa, T. M. Lee, A. R. Kay, D. W. Tank: «Brain Magnetic Resonance Imaging with Contrast Dependent on Blood Oxygenation», *Proceedings of the National Academy of Science*, 1990, Bd. 87, S. 9868–9872

Nikos K. Logothetis: «The Underpinnings of the BOLD Functional Magnetic Resonance Imaging Signal», *Journal of Neuroscience*, 2003, Bd. 23, Nr. 10, S. 3963–3971, jneurosci.org/content/23/10/3963.full

Kendrick N. Kay, Thomas Naselaris, Ryan J. Prenger, Jack L. Gallant: «Identifying Natural Images from Human Brain Activity», *Nature*, 2008, Bd. 452, Nr. 7185, S. 352–355, dx.doi.org/10.1038/nature06713

Edward Vul, Christine Harris, Piotr Winkielman, Harold Pashler: «Puzzlingly High Correlations in fMRI Studies of Emotion, Personality, and Social Cognition», *Perspectives on Psychological Science*, 2009, Bd. 4, Nr. 3, S. 274–290, dx.doi.org/10.1111/j.1745-6924.2009.01125.x

Hot Hand

Michael Bar-Eli, Simcha Avugos, Markus Raab: «Twenty Years of ‹Hot Hand› Research: Review and Critique», *Psychology of Sport and Exercise*, November 2006, Bd. 7, Nr. 6, S. 525–553, dx.doi.org/10.1016/j.psychsport.2006.03.001

Sandy Weil, John Huizinga: «Hot Hand or Hot Head? Overconfidence in Shot Making Ability in the NBA», Vortrag für die *MIT Sloan Sports Analytics Conference*, 7. März 2009

Kilogramm

Richard S. Davis: «Possible New Definitions of the Kilogram», *Philosophical Transactions of the Royal Society A*, 2005, Bd. 363, Nr. 1834, S. 2249–2264, dx.doi.org/10.1098/rsta.2005.1637

Mary Bowers: «Why the World is Losing Weight», *The Caravan*, 1.–15. September 2009, S. 42–49, PDF-Version: www.marybowers.org.uk/articles.html

Theodore P. Hill, Ronald F. Fox, Jack Miller: «A Better Definition of the Kilogram», 2010, arxiv.org/abs/1005.5139

Bureau International des Poids et Mesures: *The Washing and Cleaning of Kilogram Prototypes at the BIPM*, www.bipm.org/utils/en/pdf/Monographie 1990-1-EN.pdf

Stuart Davidson: «A review of surface contamination and the stability of standard masses», *Metrologia*, 2003, Bd. 40, Nr. 6, S. 324–338, dx.doi.org/10.1088/0026-1394/40/6/005

Krieg

Steffen Kröhnert: «Demografische Faktoren bei der Entstehung gewaltsamer Konflikte», *Zeitschrift für Soziologie*, April 2006, Bd. 35, Nr. 2, S. 120–143, zfs-online.org/index.php/zfs/article/view/1213/750

en.wikipedia.org/wiki/Democratic_peace_theory

Dan Lindley, Ryan Schildkraut: *Is War Rational? The Extent of Miscalculation and Misperception as Causes of War*, Vortrag beim Jahrestreffen der American Political Science Association, Washington, DC, 1. September 2005

Lebenserwartung

Jim Oeppen, James W. Vaupel: «Broken Limits to Life Expectancy?», *Science*, 10. Mai 2002, Bd. 296, Nr. 5570, S. 1029–1031, dx.doi.org/10.1126/science.1069675

Peter Gruss (Hrsg.): *Die Zukunft des Alterns*, C. H. Beck 2007

John P. Bunker, Howard S. Frazier, Frederick Mosteller: «Improving Health: Measuring Effects of Medical Care», *The Milbank Quarterly*, 1994, Bd. 72, Nr. 2, S. 225–258, jstor.org/pss/3350295

Links und rechts

Marco Hirnstein, Ulrike Bayer, Amanda Ellison, Markus Hausmann: «TMS over the Left Angular Gyrus Impairs the Ability to Discriminate Left from Right», *Neuropsychologia*, 2010, Bd. 49, Nr. 1, S. 29–33, dx.doi.org/10.1016/j.neuropsychologia.2010.10.028

Nadia Bolognini, Tony Ro: «Transcranial Magnetic Stimulation: Disrupting Neural Activity to Alter and Assess Brain Function», *Journal of Neuroscience*, 2010, Bd. 30, Nr. 29, S. 9647–9650; dx.doi.org/10.1523/JNEUROSCI.1990-10.2010

Gregory V. Jones, Maryanne Martin: «Seasonal Anisotropy in Handedness», *Cortex*, 2008, Bd. 44, Nr. 1, S. 8–12, dx.doi.org/10.1016/j.cortex.2006.05.001

Loch

Marco Bertamini, Camilla J. Croucher: «The Shape of Holes», *Cognition*, 2003, Bd. 87, Nr. 1, S. 33–54, dx.doi.org/10.1016/S0010-0277(02)00183-X

Marco Bertamini: «Who Owns the Contour of a Visual Hole?», *Perception*, 2006, Bd. 35, Nr. 7, S. 883–894, dx.doi.org/10.1068/p5496

David Lewis, Stephanie Lewis: «Holes», *Australasian Journal of Philosophy*, 1970, Bd. 48, Nr. 2, S. 206–212

Rolf Nelson, Stephen E. Palmer: «Of Holes and Wholes: the Perception of Surrounded Regions», *Perception*, 2001, Bd. 30, Nr. 10, S. 1213–1226, dx.doi.org/10.1068/p3148

Mathematik

Leon Horsten: *Philosophy of Mathematics*, Stanford Encyclopedia of Philosophy, 2007, plato.stanford.edu/entries/philosophy-mathematics/

Roger Penrose: *The Emperor's New Mind*, Oxford University Press 1989

Stanislas Dehaene: *The Number Sense: How the Mind Creates Mathematics*, Oxford University Press 1999

Megacryometeore

tierra.rediris.es/megacryometeors/

J. Martínez-Frías, A. Delgado, M. Millán u. a.: «Oxygen and Hydrogen Isotopic Signatures of Large Atmospheric Ice Conglomerations», *Journal of Atmospheric Chemistry*, 2005, Bd. 52, Nr. 2, S. 185–202, dx.doi.org/10.1007/s10874-005-2007-7

Francisco Alamilla Orellana u. a.: «Monitoring the Fall of Large Atmospheric Ice Conglomerations: a Multianalytical Approach to the Study of the Mejorada de Campo Megacryometeor», *Journal of Environmental Monitoring*, 2008, Bd. 10, Nr. 4, S. 570–574, dx.doi.org/10.1039/B718785H

Naturkonstanten

Jean-Philippe Uzan: «The Fundamental Constants and Their Variation: Observational and Theoretical Status», *Reviews of Modern Physics*, 2003, Bd. 75, Nr. 2, S. 403–455, arxiv.org/abs/hep-ph/0205340

J. K. Webb, J. A. King, M. T. Murphy, u. a.: «Evidence For Spatial Variation of the Fine Structure Constant», *Physical Reviews Letters* (eingereicht), 2010, arxiv.org/abs/1008.3907

Savely G. Karshenboim: «Fundamental Physical Constants: Looking From Different Angles», *Canadian Journal of Physics*, 2005, Bd. 83, S. 767–811, arxiv.org/abs/physics/0506173

John D. Barrow, John K. Webb: «Inconstant Constants», *Scientific American*, 2005, Bd. 292, Nr. 6, S. 56–63

Fred C. Adams: «Stars in Other Universes: Stellar Structure With Different Fundamental Constants», *Journal of Cosmology and Astroparticle Physics*, 2008, Nr. 8, S. 10, arxiv.org/abs/0807.3697

Orgasmus, weiblicher

Elisabeth A. Lloyd: *The Case of the Female Orgasm: Bias in the Science of Evolution*, Harvard University Press, Cambridge und London 2005

Qualia

Peter Hacker: «Is There Anything It Is Like to Be a Bat?», *Philosophy*, 2002, Bd. 77, Nr. 2, S. 157–174, dx.doi.org/10.1017/S0031819102000220

Frank Jackson: «What Mary Didn't Know», *The Journal of Philosophy*, 1986, Bd. 83, Nr. 5, S. 291–295, jstor.org/pss/2026143

Joseph Levine: «Materialism and Qualia: the Explanatory Gap», *Pacific Philosophical Quarterly*, 1983, Bd. 64, Nr. 9, S. 354–61

Radioaktivität

Bundesamt für Strahlenschutz: *Ionisierende Strahlung > Strahlenwirkungen > Risikoabschätzung und -bewertung*. www.bfs.de/de/ion/wirkungen/risikoabschaetzung.html

en.wikipedia.org/wiki/Chernobyl-disaster_effects#Controversy_over_human_health_effects und en.wikipedia.org/wiki/Chernobyl#Assessing_the_disaster.27 s_effects_on_human_health

Alexander M. Vaiserman: «Radiation Hormesis: Historical Perspective and Implications for Low-Dose Cancer Risk Assessment», *Dose Response*,

2010, Bd. 8, Nr. 2, S. 172–191, dx.doi.org/10.2203/dose-response.09-037. Vaiserman

Barbra E. Erickson: «The Therapeutic Use of Radon: A Biomedical Treatment in Europe; an ‹Alternative› Remedy in the United States», *Dose Response*, 2007, Bd. 5, Nr. 1, S. 48–62, dx.doi.org/10.2203/dose-response.06-007. Erickson

Zbigniew Jaworowski: «Observations on the Chernobyl Disaster and LNT», *Dose Response*, 2010, Bd. 8, Nr. 2, S. 148–171, dx.doi.org/10.2203/dose-response.09-029.Jaworowski

Rechts und links

Werner Fuß, «Does Life Originate from a Single Molecule?», *Chirality*, 2009, Bd. 21, S. 299–304, dx.doi.org/10.1002/chir.20576

Daniel H. Deutsch: «A Mechanism for Molecular Asymmetry», *Journal of Molecular Evolution*, 1991, Bd. 33, Nr. 4, S. 295–296, dx.doi.org/10.1007/BF02102859

Luciano Caglioti, Károly Micskei, Gyula Pályi: «First Molecules, Biological Chirality, Origin(s) of Life», *Chirality*, 2011, Bd. 23, Nr. 1, S. 65–68, dx.doi.org/10.1002/chir.20796

Schocktod

Beat Kneubuehl (Hrsg.): *Wundballistik*, Springer Medizin Verlag Heidelberg, 3. Auflage 2008

Michael Courtney, Amy Courtney: «Scientific Evidence for ‹Hydrostatic Shock›», 2008, Online-Publikation, arxiv.org/abs/0803.3051

Martin Fackler: «The ‹Shockwave› Myth», *Wound Ballistic Review*, Winter 1991, Bd. 1, S. 38–40

Space Roar

Michael Seiffert, Dale J. Fixsen, Alan Kogut u. a.: «Interpretation of the ARCADE 2 Absolute Sky Brightness Measurement», *Astrophysical Journal*, 2011, Bd. 734, Nr. 1, Artikel 6, arxiv.org/abs/0901.0559

Jack Singal, Łukasz Stawarz, Vahe Petrosian: «Sources of the Radio Background Considered», *Monthly Notices of the Royal Astronomical Society*, 2010, Bd. 409, Nr. 3, S. 1172–1182, arxiv.org/abs/0909.1997

Dale J. Fixsen, Alan Kogut, Steve Levin u. a.: «ARCADE 2 Measurement of the Absolute Sky Brightness at 3-90 GHz», *Astrophysical Journal*, 2011, Bd. 734, Nr. 1, Artikel 5, arxiv.org/abs/0901.0555

Tiefseelaute

Die Internet-Seite der NOAA, auf der man die Laute anhören kann: www.pmel.noaa.gov/vents/acoustics/sounds_mystery.html

Andrej Moisejenko: «NLO: Kwakajuschtschije Okeane», *Komsomolskaja Prawda*, 21. 6. 2006

David Wolman: «Calls from the Deep», *New Scientist*, 2002, Nr. 2347, S. 35

Übergewicht

Gary Taubes: *Good Calories, Bad Calories*, Alfred A. Knopf, New York 2007

J. Eric Oliver: *Fat Politics: The Real Story Behind America's Obesity Epidemic*, Oxford University Press, Oxford 2006

S. W. Keith, D. T. Redden u. a.: «Putative Contributors to the Secular Increase in Obesity: Exploring the Roads Less Traveled», *International Journal of Obesity*, 2006, Bd. 30, Nr. 11, S. 1585–1594, dx.doi.org/10.1038/sj.ijo.0803326

Yann C. Klimentidis, T. Mark Beasley u. a.: «Canaries in the Coal Mine: a Cross-Species Analysis of the Plurality of Obesity Epidemics», *Proceedings of the Royal Society B*, 2011, Bd. 278, Nr. 1712, S. 1626–1632, dx.doi.org/10.1098/rspb.2010.1890

Traci Mann, A. Janet Tomiyama u. a.: «Medicare's Search for Effective Obesity Treatments: Diets Are Not the Answer», *American Psychologist*, 2007, Bd. 62, Nr. 3, S. 220–233, dx.doi.org/10.1037/0003-066X.62.3.220

Walkrebs

John D. Nagy, Erin M. Victor, Jenese H. Cropper: «Why Don't All Whales Have Cancer? A Novel Hypothesis Resolving Peto's Paradox», *Integrative and Comparative Biology*, 2007, Bd. 47, Nr. 2, S. 347–328, dx.doi.org/10.1093/icb/icm062

Andrei Seluanov, Zhuoxun Chen, Christopher Hine u. a.: «Telomerase Activity Coevolves With Body Mass, Not Lifespan», *Aging Cell*, 2007, Bd. 6, Nr. 1, S. 45–52, dx.doi.org/10.1111/j.1474-9726.2006.00262.x

Armand M. Leroi, Vassiliki Koufopanou, Austin Burt: «Cancer Selection», *Nature Reviews Cancer*, 2003, Bd. 3, S. 226–231, dx.doi.org/10.1038/nrc1016

Douglas Hanahan, Robert A. Weinberg: «The Hallmarks of Cancer», *Cell*, 2000, Bd. 100, S. 57–70, dx.doi.org/10.1016/S0092-8674(00)81683-9

Wissen

Matthias Steup: «The Analysis of Knowledge», in: *Stanford Encyclopedia of Philosophy*, 2006, plato.stanford.edu/entries/knowledge-analysis/

Keith DeRose: «Responding to Skepticism», Einleitung zu *Skepticism: A Contemporary Reader*, Hrsg. Keith DeRose, Ted A. Warfield, Oxford University Press 1999, pantheon.yale.edu/~kd47/responding.htm

Wissenschaft

Imre Lakatos: «Science and Pseudoscience», in: *Philosophy in the Open*, Hrsg.: Godfrey Vesey, Open University Press 1974

Paul Feyerabend: *Against Method*, Verso, London/New York, 3. Ausgabe 1993

Mikhail V. Simkin, Vwani P. Roychowdhury: «Read Before You Cite», *Complex Systems*, 2003, Bd. 14, S. 269–274, arxiv.org/abs/cond-mat/0212043

Zeit

Michelle Stacey: «Clash of the Time Lords», *Harper's Magazine*, Dezember 2006, S. 46–56

Paul Davies: *About Time*, Penguin Books, London 1995

Ned Markosian: «Time», in: *Stanford Encyclopedia of Philosophy*, 2008, plato.stanford.edu/entries/time/

George F. R. Ellis: «On the Flow of Time», 2008, Beitrag zum *Fqxi Essay Contest: The Nature of Time*, arxiv.org/abs/0812.0240

Julian Barbour: «The Nature of Time», 2009, Beitrag zum *Fqxi Essay Contest: The Nature of Time*, arxiv.org/abs/0903.3489

Zitteraal

Angel Caputi: «How do Electric Eels Generate a Voltage and Why do they Not Get Shocked in the Process?», *Scientific American Online*, «Ask the experts», Dezember 2005

Marco Piccolini, Marco Bresadola: «Drawing a Spark From Darkness: John Walsh and Electric Fish», *Trends in Neurosciences*, 2002, Bd. 25, Nr. 1, S. 51–57, dx.doi.org/10.1016/S0160-9327(00)01403-4

Traci Valasco: «Electrophorus electricus», 2003, Animal Diversity Web, University of Michigan Museum for Zoology, Version vom Dezember 2010, animaldiversity.ummz.umich.edu/site/accounts/information/Electrophorus_electricus.htm

Das Unwissen von 2007

Aal: Kim Aarestrup u.a.: «Oceanic Spawning Migration of the European Eel (anguilla anguilla)». *Science*, 2009, Bd. 325, Nr. 25, DOI: 10.1126/science.1178120

Amerikaner: www.sciencemag.org/content/320/5877/786, www.sciencedaily.com/releases/2009/01/090108121618.ht, dsc.discovery.com/news/2008/02/13/beringia-native-american.html, www.newscientist.com/article/dn13586-first-americans-left-fossil-stools-in-cave-latrine.html

Dunkle Materie: www.scilogs.eu/en/blog/the-dark-matter-crisis, arxiv.org/abs/astro-ph/0608407

Hawaii: www.sciencedaily.com/releases/2009/04/090402143756.htm

Indus-Schrift: Rajesh P.N. Rao u.a.: «Entropic Evidence for Linguistic Structure in the Indus Script», *Science*, Bd. 324, 29. Mai 2009, S. 1165

Rajesh P.N. Rao u.a.: «A Markov Model of the Indus script», *Proceedings of the National Academy of Sciences (PNAS)*, Bd. 106, August 2009, S. 13685–13690

Katzenschnurren: www.lifesci.sussex.ac.uk/cmvcr/Publications_files/McCombetalPurring.pdf

Klebeband: www.nature.com/nature/journal/v455/n7216/abs/nature07378.html, www.sciencedaily.com/releases/2009/10/091016093911.htm, www.physorg.com/news/2010-12-scientists-untangle-spider-web-stickiness.html

Kugelsternhaufen: arxiv.org/abs/1004.0137, arxiv.org/abs/1003.2499

Leben: www.nature.com/news/2009/090513/full/news.2009.471.html, www.slate.com/id/2276919/

Pest: Sonja Kastilan: «Einst half nur Doktor Schnabel», FAZ, 16. Oktober 2010, www.faz.net/-01iv8d

Schlaf: James M. Krueger u.a.: «Sleep as a fundamental property of neuronal assemblies», *Nature Reviews Neuroscience*, 5. November 2008; dx.doi.org/10.1038/nrn2521

Tropfen: www.nature.com/nphys/journal/v5/n9/abs/nphys1340.html

Tunguska-Ereignis: www.agu.org/journals/ABS/2009/2009GL038362.shtml, adsabs.harvard.edu/abs/2010AGUFM.V13C2371V, english.pravda.ru/science/mysteries/25-10-2010/115495-tunguska_meteorite-0/

Voynich-Manuskript: www.gwup.org/infos/nachrichten/940-neue-datierung-voynich-manuskript-vermutlich-aus-dem-15-jahrhundert

Wasser: arxiv.org/abs/1003.3185

Danksagungen

Wir bedanken uns bei

– unserem Agenten Uwe Heldt, unserer Lektorin Sarah Otter und dem Rowohlt · Berlin Verlag

– Wilfried Voigt aus Potsdam (für das Thema «Schocktod»)

– allen Einsendern von Korrekturen zum «Lexikon des Unwissens», die unter lexikondesunwissens.de namentlich aufgeführt sind

– den Experten Jens Brunzendorf, Beat Kneubuehl, Ted Hill, Michael Ristow, Axel Schneider, Ruben Schneider, Marc de Lussanet de la Sablonière und Katharina Fischer

– sowie dem Dublin Institute for Advance Studies.

Das für dieses Buch verwendete FSC®-zertifizierte Papier *Schleipen Werkdruck* liefert Cordier, Deutschland.